KH 科海图书
25年·IT技术出版专家

Windows Vista
从入门到精通

梵绅科技 编著

兵器工业出版社
北京科海电子出版社
www.khp.com.cn

内 容 简 介

Windows操作系统是目前应用最为广泛的操作系统，Windows Vista相对之前的版本，在安全性、可靠性和互动体验这三方面都做了很大的改进和完善；其全新的操作界面，不仅风格华美吸引用户的眼球，人机交互性也大大提高。掌握它可以为我们的工作、学习和生活提供不少便利。本书参考了美国最经典的Windows Vista权威教程的体例大纲、结合国内读者的学习习惯和思维模式，重新编排、整理了知识结构；又借鉴日韩优秀基础类图书的编排方式，设计了本书的图文结构。力求全书的知识系统、全面，实例教程简单易懂、步骤详尽，确保读者学起来轻松，做起来有趣，在项目实践中不断提高自身水平，成为优秀的 Windows Vista操作者。

全书分为16章，包括Vista系统的特性、安装和安装后的简单设置、系统的基础操作、输入法与字体的使用设置、资源管理器、计算机账户、系统自带常用软件、多媒体软件、娱乐工具、系统的硬件管理和几种第三方软件的使用、网络的设置与使用、资源共享、系统的性能、注册表以及系统安全等内容。

本书的配套光盘内容非常丰富，容量超过3GB。除了书中111个重点Lesson近180分钟的视频讲解外，还精心整理了全长220余分钟共69个计算机原理及应用的视频教程，包含5个计算机组装与安装、24个Word、26个Excel、9个PowerPoint和5个五笔字型输入法。读者花1本书的价钱，就能获得至少4本优秀图书的精华教学内容。

本书可供计算机初、中级读者学习使用，也可作为计算机相关培训学校的教材用书。

图书在版编目（CIP）数据

Windows Vista从入门到精通 / 梵绅科技编著.—北京：
兵器工业出版社；北京科海电子出版社，2009.1
ISBN 978-7-80248-285-2

Ⅰ. W⋯ Ⅱ.梵⋯ Ⅲ. 窗口软件，Windows Vista Ⅳ.
TP316.7

中国版本图书馆CIP数据核字（2008）第178365号

出版发行：兵器工业出版社　北京科海电子出版社

邮编社址：100089 北京市海淀区车道沟10号

　　　　　100085 北京市海淀区上地七街国际创业园2号楼14层

　　　　　www.khp.com.cn

电　　话：（010）82896442 62630320

经　　销：各地新华书店

印　　刷：北京市艺辉印刷有限公司

版　　次：2009年2月第1版第1次印刷

封面设计：Fashion Digital 梵绅数字

责任编辑：常小虹　杨　倩

责任校对：杨慧芳

印　　数：1—5000

开　　本：880×1230 1/16

印　　张：27.25

字　　数：663千字

定　　价：45.00元（含1DVD价格）

前言 Preface

　　Windows操作系统是目前应用最为广泛的操作系统，Windows Vista相对之前的版本，在安全性、可靠性和互动体验这三方面都做了很大的改进和完善；其全新的操作界面，不仅风格华美吸引用户的眼球，人机交互性也大大提高。随着计算机硬件性能的不断提高，Windows Vista正在加速普及，掌握它的用法显然可以在我们的工作、学习和生活中提供不少便利。当然，复杂而强大的功能虽然确保了Windows Vista的专业性，但同时也使得初级用户产生一定的畏难心理：怎样才能又快又好地学会Windows Vista、用足用活它的功能、提高我们的办事效率，并享受新技术带来的视听愉悦呢？本书正是针对初、中级读者编写的Windows Vista操作系统实例精讲型教程书，可满足读者从入门到精通这一需求。

　　多年来，笔者培训过大量的计算机学员，了解初学读者的心理需求、进阶瓶颈，并研究出了一套行之有效的教学方法。同时，笔者还活跃在各大IT论坛，和无数用户讨论过使用Windows Vista系统时遇见的问题及解决办法。笔者在教学过程中体会到：Windows Vista系统因其界面风格变化较大、涉及的功能更为繁杂，用户往往需要重新学习这一系统，或研究新增加的技术和改进的功能。即使是使用Windows系统多年有经验的用户，也经常会遇到一些操作难题。因此，要真正做到精通应用，就必须不断学习和增进知识，提高自己的实际操作能力。

◎本书内容

　　本书参考了美国最经典的Windows Vista权威教程的体例大纲、结合国内读者的学习习惯和思维模式，重新编排、整理了知识结构；又借鉴日韩优秀基础类图书的编排方式，设计了本书的图文结构。力求全书的知识系统、全面，实例教程简单易懂、步骤详尽，确保读者学起来轻松，做起来有趣，在项目实践中不断提高自身水平，成为优秀的 Windows Vista操作者。

　　书中精选了123个实例操作，覆盖了Vista的常见问题和关键技术。全书按用户的操作流程、使用习惯以及实际应用时需重点掌握的知识进行分类，以使读者在短时间内掌握更多有用的技术，快速提高操作处理水平。所选内容均来源于实际应用，有的来自作者教学经验的积累，有的来自读者的提问。

　　全书分为16章，涵盖了Vista系统的特性、安装和安装后的简单设置、系统的基础操作、输入法与字体的使用设置、资源管理器、计算机账户、系统自带常用软件、多媒体软件、娱乐工具、系统的硬件管理和几种第三方软件的使用、网络的设置与使用、资源共享、系统的性能、注册表以及系统安全等内容。

　　在内容安排上，全书采用了统一的编排方式，每章内容都通过Study环节明确研究方向，通过Work小节掌握技术要点，再通过Lesson实例操作，全部过程3个层次，贯穿核心要点。在Study中，以简明扼要的方式指出了本节研究的主题和学习的内容；在Work中，给出了技术重点、难点和相关操作技巧，如相关功能的设置、对话框中的选项、设置不同选项时所产生的不同功能等，比以往同类书籍更深入地进行探讨；在Lesson中，安排了具体的实践步骤。

　　此外，本书中的Tip代表提示。在表述某个知识点时，用Tip来对该部分内容进行详细讲述，或将前面未提到的地方进行解释说明；在应用某个命令或者工具对图像进行操作时，Tip内容还会从另外的角度或者使用其他方法对工具或者命令进行阐述。

Preface

◎ 本书特色

❋ 所有的章节设置和实例内容都以解决读者在操作系统时遇到的实际问题和操作过程中应该掌握的技术为核心。每个章节都有明确的主题，而每章中的多个实例都有其实用价值，如有的可以解决工作中的难题，有的可以提高工作效率，有的则可以提升处理操作系统的能力。

❋ 所选实例具有极强的扩展性，能够给读者以启发，使读者举一反三，提高应用的能力。

◎ 本书超值光盘

随书的DVD光盘内容非常丰富，具有极高的学习价值和使用价值。

❋ 完整收录书中111个重点实例的多媒体教学视频语音教程

书中重点实例的多媒体教学语音视频对应书中Lesson小节的实际操作过程，讲解细致、步骤清晰，帮助读者直观地学习。

❋ 超值计算机原理及应用教程

为了拓展读者的学习范围、提高实际操作能力，本书还精心挑选了本社其他3本畅销书的多媒体教学视频语音教程，包括计算机组装与安装、Office办公软件和五笔字型输入法的使用，帮助读者全面掌握计算机的工作原理及应用技巧。

计算机组装与安装

全面解析计算机的奥秘，讲解计算机的工作原理、主机箱中的设备、装机实战、外设连接以及BIOS的设置等内容。

Office办公软件

无论是家庭使用还是工作办公，Office软件已经成为必不可少的工具，这里特别为读者准备了三大办公软件的教学视频，共59个视频文件，从Word文档、Excel表格到PowerPoint多媒体演示，可谓面面俱到，实用性超强。

五笔字型输入法

从词语输入、汉字编码、简码输入和重码等方面，向大家介绍五笔字型输入法的构成与使用。

❋ 其他

使用本书实例光盘前，请仔细阅读光盘中的"光盘说明"。

◎ 本书的服务

本书由梵绅科技组织编写，如果读者在使用本书时遇到问题，可以通过电子邮件与我们取得联系。邮箱地址为：kh_reader@163.com，我们将通过邮件为读者解疑释惑。此外，读者也可加本书服务专用QQ 260157084与我们联系。由于作者水平有限，错漏之处在所难免，请广大读者批评指正。

编著者
2009年1月

多媒体光盘使用说明

多媒体教学光盘的内容

本书配套的多媒体光盘内容包括书中111个重点Lesson的视频教程。对应各章节，手把手详细地讲解具体操作方法。读者可以先阅读图书再浏览光盘，也可以直接通过光盘学习Windows Vista的使用方法。

另外，考虑到读者的实际需要，本光盘还贴心地赠送超值附加学习内容。首先为您揭开计算机的神秘面纱，从计算机工作原理、基础配置、组装、安装以及BIOS设置等视频讲解其原理和内部构造；在Office办公应用方面，从文档、表格到多媒体演示，安排了Word、Excel和PowerPoint使用方法的教学视频；最后还通过词语输入、汉字编码、简码输入和重码等视频教程，向读者介绍了五笔字型输入法的构成和使用。真正做到小光盘大容量，使读者物超所值，全面掌握计算机的组建与使用。

光盘使用方法

❶ 将本书的配套光盘放入光驱后会自动运行多媒体程序，并进入光盘的主界面，如图1所示。如果光盘没有自动运行，只需在"我的电脑"中双击DVD光驱的盘符进入配套光盘，然后双击"AutoRun.exe"文件即可。

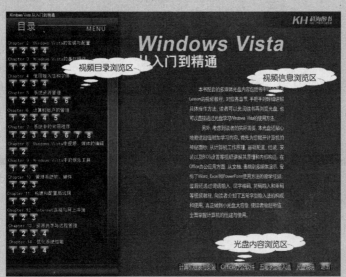

图1　光盘主界面

❷ 光盘的主界面分为"视频目录浏览区"、"视频信息浏览区"和"光盘内容浏览区"三部分。当鼠标指向"视频目录浏览区"中的按钮时，相应的视频教程信息将会在"视频信息浏览区"中显示；单击"光盘内容浏览区"按钮，将会打开相应的文件夹。

视频目录浏览区和视频信息浏览区

"视频目录浏览区"中的内容是书中重点实例视频录像的目录，而"视频信息浏览区"则是显示目录中对应视频的信息。当鼠标指向"视频目录浏览区"中的任意按钮时，本按钮对应的视频信息将会在"视频信息浏览区"中显示，如图2所示。单击章名下面的序号按钮，将弹出相应的Lesson视频教程。例如：单击"Chapter 5　系统资源管理"下的"3"按钮，即可弹出"Lesson 03　按修改日期对文件进行堆叠"的视频教程，如图3所示。

图2　显示视频信息

图3　播放视频教程

光盘内容浏览区

单击"计算机组装与安装"和"五笔字型输入法"按钮，即可打开对应的文件夹，读者可在其中选取感兴趣的内容进行学习，如图4所示。

单击"Office办公软件"按钮，将看到3个办公软件视频的文件夹，分别是Word教程、Excel教程和PowerPoint教程，双击所需文件夹，在该文件夹下对应有附赠的全部视频教程，可供读者学习使用，如图5所示。

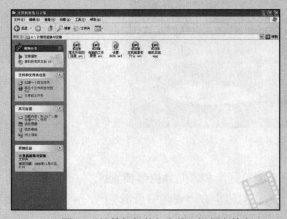

图4　"计算机组装与安装"视频文件夹

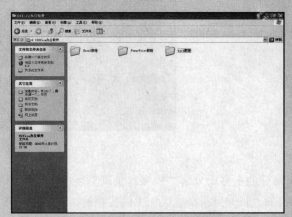

图5　播放视频教程

单击"光盘说明"按钮，可以查看使用光盘的设备要求和光盘目录，光盘目录中详细列出了本书实例教程的文件路径和名称，方便读者查找。

单击"退出"按钮，将退出多媒体教学系统，并显示光盘的制作人员姓名。

Chapter 3 Windows Vista的基础操作 ········· 39

Chapter 4 使用输入法和字体 ························· 65

Chapter **5** 系统资源管理 ------------------------------ 88

Chapter 6　计算机账户的管理 ---------------------- 115

Chapter 9 Windows Vista中的 娱乐工具 189

Chapter 10 管理系统软、硬件 ------------212

Chapter 13 资源共享与远程管理 290

Chapter **14** 优化系统性能 --------------------- 322

Chapter **15** 管理注册表 --------------------- 351

Chapter 16 维护系统安全 ------------------------------ 386

Chapter 1

Windows Vista 的与众不同

Windows Vista从入门到精通

本章重点知识

Windows Vista
in leaf

Chapter 1　Windows Vista 的与众不同

　　人们生活在一个数字世界中，与以往相比，要获取更多的信息，要完成更多的工作，要通过更多的方式与其他人交流。每天，全球有数以百万计的人依靠基于 Windows 操作系统的计算机来管理生活中数量不断增加的数字信息。

　　Windows Vista 可以使生活更加有条理，也可以更加安全、更加轻松地完成日常工作，并能够随时在计算机上找到所需的内容。

Study

01

Windows Vista 版本介绍

- Work 1.　家庭版
- Work 2.　商用版
- Work 3.　旗舰版

　　针对不同用户对操作系统特性的不同需求，微软提供了多个 Windows Vista 版本，以适应特定用户的不同需求。

Study 01　Windows Vista 版本介绍

Work **1**　家庭版

　　Windows Vista Home Basic（家庭普通版）：家庭普通版与 Windows XP 家庭版相似，家庭普通版是为具有基本计算机需求但不需要高阶多媒体体验的家庭用户设计的版本。此版本包含 Windows 防火墙、家长控制、安全中心、Windows Movie Maker、Windows 图片库等功能，但不包括 Windows Aero 主题界面。

　　Windows Vista Home Premium（家庭增强版）：家庭增强版包含了家庭普通版所有的功能。此版本亦专为具有高阶计算机需求的家庭用户而设计了更多的高阶功能。例如支持 HDTV 和 DVD 录制功能、更多高阶的游戏，支持手机和 Tablet PC 等移动装置。此版本与 Windows XP Media Center Edition 相似。

① Windows Vista Home Basic（家庭普通版）　　　　② Windows Vista Home Premium（家庭增强版）

Tip　Windows Vista Starter

　　Windows Vista Starter 是 Windows Vista 的入门版，是只针对新兴市场而推出的版本，仅在亚洲的东南亚和南亚地方销售，如泰国、马来西亚、印尼和印度等地，以非常低的价格来吸引一些买不起高价 Windows Vista 的当地居民。Windows Vista Starter 功能被大幅度限制，而且没有 Windows Vista 的商标，没有提供 Aero 用户接口和 DVD Maker 等家用功能，有 Internet Explorer 7 和 Windows Media Player 11 等一般 Windows Vista 最新功能。同时它还设有多种的限制，例如用户只能同时运行 3 个程序、只支持最高 256MB 内存以及只能运行于 32 位模式，可以上网但不可以连接多台计算机。

Work ② 商用版

Windows Vista Business（商用版）：商用版是为商业用户设计的，此版本包含了家庭增强版所有的功能，但没有 Windows Media Center、家长监护功能、Windows DVD Maker 和 Movie Maker HD（只包含具有基本制片功能的 Windows Movie Maker）等。此版本包含了 IIS 网站服务器、Windows Fax and Scan、Windows Rights Management Services（RMS）用户端、档案加密、双处理器的支持、系统备份及修复、离线档案的支持、一个完整版本的远程桌面、ad-hoc P2P 兼容性、Windows Shadow Copy 及其他商用功能。

Windows Vista Enterprise（商用高级版）：商用高级版是为企业市场设计的版本，并且是商用版的超集。更多进阶的商用功能包括多语言用户界面的支持、BitLocker 硬盘加密功能、Virtual PC 和 UNIX 程序的支持。此版本不会通过零售和 OEM 版发行，而是通过微软软件协议（OME）发行。

① Windows Vista Business（商用版）　　② Windows Vista Enterprise（商用高级版）

Work ③ 旗舰版

Windows Vista Ultimate（旗舰版）：旗舰版是集合了所有 Windows Vista 版本功能的超级版本。此版本是为高阶的计算机用户、玩家及计算机专业人员而设计的。如果用户希望实现娱乐和工作平稳转换的功能，旗舰版就是最佳的选择。旗舰版提供家庭增强版所具有的一切功能，包括 Windows 媒体中心、提供高分辨率支持的 Windows Movie Maker 以及 Windows DVD Maker。还提供商用版中的所有功能，包括企业网络、集中管理工具和高级系统备份功能。

Windows Vista Ultimate（旗舰版）

Tip Windows Vista Ultimate（旗舰版）的新移动功能

Windows Vista Ultimate（旗舰版）具有帮助 Windows Vista 实现全新的可靠的安全性和数据保护功能，同时还包括对 Windows Vista 中新移动功能的支持，例如 Windows Tablet 和触摸技术、Windows SideShow、Windows 移动中心和其他新的高级移动功能。本书也是以 Windows Vista Ultimate（旗舰版）为工作平台编写的。

家庭版的新增功能

- Work 1. Windows 轻松传送
- Work 2. 家长控制
- Work 3. Windows 照片库
- Work 4. Windows Media Center
- Work 5. 备份和还原中心

对家庭用户来说，使用计算机很大程度上是为了体验丰富的数字娱乐享受，比如欣赏音乐、影片或玩游戏等。针对这种需求，Windows Vista 提供了强大的娱乐功能，能够使用户体验到更丰富多彩的娱乐享受，而且使用 Vista 能够更好地保证系统安全，快速地查找信息以及全面有效地使用应用程序和家庭网络等。

Work Windows 轻松传送

Windows 轻松传送指导用户完成将文件和设置从一台 Windows 计算机传送到另一台计算机的过程。使用 Windows 轻松传送，用户可以选择要传送到新计算机的内容和传送方式。

① 从"欢迎中心"窗口中启动

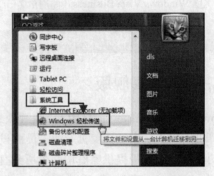

② 从"开始"菜单中启动

③ Windows 轻松传送界面

Work  家长控制

家长控制可以让家长很容易地指导他们的孩子可以玩哪些游戏。家长可以允许或限制特定的游戏标题，允许他们的孩子只能玩某个年龄级别或该级别以下的游戏，或者阻止某些不想让孩子看到或听到的某类游戏。

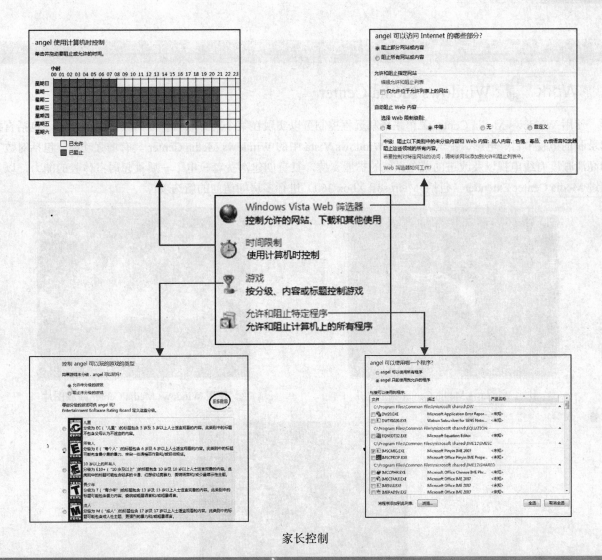

家长控制

Study 02　家庭版的新增功能

Work 3　Windows 照片库

使用 Pictures 文件夹和 Windows 照片库可以方便地查看、整理、编辑、共享和打印数字照片。将数字照相机插入计算机时，可以自动将照片传送到 Pictures 文件夹。在 Pictures 文件夹中，可以使用 Windows 照片库裁剪照片、消除红眼，并进行颜色和曝光更正。

① 使用 Windows 照片库浏览图片

② 使用 Windows 照片库修复图片

Work ④   Windows Media Center

使用 Windows Media Center 菜单系统和远程控制可以实现在某个地方欣赏喜爱的数字娱乐节目，包括直播和录制的电视节目、电影、音乐和图片。Windows Vista 中的 Windows Media Center 具有增强功能，包括对数字和高清晰度有线电视以及改进的菜单系统的扩展支持，具有创建消费者—电子—质量起居室体验的能力，以及通过 Media Center Extender（包括 Microsoft Xbox 360）进行多房间访问的新选项。

① 使用 Windows Media Center 播放音乐

② 使用 Windows Media Center 播放图片

③ 使用 Windows Media Center 播放视频

Work ⑤   备份和还原中心

备份和还原中心可以在用户指定的任何时候和位置备份设置、文件和程序。而且具有自动计划的便利性。可以备份到 CD 或 DVD、外部硬盘、计算机上的其他硬盘、USB 闪存，或备份到与网络连接的其他计算机或服务器。

① "备份和还原中心"界面

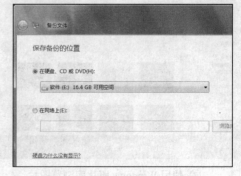

② 备份文件

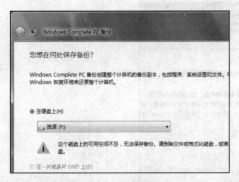

③ 备份系统

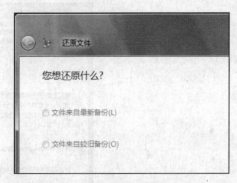

④ 还原文件

Study 03 商用版的新增功能

Work 1. Windows 会议室

Work 2. XPS 文档

Work 3. Windows 传真和扫描

商业用户更注重系统的稳定性和数据的安全性。Vista 提供了与此相关的重要软件，使用户无论在办公室还是在路途中都能够高效而安全地工作。不管用户的企业规模如何，Vista 都可以帮助用户降低 PC 管理成本、增强安全性、提高工作效率并更好地保持联系。

Study 03 商用版的新增功能

Work 1 Windows 会议室

与其他联机人员合作，并向其分发文档；与其他会话参加者共享桌面或程序、分发和共同编辑文档，以及将便笺转交他人。Windows Meeting Space 可以在会议室、受欢迎的热点或没有网络的地方工作。

① Windows 会议室

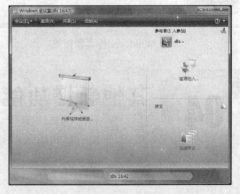

② Windows 会议室界面

Study 03 商用版的新增功能

Work 2 XPS 文档

Vista 提供了一种开放标准的 Adobe Acrobat 专利文件格式——XPS 文档。可以通过它任意创建类似的文档，是一种新的文件格式，可以维护文档的一致外观，使读者看到或打印出的文档与作者的意图完全相同。XPS 也支持安全功能，为用户提供更强的文档安全性。

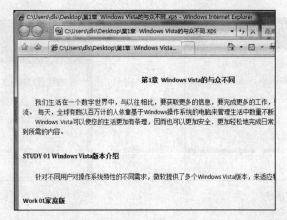

XPS 文档

Work ③　Windows 传真和扫描

使用 Windows 传真和扫描，可以发送和接收传真；通过传真或电子邮件发送扫描的文档，以及从计算机中将传真作为电子邮件附件进行转发。在使用特定传真调制解调器或传真服务器发送和接收传真时，必须设置传真账户，才能在 Windows 中发送或接收传真。

① Windows 传真和扫描

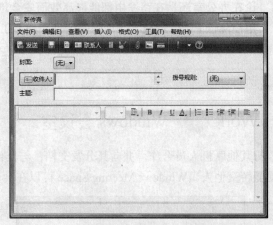

② 新传真

Study 04　其他新增功能

Work 1.	莹透的 Aero Glass（玻璃）界面	Work 5.	同步和共享
Work 2.	全新的搜索功能	Work 6.	网络连接
Work 3.	Internet Explorer 7.0	Work 7.	边栏
Work 4.	Windows Defender 防御间谍软件	Work 8.	3D 游戏新体验

无论是企业用户还是个人用户，在初次接触 Vista 操作系统时，一定会被其美轮美奂的界面所吸引。尤其是梦幻般的 Aero 效果，使得操作环境更加生动。另外全新设计的安全体系，使用户的数据更加安全。

Windows Vista 同时兼顾了商业办公和家庭娱乐的需求，并且以使用角色重新划分了多个包含不同功能的版本，甚至连用户操作接口都不尽相同。在使用初期，相信读者一定希望了解 Windows Vista 的新功能、关心它的新特性，下面的内容即是要满足这一需求。

Study 04　其他新增功能

Work ❶　莹透的 Aero Glass（玻璃）界面

Windows Aero 是 Windows Vista 的完美视觉体验。它采用透明玻璃式设计，并有精美窗口动画和新窗口颜色。Windows Aero 体验的一个部分是 Windows Flip 3D，可以通过活动缩略图窗口来预览 3D 叠加和任务栏按钮。

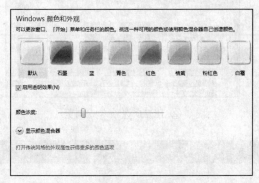

① 可用的窗口框架颜色

② Windows Aero 窗口效果

Tip　以下版本包含 Aero

Windows Vista Business（商用版）、Windows Vista Enterprise（商用高级版）、Windows Vista Home Premium（家庭增强版）和 Windows Vista Ultimate（旗舰版）。

Study 04　其他新增功能

Work ❷　全新的搜索功能

在 Windows 的每个文件夹中，右上角都会出现"搜索"框。在"搜索"框中输入内容时，Windows 会根据输入的内容进行筛选。Windows 在文件名中查找字词、应用到文件的标签或其他文件属性。若要查找文件夹中的文件，可在"搜索"框中输入文件名的一部分来查找要查找的内容。当不知道文件所在位置或想要使用多个文件名或属性进行高级搜索时，还可以使用"高级搜索功能"。

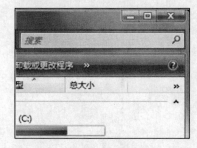

① 使用窗口中的"搜索"框

② 使用"开始"菜单中的"搜索"框

③ 使用"搜索"窗口中的搜索功能

Study 04　其他新增功能

Work ❸　Internet Explorer 7.0

Web 源、选项卡式浏览和始终可用的搜索是 Internet Explorer 中可以使用的新功能的一部分。Web 源提供网站发行的频繁更新的内容，可以订阅源自动传递到 Web 浏览器。使用源，可以获得如新闻或博客更新的内容，而无需转到网站。使用选项卡式浏览可以在一个浏览器窗口中打开多个网站。可以在新选项卡上打开网页或链接，然后通过选择选项卡在网页之间进行切换。

① Internet Explorer 7.0

② IE 7.0 选项卡式浏览

Work ④ Windows Defender 防御间谍软件

Windows Defender 是高效的反间谍软件。在使用计算机的同时运行反间谍软件是非常重要的。间谍软件和其他可能不需要的软件会在用户连接到 Internet 时尝试自行安装到计算机上。

Windows Defender 通过实时保护和扫描来保护计算机。需要注意的是，使用 Windows Defender 时，更新定义非常重要。

① 快速扫描

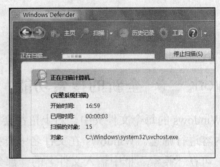

② 完整系统扫描

③ 自定义扫描

Work ⑤ 同步和共享

与其他设备（例如便携式音乐播放机和 Windows 移动设备）同步。使用同步中心，可以保持设备同步、管理设备的同步方式、开始手动同步、查看当前同步活动的状态以及检查冲突。

即使网络上的用户不使用运行 Windows 的计算机，也可以与他们共享文件和文件夹。共享文件和文件夹时，其他人可以打开并查看这些文件和文件夹，如同它们存储在自己的计算机上一样。

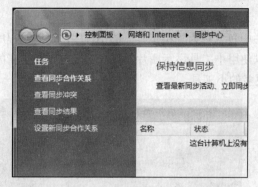

① 同步中心

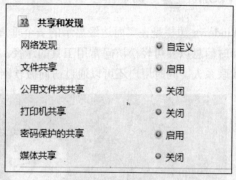

② 共享和发现

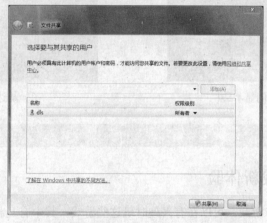

③ 文件共享

Study 04　其他新增功能

Work 6　网络连接

使用"网络和共享中心"可以取得实时网络状态和到自定义活动的链接、设置更安全的无线网络、更安全地连接到热点中的公用网络并辅助监视网络的安全性，还可以更方便地访问文件和共享的网络设备（例如打印机）、使用交互式诊断识别并修复网络问题。

① 设置连接或网络

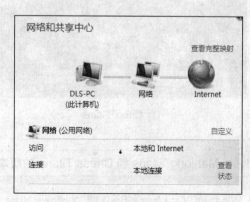

② 连接到网络

Work 7　边栏

Windows 边栏是在桌面边缘显示的一个垂直长条。边栏中包含称为"小工具"的小程序。这些小程序可以提供即时信息以及可轻松访问常用工具的途径。例如，可以使用小工具显示图片幻灯片、查看不断更新的标题或查找联系人。同时用户还可以通过访问微软网站，下载更多的小工具。

① 在 Vista 窗口右侧显示边栏　　　　　　　　　　② 从边栏中分离小工具

Work 8　3D 游戏新体验

Windows 附带一组小型趣味游戏。可以在有兴趣时玩这些游戏。其中有几款新的游戏：

Chess Titans：使用三维图形和动画将传统策略的象棋游戏引入生活。突出的正方形显示可以移动棋子的位置。选择瓷、大理石或木板的棋盘，并随意地将棋盘旋转为所需的视图。

Mahjong Titans：是一种用麻将牌来玩的纸牌游戏。从棋盘中删除配对的麻将牌；如果可以删除所有麻将牌，就赢了。

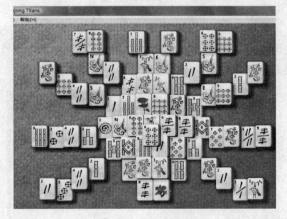

① Chess Titans　　　　　　　　　　　　② Mahjong Titans

Tip　Mahjong Titans 和 Chess Titans 的版本要求

Windows Vista Home Basic 或 Windows Vista Starter 版本中不包含 Mahjong Titans 和 Chess Titans。

墨球：使用鼠标或 Tablet 笔，绘制墨笔画以引导球进入相同颜色的洞口并阻止球进入与其颜色不同的洞口。

Purble Place：实际上是将 Comfy Cakes、Purble Shop 和 Purble Pairs 3 种游戏合为一种。在初级级别中，这些古怪的游戏尤其适合于儿童，有助于锻炼他们在记忆力、模式识别以及合理安排方面的技巧。更高难度级别的将挑战各个年龄的玩家。

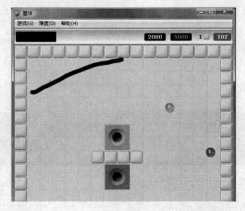

③ 墨球

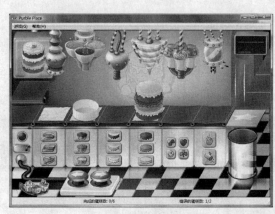

④ Comfy Cakes

⑤ Purble Shop

⑥ Purble Pairs

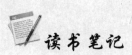 读书笔记

Chapter 2

Windows Vista 的安装与配置

Windows Vista从入门到精通

DVD

本章重点知识

Study 01 安装前的准备   Study 04 个性化设置

Study 02 安装Windows Vista   Study 05 设置系统选项

Study 03 安装硬件设备的驱动程序

视频教程路径

Chapter 2\Study 02   安装Windows Vista

● Lesson 01   设置BIOS光驱启动.swf

● Lesson 02   从光盘中安装Windows Vista.swf

● Lesson 03   从Windows XP升级安装Windows Vista.swf

Chapter 2\Study 03   安装硬件设备的驱动程序

● Lesson 05   安装DirectX程序

Chapter 2\Study 04   个性化设置

● Lesson 06   设置图片为桌面背景.swf

● Lesson 07   设置液晶显示器屏幕保护程序.swf

Chapter 2\Study 05   设置系统选项

● Lesson 08   与Internet时间同步.swf

Chapter 2　Windows Vista 的安装与配置

了解了 Windows Vista 的版本与新增功能后，本章将介绍安装 Windows Vista 的方法以及简单进行个性化设置 Vista 界面。让读者在获取 Vista 操作系统后将其改造成有自己特色的操作系统。

Study

01 安装前的准备

- Work 1.　Windows Vista 的硬件要求
- Work 2.　Windows Vista 推荐配置

> 微软公司每一次升级操作系统，都会刺激全球硬件市场的升温，Vista 系统也不例外。为了更好地使用 Vista 操作系统，在安装前了解其对硬件的需求是必须的。本节将对这部分内容进行详细介绍。

Study 01　安装前的准备

Work Windows Vista 的硬件要求

根据微软 Vista 官方页面发布的详细硬件需求，可运行 Vista 的计算机分为初级的 Windows Vista Capable PC 和高级的 Windows Vista Premium Ready 两个规格。

拥有 Vista Capable 认证的 PC，只保证其能够安装并执行 Vista，至于性能、最终的用户体验度，则不在其考虑之列，因此，其 Vista Capable 认证的硬件要求很低，这也许是目前许多低端的 PC 或 NB 都在宣称可支持 Windows Vista 的原因。

拥有 Vista Premium Ready 认证的 PC，表示它适合安装 Home Premium、Business、Ultimate 等 Windows Vista 版本，而且能发挥完整的 Vista 新功能，包括最重要的 Aero Glass 的用户接口。

具体的硬件要求如表 2-1 所示。

表 2-1　Windows Vista 的硬件要求

Windows Vista Capable PC 规格的硬件需求	处理器：800MHz
	内存：512MB
	显卡：DirectX 9 兼容显卡
	显示器：800×600 分辨率
	光驱：CD-ROM
	硬盘：20GB 硬盘，至少 15GB 空余硬盘空间
Windows Vista Premium Ready 规格的硬件需求	处理器：至少 1GHz
	内存：1GB
	显卡：DirectX 9（支持 WDDM 驱动），128MB 显存（支持 Pixel Shader 2.0）
	显示器：800×600 分辨率
	光驱：DVD-ROM
	硬盘：40GB 硬盘，至少 15GB 空余硬盘空间

Work ❷　Windows Vista 推荐配置

以上只是微软官方的标准。回顾 Windows XP 的官方硬件需求，可以认为这样的硬件配置还是不够，仅仅能够安装使用 Vista，却远远不能流畅运行。微软对硬件认证的要求放得很低，这也是想让 Windows Vista 的使用范围不致太小的缘故。

如果要想将 Vista 运行至目前 XP 的正常性能水平，需要的硬件配置可能远远高于其认证要求。经过实际测试，笔者推荐配置如表 2-2 所示。

表 2-2　Windows Vista 的推荐配置

推荐配置	处理器：频率 2.0GHz 以上双核心 CPU
	内存：1GB 以上 DDR2 双通道内存
	显卡：高端独立显卡（X1600、GeForce 7600 级别以上）
	显示器：800×600 分辨率
	光驱：DVD-ROM
	硬盘：7200 转速及以上硬盘

一般来说，现在新购买的主流计算机都可以达到上述配置。

Study ⓿❷　安装 Windows Vista

　　Work 1.　BIOS 的简单设置

当用户了解了 Vista 的硬件需求后，就可以决定安装哪种版本的 Vista。本节就讲述在不同情况下如何升级到 Vista。如果用户对安装系统不熟悉，可以根据下面的提示一步步地安装，从而保证文件系统安全。

Work ❶　BIOS 的简单设置

BIOS 是英文 "Basic Input Output System" 的缩略语，直译过来中文名称是"基本输入/输出系统"。它的全称应该是 ROM-BIOS，意思是只读存储器基本输入/输出系统。其主要功能是为计算机提供最底层的、最直接的硬件设置和控制。从功能上看，BIOS 分为 3 个部分：自检及初始化、程序服务处理、硬件中断处理。下面讲述的内容可能会和读者的计算机稍有不同。具体情况可以参考计算机或者主板的说明书。

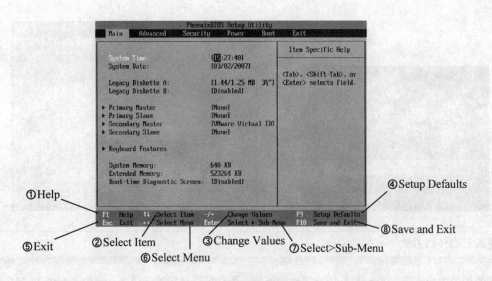

基本输入/输出系统

① Help（求助功能键）	按 F1 键可以打开帮助功能，为读者解决 BIOS 设置问题
② Select Item（选择表项）	按 ↑/↓ 键可以选择列表中的项目
③ Change Values（改变标准）	按 +/- 键可以更改设置的数值
④ Setup Defaults（默认设置）	按 F9 键可以加载默认的功能设置
⑤ Exit（退出）	按 Esc 键可以退出 BIOS 设置
⑥ Select Menu（选择菜单）	在有两列的菜单中按 ←/→ 键进行选择
⑦ Select>Sub-Menu（选择>子菜单）	在有子菜单的选项上，按 Enter 键可以打开对应的子菜单
⑧ Save and Exit（保存和退出）	当设置完毕后，用户可以按 F10 键将设置保存并退出 BIOS

Lesson 01 设置 BIOS 光驱启动

Windows Vista • 从入门到精通

全新安装 Windows Vista 需要从光驱启动，那么基本的 BIOS 设置就是必不可少的。在安装之前，先讲述如何对 BIOS 进行基本设置。

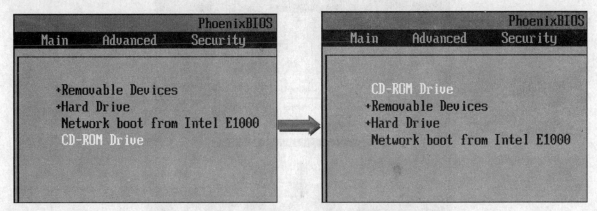

STEP 01 开启计算机或重新启动计算机。在计算机自检后按 F12 键进入 BIOS。

STEP 02 进入 BIOS 后，默认显示主菜单。按→键控制光标，选择菜单项。

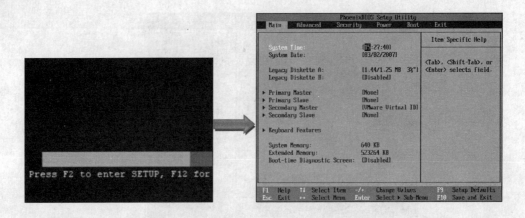

Tip 进入 BIOS 的方式

　　读者所使用的主板不同，进入 BIOS 的方式也会不同。用户可以根据提示进入，例如 Award 和 AMI 进入 BIOS 是按 Delete 键；IBM 进入 BIOS 是按 F2 键。

STEP 03 在 Boot 界面下，可以看到启动顺序由上到下依次是：移动存储器、硬盘、网络启动和光驱启动。下面是要将 CD-ROM 设置为第一启动来源。按键盘上的 ↑／↓ 键，将 **CD-ROM Drive** 选项选中（即使其高亮显示）、按 +/- 键，将光盘启动项移至第一项。

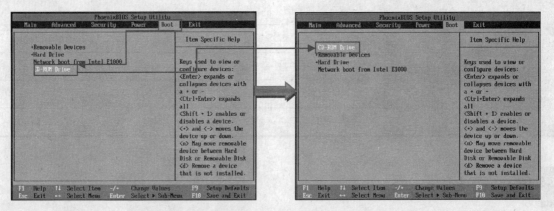

STEP 04 完成设置后，按 F10 键保存及退出 BIOS。会弹出确认修改对话框。移动方向键，选中 **Yes** 选项。再按 Enter 键确认 BIOS 设置。此时计算机会自动重新启动。

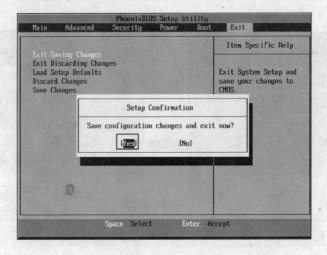

Lesson
02 **从光盘中安装 Windows Vista**
WindowsVista·从入门到精通

　　在 BIOS 中设置好从光驱启动后，读者就可以安装 Vista 了。Vista 的安装界面有了非常大的改进。用户只需要花半个小时左右，就能完成 Vista 系统的安装。

STEP 01 将 Windows Vista 的安装盘放入光驱中，然后重新启动计算机。并按下 Enter 键选择光驱启动。这时系统就会对光盘进行检测，并读取光盘中的文件。

STEP 02 进入选择安装语言的界面，在"要安装的语言"下拉列表框中选择"中文"选项，完毕后单击"下一步"按钮。

STEP 03 切换至新的界面，单击"现在安装"按钮。

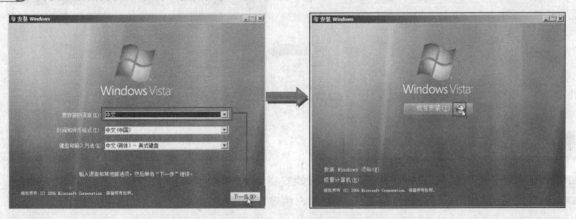

STEP 04 进入"键入产品密钥进行激活"界面，在"产品密钥"文本框中输入产品密钥，勾选"联机时自动激活"复选框，再单击"下一步"按钮。

STEP 05 进入"选择您购买的 Windows 版本"界面，在其列表框中选择需要的版本，例如选择"Windows Vista Ultimate"选项，并勾选"我已经选择了购买的 Windows 版本"复选框。再单击"下一步"按钮。

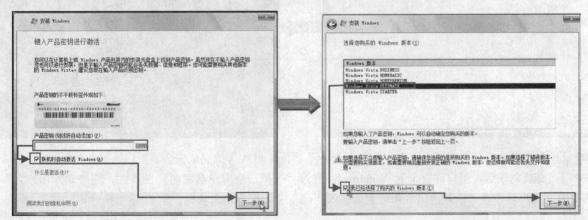

STEP 06 进入"请阅读许可条款"界面，阅读后勾选"我接受许可条款"复选框，再单击"下一步"按钮。

STEP 07 进入"您想进行何种类型的安装？"界面，选择"自定义"选项。

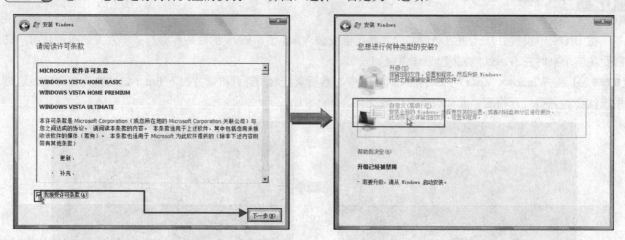

STEP 08 进入"您想将 Windows 安装在何处？"界面中，单击"新建"文字链接。

STEP 09 在"大小"文本框中输入新磁盘分区的大小。再单击"应用"按钮。按照同样的方法对其他的磁盘进行分区。设置完毕后，单击"下一步"按钮。

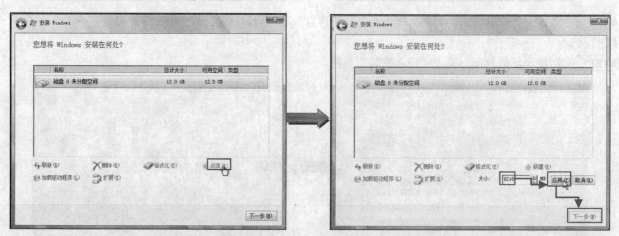

STEP 10 进入"正在安装 Windows"界面，显示开始安装 Windows Vista 操作系统的进度。

STEP 11 在安装过程中，计算机会重新启动，请用户稍等片刻。

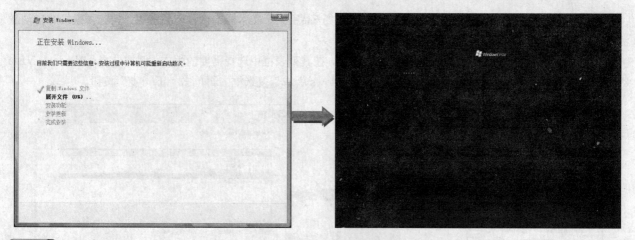

STEP 12 重新启动后，会返回"正在安装 Windows"界面，继续等待完成安装。

STEP 13 安装完毕后，用户需要设置 Windows。进入"选择一个用户名和图片"界面，在"输入用户名"文本框中输入用户名，在"输入密码"和"重新输入密码"文本框中输入密码，再单击"下一步"按钮。

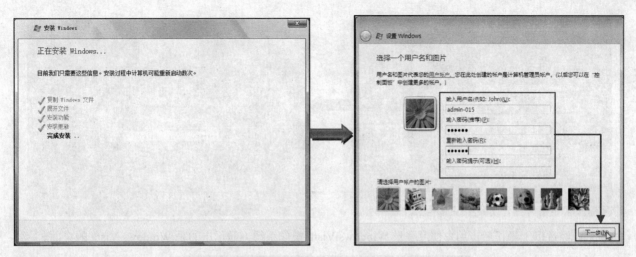

STEP 14 进入"输入计算机名并选择桌面背景"界面，用户可以输入计算机的名称以及设置桌面背景，完毕后单击"下一步"按钮。

STEP 15 进入"复查时间和日期设置"界面，用户可以在此检查当前日期和时间，完毕后单击"下一步"按钮。

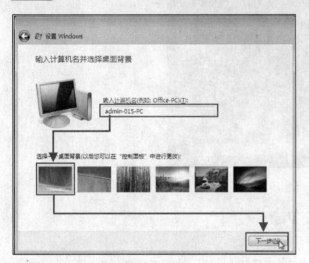

STEP 16 进入"请选择计算机当前的位置"界面，用户可以在此设置计算机当前的位置，这里选择"工作"选项。

STEP 17 在新的界面中单击"开始"按钮，即可完成设置。

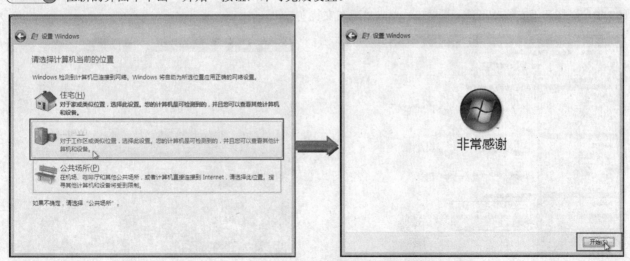

STEP 18 此时 Windows Vista 开始对计算机的性能进行检查。检查完毕后，即可进入登录界面。如果用户之前设置了密码，则系统会提示用户输入密码，完毕后单击右侧的箭头按钮。

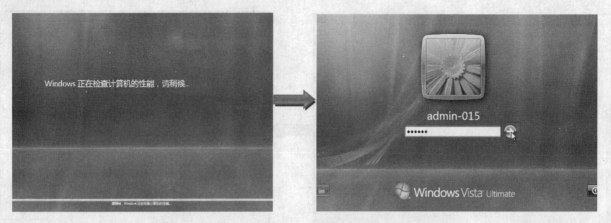

STEP 19 经过以上操作后，用户便可登录 Windows Vista 操作系统。显示出的是 Windows Vista 的桌面。

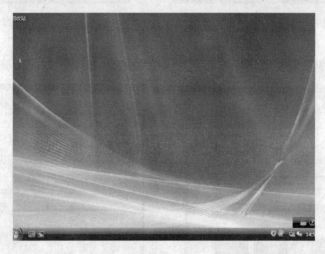

Lesson 03 从 Windows XP 升级安装 Windows Vista

Windows Vista · 从入门到精通

目前大多用户都使用的是 Windows XP 操作系统，用户可以直接将 Windows XP 系统升级为 Windows Vista。

STEP 01 在 Windows XP 系统下，将 Windows Vista 的安装光盘放进光驱里，并打开"我的电脑"窗口，双击光盘驱动盘。

STEP 02 打开"安装 Windows"窗口，单击"现在安装"按钮。

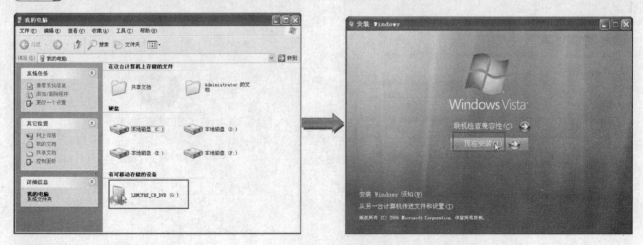

STEP 03 弹出"安装 Windows"对话框，在"获取安装的重要更新"界面中选择"不获取最新安装更新"选项。

STEP 04 进入"键入产品密钥进行激活"界面，在"产品密钥"文本框中输入产品密钥，勾选"联机时自动激活 Windows"复选框，再单击"下一步"按钮。

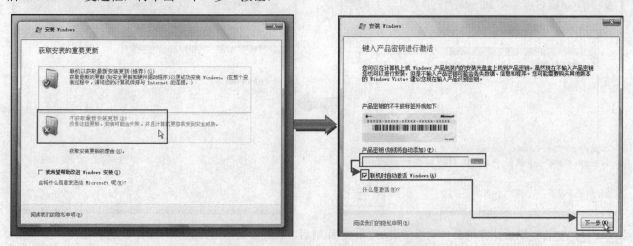

STEP 05 进入"选择您购买的 Windows 版本"的界面，在其列表框中选择需要的版本。例如选择"Windows Vista Ultimate"选项。并勾选"我已经选择了购买的 Windows 版本"复选框。再单击"下一步"按钮。

STEP 06 进入"请阅读许可条款"界面。勾选"我接受许可条款"复选框。再单击"下一步"按钮。

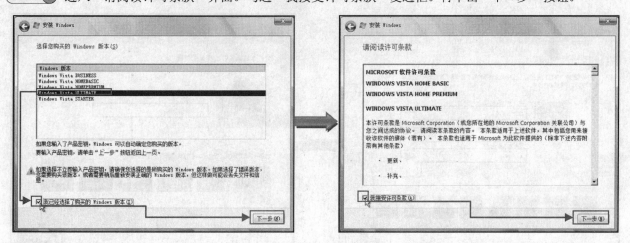

STEP 07 进入"您想进行何种类型的安装？"界面，选择"自定义"选项。

STEP 08 进入"您想将 Windows 安装在何处？"界面。单击"新建"文字链接。

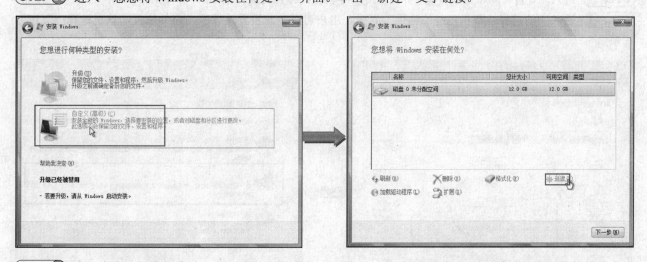

STEP 09 在"大小"文本框中输入新磁盘分区的大小，再单击"应用"按钮。按照同样的方法对其他的磁盘进行分区。设置完毕后，单击"下一步"按钮。

STEP 10 进入"正在安装 Windows"界面，显示开始安装 Windows Vista 操作系统的进度。

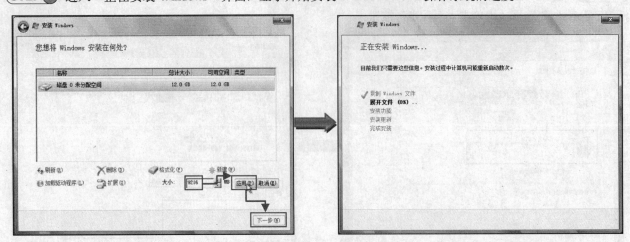

STEP 11 安装完毕后计算机会自动重新启动。稍等片刻后，系统会提示用户选择一个用户名和图片，在"输入密码"和"重新输入密码"文本框中输入密码，再单击"下一步"按钮。

STEP 12 进入"输入计算机名并选择桌面背景"界面，用户可以输入计算机的名称以及设置桌面背景，完毕后单击"下一步"按钮。

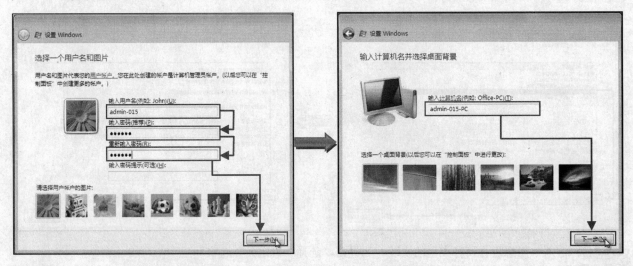

STEP 13 进入"复查时间和日期设置"界面，用户可以在此检查当前日期和时间，完毕后单击"下一步"按钮。

STEP 14 进入"请选择计算机当前的位置"界面，用户可以在此设置计算机当前的位置，这里选择"工作"选项。

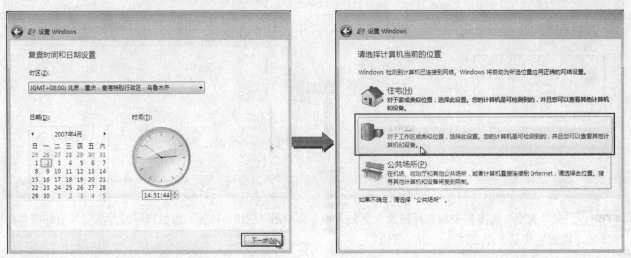

STEP 15 单击"开始"按钮，即可完成设置。Windows Vista 开始对计算机的性能进行检查。

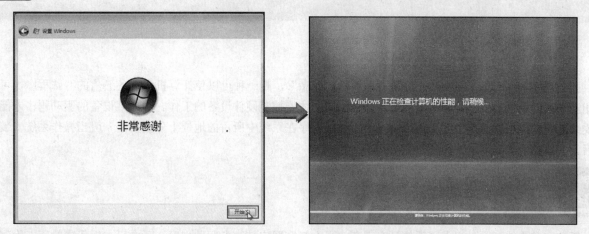

STEP 16 检查完毕后，即可进入登录界面。如果用户之前设置了密码，则系统会提示用户输入密码，完毕后单击右侧的箭头按钮，即可登录 Windows Vista。

STEP 17 经过操作后，用户便会登录 Windows Vista 操作系统。

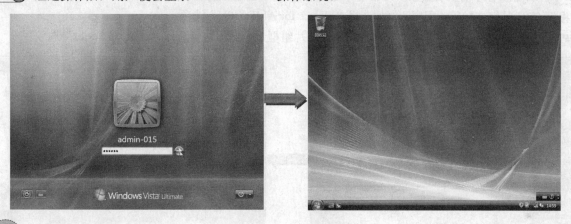

Tip 多操作系统的安装

　　安装多操作系统的方法很简单。除了了解安装系统的操作步骤，用户还需要牢记 3 点：①分盘安装。将 XP 系统和 Vista 系统分别放在不同的分区中，例如 XP 安装在 C 盘；Vista 安装在 D 盘。②磁盘分区大小。在对磁盘进行分区时，通常 XP 系统只需要 7GB，而 Vista 需要 15GB。③系统安装顺序。安装多操作系统的顺序最好按照从低到高的顺序，例如 XP 和 Vista，则首先安装 XP，再安装 Vista。

Study

03 安装硬件设备的驱动程序

● Work 1. 安装驱动程序

　　当系统安装完毕后，用户可能会发现桌面上显示的图案有些粗糙。这是因为还有许多驱动程序没有安装，比如显卡驱动程序和声卡驱动程序等，用户可以从显卡、声卡等的包装盒中找到驱动程序安装盘（对于集成显卡或声卡的主板，驱动程序会在主板驱动程序盘中）。

　　驱动程序一般可通过三种途径得到：一是购买的硬件附带有驱动程序；二是 Windows 系统自带了大量驱动程序；三是可以从 Internet 上下载驱动程序。实际上最后一种途径往往能够得到最新的驱动程序。下面介绍安装驱动程序的相关知识。

Work 1 安装驱动程序

驱动程序（Device Driver）全称为"设备驱动程序"，是一种可以使计算机和设备通信的特殊程序，可以说相当于硬件的接口，操作系统只能通过这个接口，才能控制硬件设备的工作。假如某设备的驱动程序未能正确安装，便不能正常工作。正因为这个原因，驱动程序在系统中所占的地位十分重要。一般当操作系统安装完毕后，首要的便是安装硬件设备的驱动程序。

Lesson 04 安装声卡驱动程序

Windows Vista · 从入门到精通

系统安装完毕后，如果发现系统没有声音，那么就需要安装声卡驱动程序。下面以主板集成的声卡为例，介绍安装声卡驱动程序的操作步骤。

STEP 01 将驱动程序的安装盘放入光驱中。通常情况下，光盘中的内容会自动运行。弹出驱动程序的安装界面，根据 CPU 品牌选择驱动程序，例如选择"nForce for AMD CPU"选项。

STEP 02 进入新的界面，用户需要在此选择主板芯片组型号，例如这里选择"nForce5 Series"选项。

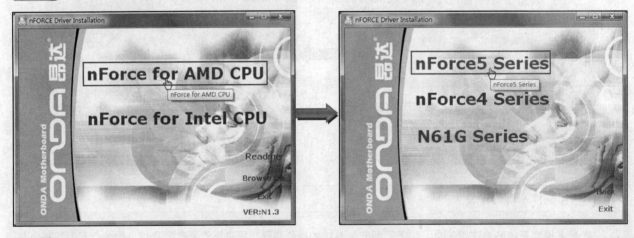

STEP 03 进入新的界面，在此用户需要设置安装的内容，例如需要安装声卡，这里选择"Realtek AC'97 HD 880 Audio"选项。

STEP 04 打开新的窗口，显示"准备安装"界面，显示安装程序正在准备 InstallShield Wizard 的进度条，它可指导用户完成安装过程的其余部分。

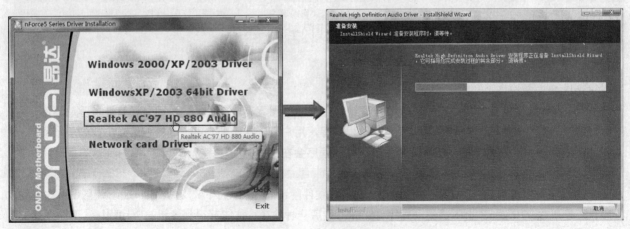

STEP 05 进入欢迎界面，确认要安装程序后，单击"下一步"按钮。

STEP 06 安装完成后，进入"维护完成"界面，选中"是，立即重新启动计算机"单选按钮，再单击"完成"按钮。

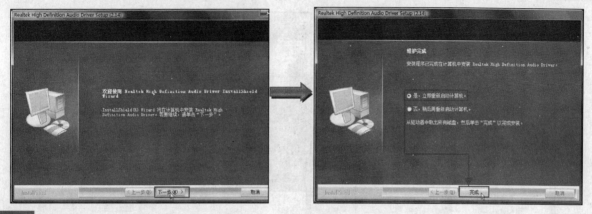

Lesson
05 安装 DirectX 程序
Windows Vista · 从入门到精通

DirectX 是一种应用程序接口（API）。它可让以 Windows 为平台的游戏或多媒体程序获得更高的执行效率，加强 3D 图形和声音效果。并提供设计人员一个共同的硬件驱动标准，让游戏开发者不必为每一品牌的硬件编写不同的驱动程序。同时也降低用户安装及设置硬件的复杂度。

STEP 01 打开 DirectX 程序安装文件所在文件夹，右击该文件，在弹出的快捷菜单中执行"解压到当前文件夹"命令。

STEP 02 此时在当前文件夹中解压出压缩文件的内容，双击"directx_mar2008_redist"文件。

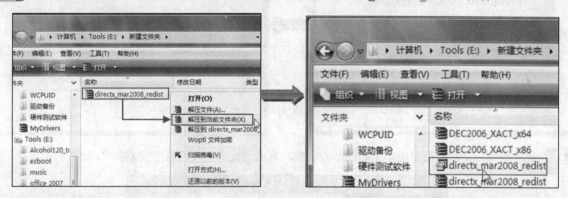

STEP 03 打开"DirectX Runtime for March 2008"窗口，确认需要安装后，单击"Yes"按钮。

STEP 04 进入新的界面，用户可以单击"Browse"按钮，在弹出的对话框中选择文件安装路径，例如"E:\新建文件夹"，完毕后再单击"OK"按钮。

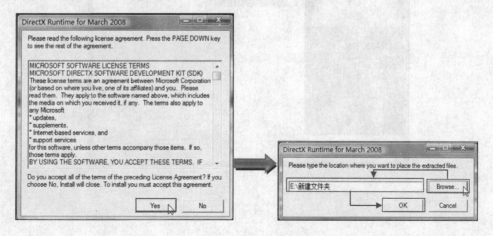

STEP 05 此时在 E 盘的 "新建文件夹" 窗口中出现了 DirectX 的安装文件。双击 "DXSETUP" 安装文件。

STEP 06 进入 "欢迎使用 DirectX 安装程序" 界面，选中 "我接受此协议" 单选按钮，再单击 "下一步" 按钮。

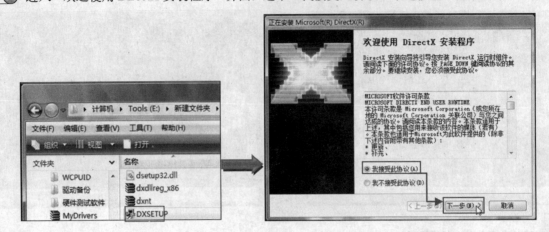

STEP 07 进入 "DirectX 安装程序" 界面，此安装包将搜索更新的 DirectX 运行时组件并在需要时更新。确认要启动安装，单击 "下一步" 按钮。

STEP 08 进入 "正在安装组件" 界面，此时安装文件正在搜索已更新的 DirectX 运行时组件并进行必要的更新，显示安装进度，用户需要等待安装。

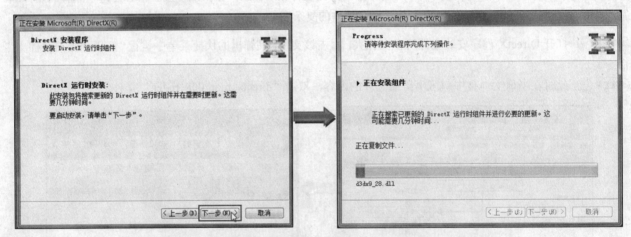

STEP 09 经过等待后，用户便完成了驱动程序的安装。单击 "完成" 按钮退出安装向导。

> Vista 操作系统以其美轮美奂的外观赢得了不少好评。但系统默认的外观总是不能满足所有用户的要求。本节讲述如何个性化设置自己的计算机系统，包括外观以及相关设置，从而打造属于用户自己的 Vista 系统。

Study 04　个性化设置

Work 1　在桌面上添加需要的程序图标

在 Windows Vista 操作系统中，默认的系统功能图标有 5 个，其中包括计算机、回收站、用户的文件、控制面板和网络，其中桌面上默认显示回收站图标。右击桌面任意空白处，在弹出的快捷菜单中执行"个性化"命令，进入"个性化"界面，单击"更改桌面图标"文字链接，打开"桌面图标设置"窗口。

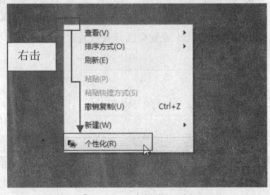

① 打开"个性化"窗口

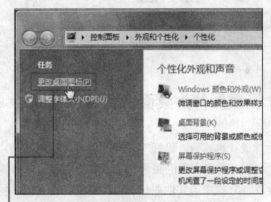

② 打开"桌面图标设置"对话框

③ 设置桌面图标

Tip 删除桌面图标

如果用户不需要在桌面上显示这些图标，可以在桌面上右击对应的图标，在弹出的快捷菜单中执行"删除"命令。或者在"桌面图标"区域中，取消勾选对应的图标复选框，单击"确定"按钮即可。

Study 04　个性化设置

Work 2　设置桌面图片

桌面是打开计算机并登录到 Windows 之后看到的主屏幕区域。个性化计算机的最简单方法之一是更改桌面背景。可以选择 Windows 自带的背景之一，也可以从自己的收藏中选择喜欢的数字图片，或者使用纯背景色，还可以在 Internet 上查找设计为桌面背景的图片。

① 选择桌面背景窗口　　　　　　　　　　② 设置桌面背景后的效果

Lesson 06　设置图片为桌面背景

桌面背景（也称为"墙纸"）可以是个人收集的图片，或 Windows 提供的图片。还可以为桌面背景选择颜色，或使用适合背景图片的颜色。除了系统自带的桌面图片外，Windows Vista 操作系统的桌面还可以根据自己的需要设置计算机中的其他图片，使计算机具有自己的特色。

STEP 01 右击桌面任意空白处，在弹出的快捷菜单中执行"个性化"命令，进入"个性化"界面中，单击"桌面背景"文字链接。

STEP 02 进入"选择桌面背景"界面，在"图片位置"右侧，单击"浏览"按钮。

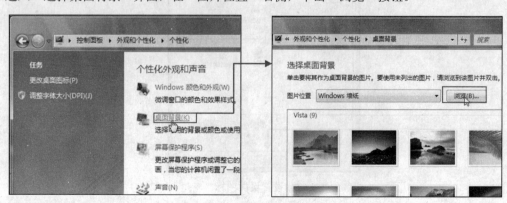

STEP 03 弹出"浏览"对话框，选择图片所在路径后，选择图片文件，再单击"打开"按钮。

STEP 04 经过操作后，Windows Vista 的桌面已经应用了用户自定义的图纸。

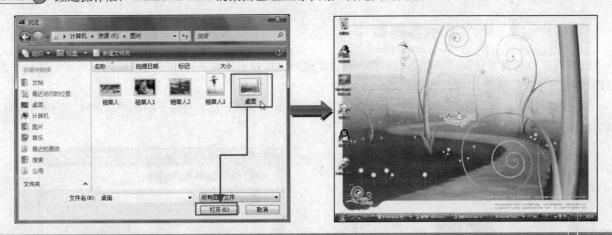

Study 04　　个性化设置

Work 3　更改显示器分辨率

屏幕分辨率指的是屏幕上文本和图像的清晰度。分辨率越高，屏幕上显示的项目越清楚。同时屏幕上的项目显得更小，因此屏幕可以容纳更多的项目。分辨率越低，则屏幕容纳的项目更少，但这些项目会显得更大，并更易于查看。但在非常低的分辨率情况下，图像可能有锯齿状边缘。

例如，640×480 像素是较低的屏幕分辨率，而 1600×1200 像素是较高的屏幕分辨率。纯平显示器通常显示 800×600 像素或 1024×768 像素的分辨率。液晶显示器可以更好地支持更高分辨率。是否能够增加屏幕分辨率取决于监视器的大小和功能及视频卡的类型。

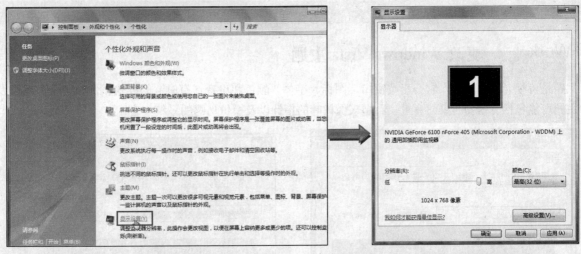

① 在"个性化"窗口中选择"显示设置"文字链接　　　　② 设置分辨率和颜色

表 2-3　显示器大小与推荐分辨率

显示器大小	推荐分辨率
15 英寸显示器	1024×768 像素
17~19 英寸显示器	1280×1024 像素
20 英寸及更大显示器	1600×1200 像素

Work 4　更改显示器刷新率

　　闪烁的监视器容易导致眼睛疲劳和头痛。可以通过加大屏幕刷新频率减少或消除闪烁。通常刷新频率为75Hz以上产生的闪烁较少。

　　更改刷新频率之前，要求更改屏幕分辨率。原因是并非每个屏幕分辨率与每个刷新频率兼容。分辨率越高，刷新频率也应越高。

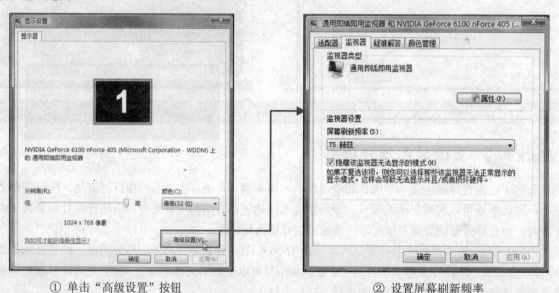

① 单击"高级设置"按钮　　　　　　　　　　② 设置屏幕刷新频率

Work 5　更改 Windows Vista 主题

　　主题是可视元素的集合，它会影响窗口、图标、字体、颜色和声音（有时）的样式。例如，一个基于大自然的主题可能包括有植物的桌面背景、看起来像树叶的指针以及模仿鸟鸣的系统声音。

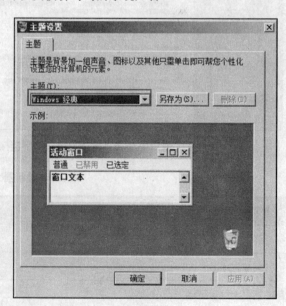

① 设置 Windows Vista 主题　　　　　　② 设置 Windows 经典主题

Work ⑥　个性化颜色方案

在前面的设置中，用户掌握了设置分辨率、刷新率、主题的操作，接着用户便可以继续完成启用 Windows Aero 透明效果了。

● 透明效果

进入"Windows 颜色和外观"界面，勾选"启用透明效果"复选框，可以打开 Aero 的透明效果。

● 更改颜色

启用透明效果后，窗口、"开始"菜单和任务栏的外观都变为透明的了。在颜色组中选择自己喜欢的窗口颜色，例如"蓝"。

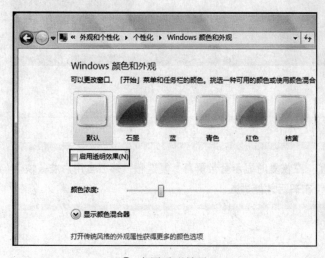

① 启用透明效果

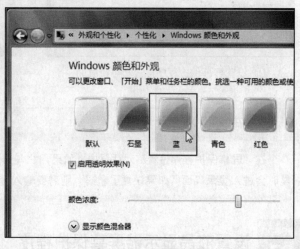

② 设置 Windows 颜色

● 颜色混合器

如果对于 Windows Vista 自带的颜色不满意，用户还可以单击"显示/隐藏颜色混合器"按钮。在展开的混合器中根据色调、饱和度以及亮度对颜色进行调节。

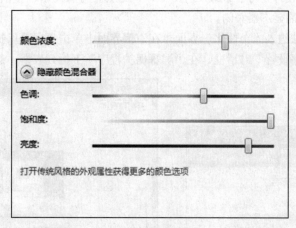

③ 颜色混合器

Work ⑦　为计算机添加屏幕保护程序

屏幕保护程序是在设置的时间段内没有使用鼠标或键盘时，在屏幕上出现的图片或动画。Windows 包含了各种屏幕保护程序。纯平显示器与液晶显示器设置屏幕保护程序的方式不同。

① 设置屏幕保护程序样式和等待时间

② 屏幕保护程序效果

Tip　在恢复时显示登录屏幕

在"屏幕保护程序设置"对话框中，如果用户勾选了"在恢复时显示登录屏幕"复选框，那么当用户准备恢复时会进入登录界面，如果设置了密码，则需要输入登录密码后才能进入。

Lesson 07　设置液晶显示器屏幕保护程序

Windows Vista · 从入门到精通

液晶显示器的显像原理是：因为液晶材料本身不发光，所以在显示屏两边都设有作为光源的灯管，液晶分子能够调制来自背光灯管发射的光线，实现图像的显示。当用户停止计算机操作时还让屏幕上显示各种颜色反复运动的屏幕保护程序，无疑使背光灯管继续工作。长时间后会使灯管变暗，使液晶显示器产生坏点。因此在不使用计算机时用户需要将液晶显示器关闭。

STEP 01 按照前面介绍的方法进入"个性化"界面，在右侧界面中单击"屏幕保护程序"文字链接。

STEP 02 打开"屏幕保护程序设置"对话框，在"屏幕保护程序"下拉列表框中选择"无"选项。

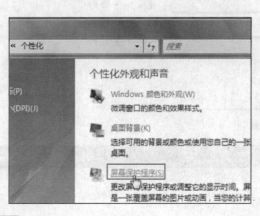

STEP 03 在"电源管理"区域中，单击"更改电源设置"文字链接。

STEP 04 进入"电源选项"界面，在左侧任务窗格中单击"选择关闭显示器的时间"文字链接。

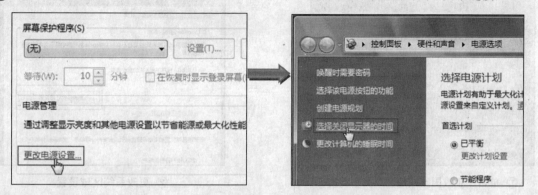

STEP 05 进入"编辑计划设置"界面，在"关闭显示器"下拉列表框中选择需要设置的关闭时间，例如"5分钟"，再单击"保存修改"按钮。

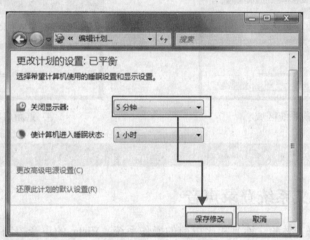

　　除了以上的个性化设置外，用户还可以对系统选项进行设置，例如系统的区域设置、登录系统的声音以及设置系统日期和时间等。本节将对这部分内容进行介绍。

Study 05　设置系统选项

Work 1　系统的区域设置

　　系统区域是一种语言，用于显示未使用 Unicode 程序的菜单和对话框中的文本。在计算机上安装其他显示语言时，可能需要更改默认系统区域。为系统区域选择不同的语言，不会影响 Windows 或其他使用 Unicode 程序的菜单和对话框中的语言。

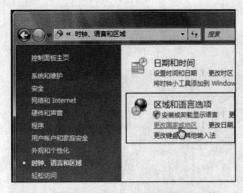

① 单击"更改国家或地区"文字链接

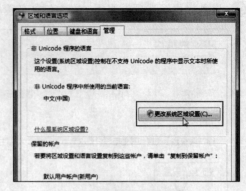

② 更改系统区域设置

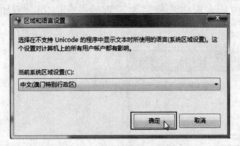

③ 设置当前系统区域

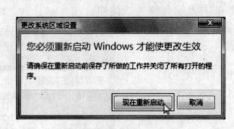

④ 重新启动完成更改

Study 05　设置系统选项

Work ❷　自定义系统登录声音

Vista 系统具有卓越的语音体验，而且相比以前的操作系统，Vista 的声音控制更加智能，更加强大，可以满足用户的不同需求，比如在以前的系统中，用户只能控制总的声音大小，但在 Vista 系统中，用户可以单独控制某个程序的声音大小。

● 音量合成器

在音量合成器中，用户可以对扬声器、Windows 声音以及当前打开的应用程序的声音进行调节。

● "声音"对话框

声音主题是应用于 Windows 和程序事件中的一组声音。用户可以选择现有方案或保存修改后的方案，将其设置为系统声音。

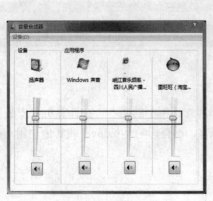

① 调整设备音量

② 设置系统程序事件声音

Work ③ 设置系统日期和时间

Vista系统可以显示日期和时间，并且关机后也不会丢失信息，从而方便用户在使用计算机时查看时间和日期。也可以设置时间和日期，从而纠正系统中错误的时间和日期。或者当用户旅行到国外时，也可以设置成当地的时间和日期。

● 日期和时间

对于计算机上的日期和时间，用户难免会更改它。此时就可以在"日期和时间"对话框中，更改日期和时间并且更改时区，见图①。

● 附加时钟

附加时钟可以显示其他时区的时间。可以通过单击任务栏时钟或悬停在其上面来查看这些附加时钟。如果用户有国外的朋友，这个功能是非常好用的。随时可以了解对方的当地时间，以免在休息时间打扰到对方。

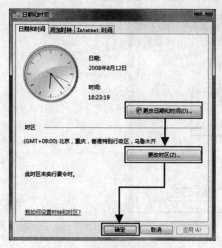

① 设置日期和时间

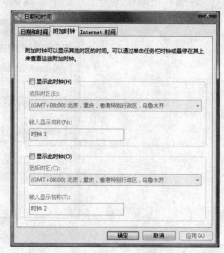

② 设置附加时钟

Lesson 08 与 Internet 时间同步

Windows Vista · 从入门到精通

当然如果用户发现计算机时间与北京时间有差别，可以将其与 Internet 进行同步，以获得准确无误的时间。

STEP 01 在桌面的右下角单击显示的时间，在弹出的"时间"对话框中单击"更改日期和时间设置"文字链接。

STEP 02 打开"日期和时间"对话框，切换至"Internet 时间"选项卡，单击"更改设置"按钮。

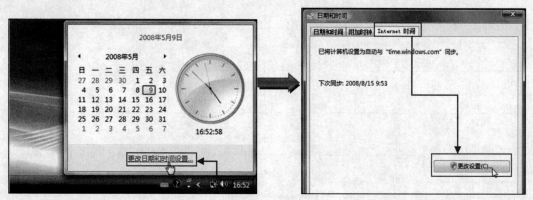

STEP 03 弹出"Internet 时间设置"对话框，勾选"与 Internet 时间服务器同步"复选框，并单击"立即更新"按钮。

STEP 04 经过等待后，会在"Internet 时间设置"对话框中显示同步成功，单击"确定"按钮。

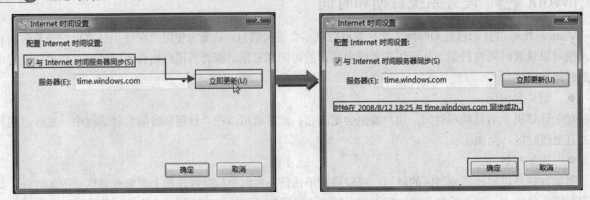

STEP 05 返回"日期和时间"对话框，确认同步后单击"确定"按钮即可完成同步设置。

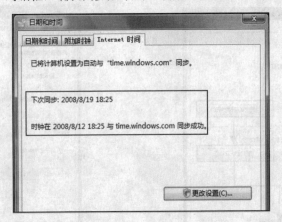

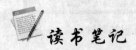 读书笔记

Chapter 3
Windows Vista 的基础操作

Windows Vista从入门到精通

本章重点知识

Study 01 Windows Vista的启动、休眠、锁定和关机
Study 02 鼠标和键盘的使用与设置
Study 03 任务栏和开始菜单的设置

Study 04 使用Windows边栏
Study 05 程序窗口的使用
Study 06 使用Windows Vista的帮助和支持

视频教程路径

DVD

Chapter 3\Study 02　鼠标和键盘的使用与设置
- Lesson 02　设置适合自己的鼠标按键.swf
- Lesson 03　更改指针外观.swf
- Lesson 04　更改指针选项.swf

Chapter 3\Study 03　任务栏和开始菜单的设置
- Lesson 05　显示或隐藏"快速启动"工具栏.swf
- Lesson 06　在快速启动栏中添加常用程序.swf
- Lesson 07　隐藏"通知区域"中的程序图标.swf

Chapter 3\Study 05　程序窗口的使用
- Lesson 08　关闭窗口的多种方式.swf
- Lesson 09　分组任务栏上的窗口.swf
- Lesson 10　使用Windows Flip 3D预览打开的窗口.swf
- Lesson 11　排列窗口.swf

Chapter 3\Study 06　使用Windows Vista的帮助和支持
- Lesson 12　使用目录查询帮助.swf
- Lesson 13　搜索帮助内容.swf

Chapter 3 Windows Vista 的基础操作

　　进入系统后，用户会发现在操作方面，Vista 极其简单方便、易于上手。即便是初学者也能很快地掌握基本操作。本章将带领大家一起体验 Vista 的新颖之处，并进行 Vista 的基础设置，其中包括 Vista 的状态操作、鼠标和键盘、任务栏、Windows 边栏、程序窗口等设置。用户需要结合学习与实际操作进行练习。

Study
01 Windows Vista 的启动、休眠、锁定和关机

- Work 1. 启动 Windows Vista
- Work 2. 使用 Windows Vista 休眠功能
- Work 3. 使用 Windows Vista 锁定功能
- Work 4. 关闭 Windows Vista

　　本节将介绍 Windows Vista 系统的状态操作，其中包括 Vista 的启动、休眠、锁定以及关机的几种方式。用户可以根据实际情况，选择不同的状态方式对计算机进行设置。

Study 01　Windows Vista 的启动、休眠、锁定和关机

Work 1　启动 Windows Vista

　　首次启动 Windows Vista 时，除了令人满意的启动速度外，用户首先感受到的是强烈的视觉冲击，全新的用户界面以及梦幻般的 Aero Glass 效果。可以说，Vista 系统的界面超越了以往的任何一个操作系统。

Lesson
01 正确启动 Windows Vista

　　学会正确启动计算机是学习计算机的第一扇门。如果操作错误，会给计算机带来极大的伤害，缩短它的寿命。

STEP 01 确认计算机各部件连接正确，然后按下显示器开关，通常是显示器上最大的按钮。

STEP 02 按下主机箱上的 Power 键，通常 Power 键是主机箱上最大的一个按钮。

STEP 03 当计算机显示出自检界面后，会显示启动界面。微软采用最省资源的"黑屏"作为 Windows Vista 的启动界面，比之前的 Windows XP 系统节约了 6s。

STEP 04 如果用户对系统设置了用户名和密码，则在登录时会出现欢迎界面。输入密码后，按下的 Enter 键，即可进入 Windows Vista 操作系统界面。

STEP 05 当用户见到 Windows Vista 操作系统的桌面，便完成了计算机的启动操作。

STEP 06 如果用户是第一次启动 Vista，会进入"欢迎中心"界面，用户可以在此选择需要的选项进行查看和设置。

Study 01　Windows Vista 的启动、休眠、锁定和关机

Work ❷ 使用 Windows Vista 休眠功能

休眠是一种节能状态，此状态可将打开的文档和程序保存到硬盘上，然后关闭计算机。当准备再次使用计算机时，它可在几秒钟之内从休眠状态中苏醒过来，然后还原所有已保存的打开的程序和文档。Windows 使用的所有节能状态中，休眠状态耗费的电量最少。

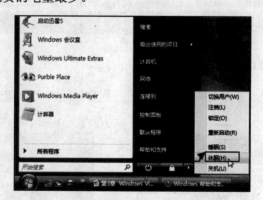

在"开始"菜单中执行"休眠"命令

Tip　从休眠中恢复

休眠和其他功能不同的是，计算机处于休眠状态时不消耗能源。要从休眠中恢复，就必须按主机上的 Power 按钮。也就是说和开机过程一样，但速度会很快。

Windows Vista
从入门到精通

Work ③　使用 Windows Vista 锁定功能

从 Windows 注销后，正在使用的所有程序都会关闭，但计算机不会关闭，注销后其他用户可以登录而无须重新启动计算机。此外，无需担心因关闭计算机而丢失信息。如果锁定计算机，则只有本人或管理员才能将其解除锁定。

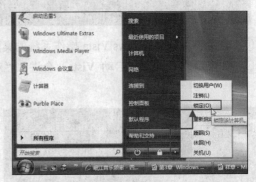

① 在"开始"菜单中单击"锁定"按钮　　　② 在"开始"菜单中执行"锁定"命令

Tip　从锁定中恢复

计算机进入锁定状态是为了防止其他人随意使用，要从锁定状态恢复成还原状态，可以在文本框中输入账户密码，然后单击右侧的箭头（或按 Enter 键）即可。

Work ④　关闭 Windows Vista

当用户结束使用计算机时，首先要关闭所有的运行程序，这样可以避免数据丢失或损坏，然后再退出系统并关机。

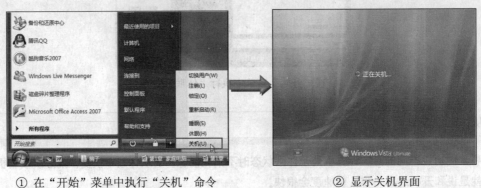

① 在"开始"菜单中执行"关机"命令　　　② 显示关机界面

Tip 双击鼠标

Tip 重新启动计算机

重新启动计算机就是执行计算机自动关机后再重新开机。通常是在计算机死机或者特殊时候需要计算机返回到开机时的初始状态。重新启动的方式有多种，包括从"开始"菜单中重启、按组合键 Ctrl+Alt+Del 以及按主机箱上的"重启"按钮。

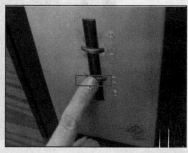

Study 02 鼠标和键盘的使用与设置

- Work 1. 鼠标的操作方法
- Work 2. 设置鼠标属性
- Work 3. 键盘的布局与十指分工
- Work 4. 更改键盘属性

鼠标是一个指向并选择计算机屏幕上项目的小型设备。鼠标通常有两个按钮：一个主按钮（通常为左键）和一个辅助按钮。很多鼠标在两个按钮之间还有一个滚轮，使用滚轮可以平滑地滚动信息屏幕。

键盘主要用于向计算机输入文本，类似打字机上的键盘。有字母键和数字键，并有其他功能键。

Study 02 鼠标和键盘的使用与设置

Work 1 鼠标的操作方法

当移动鼠标时，屏幕上的鼠标指针会向相同方向移动。指针的外观可以改变，这取决于将其置于屏幕上的什么位置。如果要选择某个项目，先指向该项目，然后"单击"（按下再放开）主按钮。使用鼠标指向和单击是与计算机交互的主要方式。基本的鼠标操作包括单击、右击、拖动以及双击。

① 单击鼠标　　　　　② 右击鼠标　　　　　③ 拖动鼠标

Tip 双击鼠标

　　双击是指食指指快速地按两下鼠标左键。例如将鼠标移动到"计算机"图标上，双击鼠标左键，即可进入"计算机"界面。通常情况下，双击任意应用程序图标都会启动该程序。

Study 02　鼠标和键盘的使用与设置

Work ② 设置鼠标属性

　　除了前面介绍的鼠标基础操作，用户还可以更改鼠标的属性，例如"左撇子"用户使用计算机时，就需要设置适合自己的鼠标按键；有的用户喜欢别出心裁的指针外观；有的用户为了方便看新闻，习惯将滑轮滚动行数设置为 5。下面将在实例中介绍上面这些功能的操作方法。

Lesson 02 设置适合自己的鼠标按键
Windows Vista · 从入门到精通

　　鼠标是以右手操作的习惯为默认按键。如果用户习惯使用左手，则可以将主要按钮切换到右按钮。同时还可以设置鼠标的双击速度。

STEP 01 按照前面的方法进入"个性化"界面，在右侧界面中单击"鼠标指针"文字链接。

STEP 02 弹出"鼠标属性"对话框，切换至"鼠标键"选项卡，在"鼠标键配置"区域中勾选"切换主要和次要的按钮"复选框。

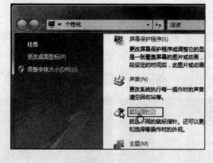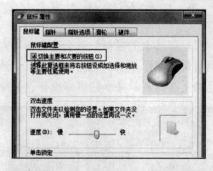

STEP 03 在"双击速度"区域中，用户可以拖动滑块，调整双击鼠标的速度，设置完毕后单击"确定"按钮。

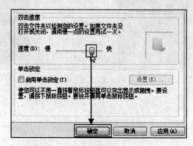

　　默认的 Windows Vista 鼠标指针外观是 Windows Aero（系统方案），此时用户可以根据自己的喜好，更改指针的方案，或者单独更改某个指针元素的样式。

STEP 01 按照前面的方法打开"鼠标 属性"对话框，切换至"指针"选项卡，在"方案"下拉列表框中，可以选择需要使用的指针方案，例如选择"放大（系统方案）"选项，然后单击"应用"按钮。

STEP 02 此时指针已经应用了设置的方案效果，在"自定义"列表框中选择"正常选择"选项，单击"浏览"按钮。

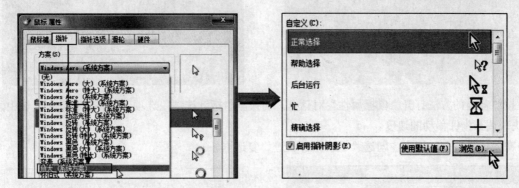

STEP 03 弹出"浏览"对话框，选择鼠标指针所在路径，并将其选中，再单击"打开"按钮。

STEP 04 返回"鼠标属性"对话框，此时会在"自定义"列表框中显示设置的指针效果，确认后单击"确定"按钮。

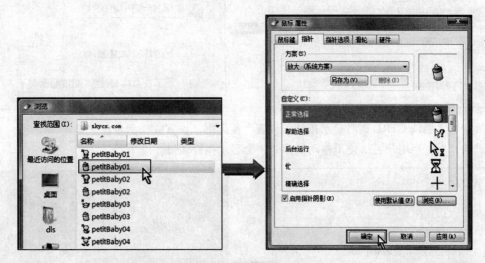

STEP 05 经过操作后，所选的"正常选择"指针已经应用了更改后的指针效果，同时用户可以根据需求，设置其他自定义指针效果。

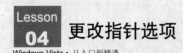
Lesson
04 更改指针选项
Windows Vista · 从入门到精通

用户可以根据自己的使用习惯，设置指针移动速度、指针轨迹等相关选项。

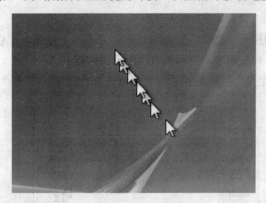 

STEP 01 按照前面的方法打开"鼠标属性"对话框，切换至"指针选项"选项卡，在"移动"区域中，用户可以拖动滑块来调节指针移动的速度。

STEP 02 在"可见性"区域中，勾选"显示指针轨迹"复选框。

STEP 03 继续勾选"当按 CTRL 键时显示指针的位置"复选框，设置完毕后单击"确定"按钮。

STEP 04 经过操作后，当用户再次使用移动鼠标时，会显示指针轨迹。

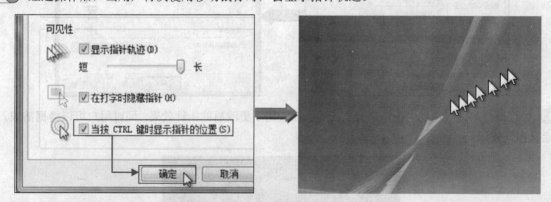

Study 02　鼠标和键盘的使用与设置

Work **3**　键盘的布局与十指分工

　　不管是输入字母还是输入数字，键盘都是向计算机中输入信息的主要方式。键盘上的键可以根据功能划分为几个组：控制键、主键盘区、功能键、导航键、数字键盘。同时用户还可以使用特定的快捷方式执行不同的操作。

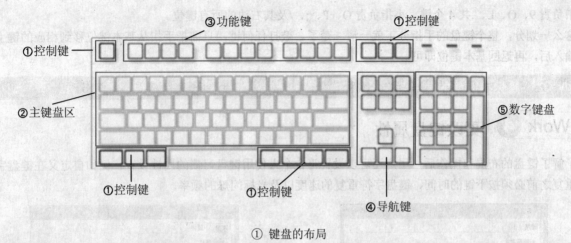

① 键盘的布局

① 控制键	这些键可单独使用或者与其他键组合使用来执行某些操作。最常用的控制键是 Ctrl、Alt、Windows 徽标键 和 Esc
② 主键盘区	这些键包括与传统打字机上相同的字母、数字、标点符号和符号键
③ 功能键	功能键用于执行特定任务。功能键标记为 F1~F12，这些键的功能因程序而有所不同
④ 导航键	这些键用于在文档或网页中移动以及编辑文本。这些键包括方向键、Home、End、Page Up、Page Down、Delete 和 Insert 键
⑤ 数字键盘	数字键盘便于快速输入数字。这些键位于右下角的方块中，分组放置，有些像常规计算器或加法器

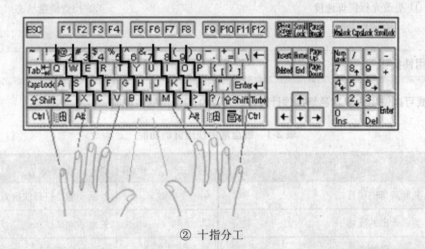

② 十指分工

　　打字键区是平时最为常用的键区。通过它，可实现各种文字和控制信息的录入。打字键区的正中央有 8 个基本键，即左边的 A、S、D、F 键，右边的 J、K、L、;键。其中的 F、J 两个键上都有一个凸起的小棱杠，以便于盲打时手指能通过触觉定位。

　　● 基本键指法

　　开始打字前，左手小指、无名指、中指和食指应分别虚放在 A、S、D、F 键上。右手的食指、中指、无名指和小指应分别虚放在 J、K、L、;键上。两个大拇指则虚放在空格键上。基本键是打字时手指所处的基准位置。敲打其他任何键，手指都是从这里出发，而且打完后又须立即退回到基本键位。

　　● 其他键的手指分工

　　掌握了基本键及其指法后，就可以进一步掌握打字键区的其他键位了。左手食指负责的键位有 4、5、R、T、F、G、V、B 共 8 个键。中指负责 3、E、D、C 共 4 个键。无名指负责 2、W、S、X 键。小指负责 1、Q、A、

Z 及其左边的所有键位。右手食指负责 6、7、Y、U、H、J、N、M 共 8 个键，中指负责 8、I、K、，共 4 个键，无名指负责 9、O、L、.共 4 个键。小指负责 O、P、；、/及其右边的所有键位。

这么一划分，整个键盘的手指分工就一清二楚了。敲打任何键，只需把手指从基本键位移到相应的键上。正确输入后，再返回基本键位即可。

Study 02　鼠标和键盘的使用与设置

Work 4　更改键盘属性

了解了键盘的布局和操作后，用户还可以设置符合个人使用键盘习惯的属性设置。例如自定义在键盘字符开始重复之前必须按下键的时间、键盘字符重复的速度以及光标闪烁的频率。

① 更改光标闪烁速度

② 检查键盘状态

Tip　键盘常用快捷键

键盘快捷方式可以使用户更容易地操作计算机。下面介绍常用的快捷键。

表 3-1　键盘常用快捷键的功能

按　键	功　能	按　键	功　能
Ctrl+C	复制选择的项目	Alt+空格键	为活动窗口打开快捷方式菜单
Ctrl+X	剪切选择的项目	Ctrl+F4	关闭活动文档
Ctrl+V	粘贴选择的项目	Alt+Tab	在打开的项目之间切换
Ctrl+Z	撤销操作	Ctrl+Alt+Tab	使用箭头键在打开的项目之间切换
Shift+Delete	不将所选项目移动到"回收站"而直接将其删除	Alt+Esc	以项目打开的顺序循环切换项目
Ctrl+A	选择文档窗口中的所有项目	Shift+F10	显示选定项目的快捷菜单
Alt+Enter	显示所选项的属性	Ctrl+Esc	打开"开始"菜单
Alt+F4	关闭活动项目或者退出活动程序	Ctrl+Shift+Esc	打开"Windows 任务管理器"窗口
Ctrl+向上键	将光标移动到上一个段落的起始处	Ctrl+向左键	将光标移动到上一个字词的起始处
Ctrl+向下键	将光标移动到下一个段落的起始处	Ctrl+向右键	将光标移动到下一个字词的起始处

任务栏和开始菜单的设置

- Work 1. 设置任务栏属性
- Work 2. 更换"开始"菜单类型

任务栏和"开始"菜单都是 Windows 桌面的一部分。通过任务栏，用户可以查看正在执行的程序、进行输入法切换、查看当前系统时间等。通过"开始"菜单，用户可以打开大部分计算机中的程序。

Study 03 任务栏和开始菜单的设置

Work **1** 设置任务栏属性

任务栏包含"开始"菜单及所有已打开程序的任务栏按钮。默认情况下，任务栏位于桌面的底部。

① "开始"按钮　　　③应用程序栏
②快速启动栏　　　④通知区域

任务栏

① "开始"按钮	"开始"按钮![icon]，用于打开"开始"菜单
② 快速启动栏	在快速启动栏中，可以单击需要启动的程序图标，即可打开相应的程序
③ 应用程序栏	中间部分，显示已打开的程序和文档，并可以在它们之间进行快速切换
④ 通知区域	包括时钟以及一些告知特定程序和计算机设置状态的图标

Lesson
05 显示或隐藏快速启动栏
Windows Vista・从入门到精通

　　紧邻"开始"按钮的右侧是快速启动栏。正如其名所示，单击即可启动程序。用户可以根据个人的实际情况显示或隐藏快速启动栏。

STEP 01 右击任务栏任意空白处，在弹出的快捷菜单中执行"属性"命令。

STEP 02 弹出"任务栏和「开始」菜单属性"对话框，切换至"任务栏"选项卡，勾选"显示快速启动"复选框，再单击"确定"按钮。

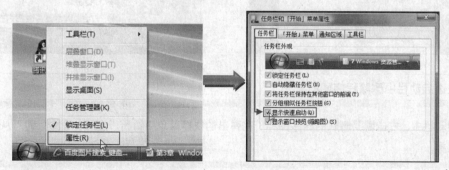

STEP 03 经过以上操作后，任务栏中的"开始"按钮右侧显示出快速启动栏。

Lesson 06 在快速启动栏中添加常用程序

可以通过添加喜欢的程序来自定义快速启动栏。如果没有看到已添加到快速启动栏的图标，而是看到按钮 >>，可以单击该按钮，在展开的下拉列表中查看添加的程序图标。

STEP 01 右击需要添加的程序图标，例如右击"Fetion 2008"启动图标，在弹出的快捷菜单中执行"添加到'快速启动'"命令。

STEP 02 按照同样的方法，用户可以设置更多的常用程序图标到快速启动栏中，单击按钮 >>，即可全部显示快速启动栏中的图标。

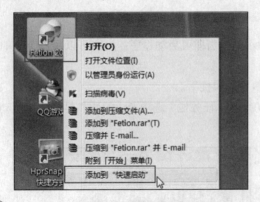

Tip 在快速启动栏中删除程序图标

　　在快速启动栏中，右击需要删除的程序图标，在弹出的快捷菜单中执行"删除"命令，即可从快速启动栏中删除该程序图标。

Tip 使用拖动法添加快速启动栏图标

　　除了前面的方法添加程序图标到快速启动栏中，用户还可以选中需要添加的程序图标。按住鼠标左键不放，将其拖动到快速启动栏中释放鼠标即可。

 Lesson 07 隐藏"通知区域"中的程序图标
Windows Vista · 从入门到精通

　　这些图标表示计算机上某程序的状态，或提供访问特定设置的途径。所看到的图标集取决于已安装的程序或服务以及计算机制造商设置计算机的方式。将指针移向特定图标时，会看到该图标的名称或某个设置的状态。例如，指向音量图标 ◀》 将显示计算机的当前音量级别，指向网络图标 🖳 将显示有关是否连接到网络、连接速度以及信号强度等信息。同时用户还可以自定义隐藏或显示"通知区域"中的程序图标。

STEP 01 右击任务栏任意空白处，在弹出的快捷菜单中执行"属性"命令。

STEP 02 弹出"任务栏和「开始」菜单属性"对话框，切换至"通知区域"选项卡，在"图标"区域中单击"自定义"按钮。

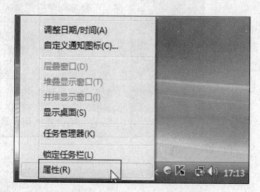 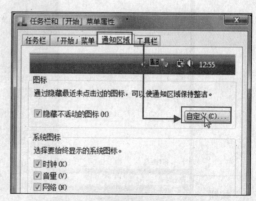

STEP 03 弹出"自定义通知图标"对话框，在其对话框中，选择当前需要隐藏的项目，在"行为"列表框中选择"隐藏"选项，再单击"确定"按钮。

STEP 04 返回"任务栏和「开始」菜单属性"对话框，确认设置后单击"确定"按钮。

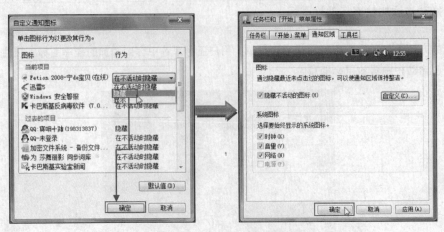

STEP 05 经过操作后，在通知区域中已经隐藏了当前项目"Fetion 2008"的图标。

Study 03   任务栏和开始菜单的设置

Work 2   更换"开始"菜单类型

"开始"菜单是计算机程序、文件夹和设置的主门户。之所以叫它菜单，是因为它提供一个选项列表，就像餐馆里的菜单那样。至于"开始"的含义，在于它通常是要启动或打开某项内容的起始位置。

①开始菜单

②搜索框

③"开始"按钮

"开始"菜单

		左边的大窗格显示计算机上程序的一个短列表，计算机制造商可以自定义此列表，所以其确切外观会有所不同，单击"所有程序"可显示程序的完整列表
①	"开始"菜单	
②	搜索框	左下角是搜索框，通过输入搜索内容可在计算机上查找程序和文件
③	"开始"按钮	右侧提供对常用文件夹、文件、设置和功能的访问。在这里还可注销 Windows 或关闭计算机

使用 Windows 边栏

- Work 1. 边栏和工具属性的设置
- Work 2. 在边栏中添加和删除工具

Windows 边栏是在桌面边缘显示的一个垂直长条，边栏中包含称为"小工具"的小程序。这些小程序可以提供即时信息以及可轻松访问常用工具的途径，例如，可以使用小工具显示图片幻灯片、查看不断更新的标题或查找联系人。

Study 04　使用 Windows 边栏

Work 1　边栏和工具属性的设置

如果要使边栏始终可见，使其他窗口不会覆盖它，或者是在启动 Windows 的时候不自动启动边栏，那么就必须对其进行设置。同时用户还可以设置边栏在屏幕上的显示位置等相关信息。

① 在"控制面板"中单击"Windows 边栏属性"文字链接

② 设置 Windows 启动时启动边栏

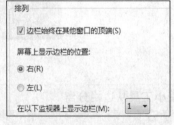

③ 设置边栏的排列

Tip　删除小工具

对于不需要的小工具，用户可以在边栏中将其删除。例如在边栏中右击"时钟"小工具，在弹出的快捷菜单中执行"关闭小工具"命令即可。

Work ❷ 　在边栏中添加和删除工具

　　用户可以将任何已安装的小工具添加到边栏。只需要在"小工具"对话框中，右击需要的小工具，在弹出的快捷菜单中执行"添加"命令即可。

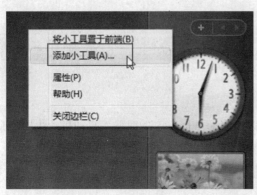

① 执行"添加小工具"命令

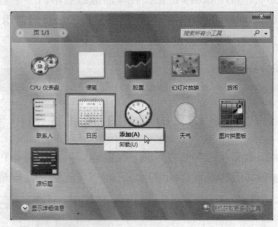

② 添加小工具

③ 完成添加小工具操作

Tip　使小工具从边栏分离

　　用户可以将小工具从边栏中分离出来。例如需要玩"图片拼图板"小游戏时，只需要在边栏中右击该小工具，在弹出的快捷菜单中执行"从边栏分离"命令，即可完成操作。

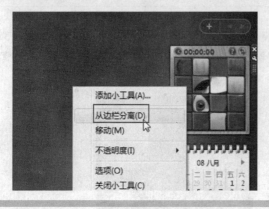

 程序窗口的使用

- Work 1. 窗口的组成
- Work 2. 窗口的最小化和最大化操作
- Work 3. 窗口大小的调整
- Work 4. 移动窗口
- Work 5. 关闭窗口
- Work 6. 管理多个窗口

　　每当打开程序、文件或文件夹时，窗口都会在屏幕上称为窗口的框或框架中显示。在 Windows 中窗口随处可见，了解如何移动、更改大小或关闭都很重要。本节将详细介绍窗口组成以及窗口的操作。

Study 05　程序窗口的使用

Work ❶　窗口的组成

　　在 Windows Vista 中，打开一个应用程序或者文件、文件夹后，将在屏幕上弹出一个矩形区域，这就是窗口。接下来就详细介绍窗口的组成，以及窗口中各部分的功能。

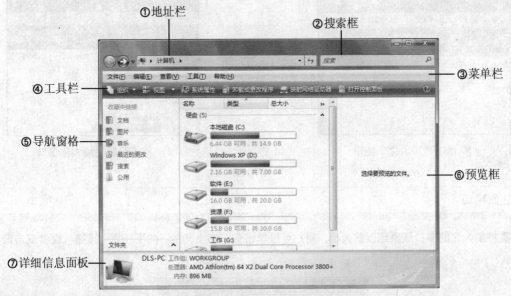

窗口

① 地址栏	显示当前窗口的位置或者是文件夹的路径
② 搜索框	使用搜索框是在计算机上查找项目的最便捷方法之一
③ 菜单栏	菜单栏位于地址栏的下方，其中包含 6 个菜单项。选择其中某一个菜单项的时候即可执行相应的操作命令
④ 工具栏	工具栏位于菜单栏的下方，其中有很多工具按钮，单击相应的按钮即可使用相应的功能
⑤ 导航窗格	方便用户查找所需文件或文件夹的路径
⑥ 预览框	方便用户查看窗口工作区的文件夹
⑦ 详细信息面板	方便用户快速查看所选文件的详细信息

Work ② 窗口的最小化和最大化操作

当用户不需要显示但又同时需要运行当前窗口时，那么就将该窗口进行最小化操作。每个窗口标题的右侧都有"最小化"、"最大化"两个按钮。在不同需要时，可以合理运用这两个按钮，帮助用户达到理想效果。例如要使窗口填满整个屏幕，可单击其"最大化"按钮或双击该窗口的标题栏。

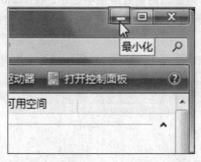

① 单击"最小化"按钮

② "最小化"窗口效果

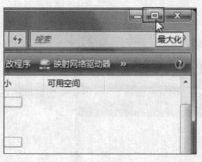

③ 单击"最大化"按钮

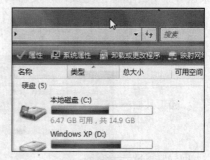

④ 双击标题栏最大化窗口

Tip　还原窗口

如果要将最大化的窗口还原到以前大小，用户可以单击窗口右上角的"向下还原"按钮；或者双击窗口的标题栏即可。

Work ③ 窗口大小的调整

如果需要改变窗口的大小，只需要将鼠标指针移动至窗口边框处，拖动边框或角可以缩小或放大窗口。通常分为：横向调整窗口、纵向调整窗口以及同时调整窗口宽度和高度。用户可以选择适合自己的方式进行操作。

① 纵向调整窗口

② 横向调整窗口

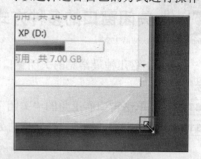
③ 同时调整宽度和高度

Study 05　程序窗口的使用

Work ④ 移动窗口

如果打开的窗口挡住了所需查看的桌面内容，那么可以对其进行移动操作。若要移动窗口，可以将鼠标指针指向其标题栏，按住鼠标左键，将窗口拖动到希望的位置，再释放鼠标即可。

① 将鼠标放置标题栏上

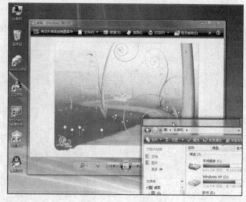
② 移动窗口

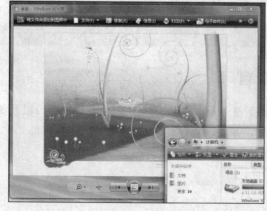
③ 移动窗口后的效果

Study 05　程序窗口的使用

Work ⑤ 关闭窗口

当用户不需要使用当前打开的窗口时，可以将其关闭。关闭窗口的方法有多种，用户可以选择方便自己的方式进行操作。

关闭窗口的多种方式

　　这里介绍几种最常见的关闭窗口方式，包括单击"关闭"按钮、右击窗口标题栏、右击任务栏中的窗口图标等。

STEP 01 单击窗口右上角的"关闭"按钮，即可将其关闭。

STEP 02 右击窗口标题栏任意空白处，在弹出的快捷菜单中执行"关闭"命令，即可将该窗口关闭。

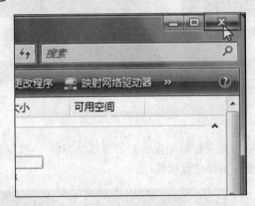 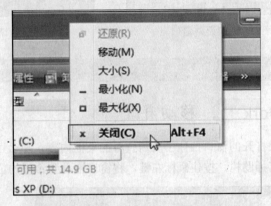

STEP 03 在任务栏中，右击窗口图标，在弹出的快捷菜单中执行"关闭"命令，即可将该窗口关闭。

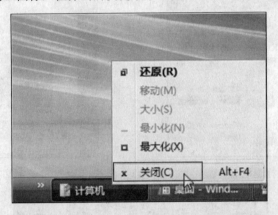

Study 05 　程序窗口的使用

Work **6** 　管理多个窗口

　　如果想同时打开许多程序，最好先了解如何在任务栏中整理程序窗口以及如何将其快速排序。学习管理多个窗口可以更容易地快速到达窗口，并能以最有利的方式排列打开的窗口。

分组任务栏上的窗口

　　所有打开的窗口都由任务栏按钮表示。如果有若干个打开的窗口，则任务栏按钮可能会用完空间。为了创建更多的空间，Windows 会将打开的窗口中的相同程序自动分组到一个任务栏按钮。

STEP 01 右击任务栏任意空白处，在弹出的快捷菜单中执行"属性"命令。

STEP 02 弹出"任务栏和「开始」菜单属性"对话框，勾选"分组相似任务栏按钮"复选框，再单击"确定"按钮。

STEP 03 经过以上操作后，所打开的相同程序都被分为一组了。例如 Internet Explorer 组，单击下拉按钮，在展开的下拉列表中显示详细的程序名称。

Tip 关闭组

　　右击任务栏中的 Internet Explorer 组，在弹出的快捷菜单中执行"关闭组"命令，即可将整个相同的程序组全部关闭掉。

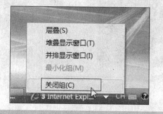

Lesson 10 使用 Windows Flip 3D 预览打开的窗口

Windows Vista · 从入门到精通

　　使用 Flip 3D，可以快速预览所有打开的窗口（例如，打开的文件、文件夹和文档）而无需单击任务栏。Flip 3D 在一个堆栈中显示打开的窗口，在堆栈顶部，将看到一个打开的窗口。若要查看其他窗口，可以浏览堆栈。

STEP 01 在桌面上快速启动栏中单击"在窗口之间切换"按钮 ，即可打开 Windows Flip 3D。

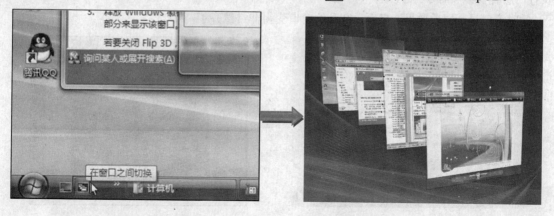

STEP 02 重复按 Tab 键或滚动鼠标滚轮可以循环切换打开的窗口。还可以按向右键或向下键向前循环切换一个窗口，或者按向左键或向上键向后循环切换一个窗口。

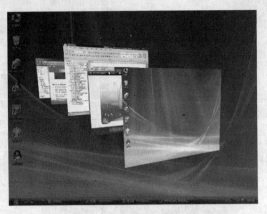

Tip 使用组合键跳转到窗口

按组合键 Ctrl+Tab 可以打开跳转框，同时按 Ctrl 键不放再按 Tab 键可以依次选择正打开的所有窗口，释放后可以打开正选中的程序窗口。

Lesson 11 排列窗口
Windows Vista · 从入门到精通

可以采用以下 3 种方式之一排列打开的窗口：层叠，在一个按扇形展开的堆栈中放置窗口，使这些窗口标题显现出来；堆叠，在一个或多个垂直堆栈中放置窗口，这要视打开窗口的数量而定；并排，将每个窗口放置在桌面上，以便能够同时看到所有窗口。

STEP 01 如果用户觉得桌面上很多程序窗口，显得非常杂乱，可以在任务栏中右击任意空白处，在弹出的快捷菜单中执行"层叠窗口"命令。

STEP 02 此时窗口显示层叠效果，桌面上杂乱的窗口变得非常整齐了。

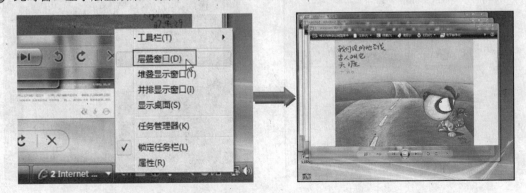

STEP 03 如果用户需要比较两个打开的窗口内容，可以右击任务栏任意空白处，在弹出的快捷菜单中执行"并排显示窗口"命令，即可在桌面上并排显示窗口内容，用户可以很方便地进行比较或查看。

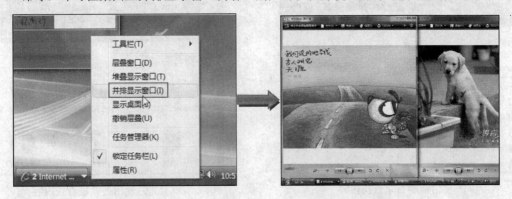

Tip 撤销排列窗口操作

在前面的介绍中，用户知道了层叠窗口与并排显示窗口的操作方法。那么如果需要退出排列窗口的操作，又该如何操作呢？下面以"堆叠显示窗口"排列方法进行撤销操作的介绍。

在"堆叠显示窗口"桌面上，右击任务栏任意空白处，在弹出的快捷菜单中执行"撤销堆叠显示"命令，即可完成撤销操作。

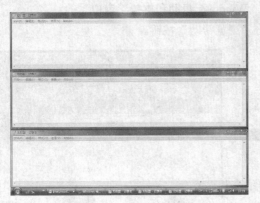 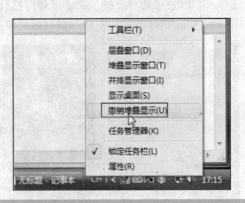

Study 06 使用 Windows Vista 的帮助和支持

● Work 1. 选择帮助主题

微软公司的产品深受用户欢迎，其强大的功能和精美的界面固然是主要原因，但更重要的是人性化的服务。每款操作系统都会配有帮助系统，来帮助用户解决疑难问题。

Study 06　使用 Windows Vista 的帮助和支持

Work 1 选择帮助主题

有时候，用户很可能会遇到令人不知所措的计算机问题或任务。若要解决此问题，就需要了解如何获得正确的帮助。Windows 帮助和支持是 Windows 的内置帮助系统，在这里可以快速获取常见问题的答案、疑难解答提示以及操作执行说明。

① 使用帮助目录查找内容

② 使用搜索框查找内容

Lesson 12 使用目录查询帮助

Windows Vista·从入门到精通

可以按主题浏览帮助主题。单击"浏览帮助"按钮，然后选择出现的主题标题列表中的项目。主题标题可以包含帮助主题或其他主题标题。选择帮助主题将其打开，或选择其他标题更加细化主题列表。

STEP 01 执行"开始>帮助和支持"命令，即可打开"Windows 帮助和支持"窗口。

STEP 02 打开"Windows 帮助和支持"窗口后，单击"浏览帮助"按钮。

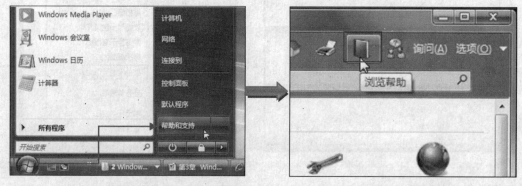

STEP 03 切换至新的页面，在其中显示帮助系统中"目录"的所有条列，用户可以选择需要的信息内容，例如单击"入门"文字链接。

STEP 04 帮助系统就会列出所有关于"入门"相关的帮助主题，用户可以选择感兴趣的项目查看，例如单击"Windows Vista Ultimate 的新增功能"文字链接。

STEP 05 经过以上操作后，帮助系统列出了所选项目的具体内容，用户可以进行详细查看。如果要返回到上级窗口，可以单击窗口左上角的"返回"按钮。

Lesson
13 搜索帮助内容
Windows Vista · 从入门到精通

获得帮助的最快方法是在搜索框中输入一个或两个词。例如，要获得有关无线网络的信息，请输入"wireless network"，然后按 Enter 键。将出现结果列表，其中最有用的结果显示在顶部。

STEP 01 按照前面的方法打开"Windows 帮助和支持"窗口，在搜索文本框中输入需要查找的内容，例如"边栏"，再单击"搜索帮助"按钮。

STEP 02 帮助系统会将所有关于"边栏"的项目列举出来，用户可以选择想要查看的具体项目，例如单击"Windows 边栏和小工具"文字链接。

STEP 03 经过以上操作后，在帮助窗口中显示"Windows 边栏和小工具"的详细帮助信息。

STEP 04 在帮助窗口中，有些文字链接可以打开新的窗口，例如单击"单击打开 Windows 边栏"文字链接。

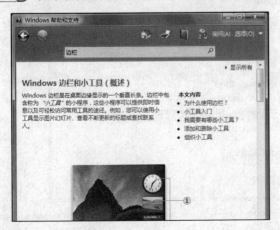
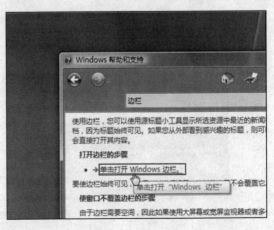

STEP 05 此时即可在桌面右侧打开"边栏"工具。此时用户可以按照前面介绍的内容对边栏进行相关设置。

STEP 06 帮助中还有些内容是隐藏的，通常在项目左侧显示向右三角按钮▶，单击项目名称就可以显示出具体内容，例如单击"更改幻灯片图片的步骤"文字链接。

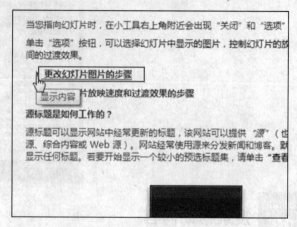

STEP 07 经过以上操作后，即可将隐藏的内容全部显示出来，再次单击便会重新隐藏起来。

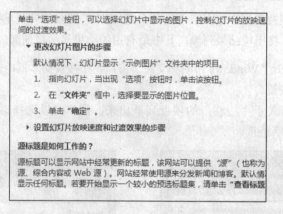

Tip 设置帮助

联机帮助会获得更多信息，当用户没有查找到所需内容时，可以使用联机帮助，其设置也非常简单。

在"Windows 帮助和支持"窗口中，单击右下角的"脱机帮助"下拉按钮，在弹出的下拉列表中执行"设置"命令，弹出"帮助设置"对话框，用户在此可以设置是否"搜索帮助时包括 Windows 联机帮助和支持"，完毕后单击"确定"按钮即可。

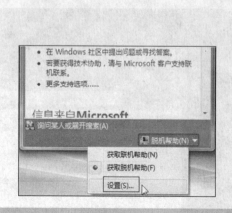

Chapter 4

使用输入法和字体

Windows Vista从入门到精通

本章重点知识

Study 01 系统自带输入法的使用及其相关设置　　Study 03 搜狗拼音输入法

Study 02 微软拼音输入法的使用　　　　　　　　Study 04 安装和使用字体文件

视频教程路径

DVD

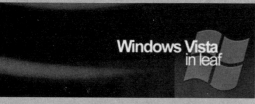

Chapter 4\Study 01　系统自带输入法的使用及其相关设置
- Lesson 01　添加输入法.swf
- Lesson 02　删除输入法.swf
- Lesson 03　更换切换输入法的快捷键.swf

Chapter 4\Study 02　微软拼音输入法的使用
- Lesson 04　使用软键盘输入特殊字符.swf
- Lesson 05　在微软词库中自造词组.swf

Chapter 4\Study 03　搜狗拼音输入法
- Lesson 06　安装与初始化设置搜狗拼音输入法.swf
- Lesson 07　英文的输入.swf
- Lesson 08　网址输入模式.swf
- Lesson 09　U模式笔画输入.swf
- Lesson 10　V模式输入中文数字.swf
- Lesson 11　插入当前日期.swf
- Lesson 12　拆字辅助码.swf

Chapter 4\Study 04　安装和使用字体文件
- Lesson 13　安装楷体_GB2312字体.swf

普及与推广计算机应用的课题之一是解决汉字信息的处理问题，近年来多种汉字输入法的推出有力地推动了汉字信息处理技术的发展。本章将介绍汉字输入的相关知识，其中包括 Windows Vista 自带的微软拼音输入法 2007 与第三方软件搜狗拼音输入法的使用。在日常的工作和学习中很多地方都要遇到编辑文档、输入文字等，这些都需要熟练掌握打字技巧。

Study
01 系统自带输入法的使用及其相关设置

- Work 1. Windows Vista 自带输入法的介绍
- Work 2. 文本服务和输入语言的设置
- Work 3. 设置输入法的语言栏的位置

在 Vista 操作系统中，内置了多种输入法，如微软拼音输入法和简体中文输入法等。用户可以根据需要进行选择。为了提高工作效率，用户还可以设置输入法的快捷键，从而快速切换模式。本节将对这部分内容进行介绍。

Study 01 系统自带输入法的使用及其相关设置

Work ① Windows Vista 自带输入法的介绍

在 Windows Vista 操作系统中，自带的中文输入法有以下几种：简体中文全拼、简体中文双拼、简体中文郑码和微软拼音输入法 2007。用户可以选择自己适用的输入法进行打字练习。

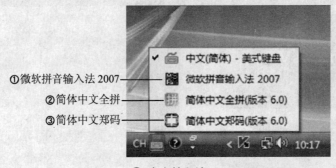

① 中文输入法

① 微软拼音输入法 2007

微软拼音输入法 2007 是一种基于语句的智能型的拼音输入法，采用拼音作为汉字的录入方式，用户不需要经过专门的学习和培训，就可以方便使用并熟练掌握这种汉字输入技术。

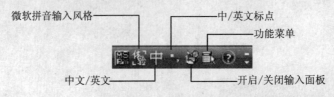

② 微软拼音输入法 2007

② 简体中文全拼

简体中文全拼输入法是传统的拼音输入法之一。它按照汉字的拼音进行编码，使用简单。如果用户具有拼音的基本知识，则无需培训即可使用。该输入法的缺点在于输入速度不高，联想功能有限。

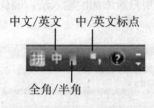

中文/英文　中/英文标点
全角/半角

③ 简体中文全拼输入法

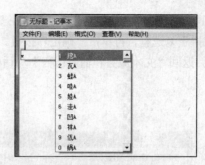

④ 使用简体中文全拼输入法

③ 简体中文郑码

简体中文郑码是一种繁体字输入法，也是一种生僻字输入法，当然它也是一种常规输入法。郑码可以打出国标扩充字库（原来叫 GBK 字库，后来发展为 GB18030 字库）里的 2 万多个汉字，极大地满足了人们在日常生活、工作中使用汉字的需求。

在常规情况下，郑码输入法可以打出 GBK 字库里的 20 902 个汉字。比普通五笔字型能打出的 6 763 个汉字要多打出 14 139 个汉字。正因为这个原因，Windows 没有预装五笔字型输入法，而是预装了郑码输入法。

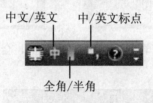

中文/英文　中/英文标点
全角/半角

⑤ 简体中文郑码输入法

Study 01　系统自带输入法的使用及其相关设置

Work 2　文本服务和输入语言的设置

学习输入法之前，首先要掌握使用输入法的基础操作，其中包括添加输入法与删除输入法。这些基础操作是无论用户使用哪一款输入法都需要用到的。

Lesson
01 添加输入法
Windows Vista · 从入门到精通

在 Windows Vista 操作系统中，内置的输入法有很多。下面以安装"简体中文全拼"输入法为例进行介绍。

STEP 01 右击任务栏中"语言栏"的任意空白处，在弹出的快捷菜单中执行"设置"命令。

STEP 02 弹出"文本服务和输入语言"对话框，切换至"常规"选项卡，在此用户可以查看目前的输入法，单击"添加"按钮。

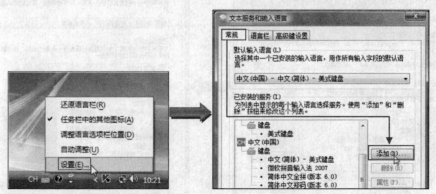

STEP 03 弹出"添加输入语言"对话框,在"中文(中国)"子菜单中选择用户需要添加的输入法,例如勾选"简体中文双拼"复选框,再单击"确定"按钮。

STEP 04 返回"文本服务和输入语言"对话框,在其列表框中显示用户新添加的输入法,确认后单击"确定"按钮。

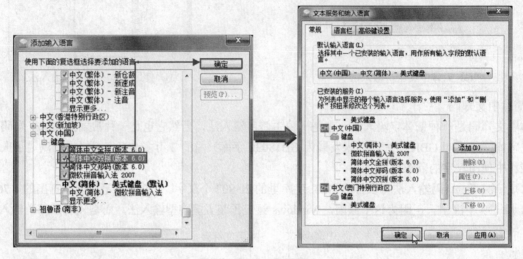

STEP 05 经过操作后,当用户在语言栏中单击"输入法"按钮时,会在弹出的下拉列表中显示新添加的"简体中文双拼"输入法。

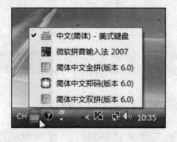

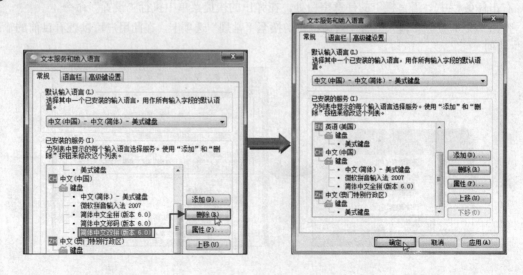

Lesson 02 删除输入法
Windows Vista · 从入门到精通

对于不经常使用的输入法,用户可以将其从语言栏中删除掉,让输入法列表简洁而整齐。

STEP 01 按照前面的方法打开"文本服务和输入语言"对话框,在其列表框中选择需要删除的输入法选项,再单击"删除"按钮。

STEP 02 此时列表框中将不会显示被删除的输入法,单击"确定"按钮。

Work ❸ 设置输入法的语言栏的位置

语言工具栏位于任务栏的右下角。用户可以将其还原到桌面上。单击语言栏中的"还原"按钮，可以将语言栏脱离任务栏，并且还可以将其设置为透明效果。

① 单击"还原"按钮

② 拖动语言栏

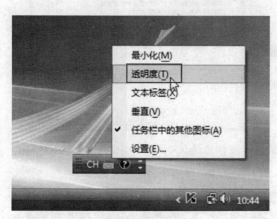

③ 设置语言栏透明度

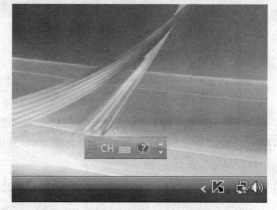

④ 显示透明语言栏

Tip "最小化" 语言栏

当语言栏还原后，可以单击"最小化"按钮 ▣ ，将语言栏恢复到任务栏中。

Lesson 03 更换切换输入法的快捷键

Windows Vista • 从入门到精通

Vista 系统中有多种输入法可供用户选择，包括英文输入法和特殊的中文输入法。一般来说，用户不必熟悉每种输入法的使用，只需要掌握其中的一两种即可。下面将介绍如何在系统中选择所需的输入法。

STEP 01 右击语言栏任意空白处，在弹出的快捷菜单中执行"设置"命令。

STEP 02 弹出"文本服务和输入语言"对话框，切换到"高级键设置"选项卡。在"输入语言的热键"列表框中选择需要设置快捷键的选项。例如选择"在输入语言之间"选项。再单击"更改按键顺序"按钮。

STEP 03 弹出"更改按键顺序"对话框，在"切换输入语言"区域中选中"Ctrl+Shift"单选按钮。在"切换键盘布局"区域中选中"左 Alt+Shift"单选按钮，完毕后单击"确定"按钮。

STEP 04 返回"文本服务和输入语言"对话框，确认设置无误后，单击"确定"按钮。

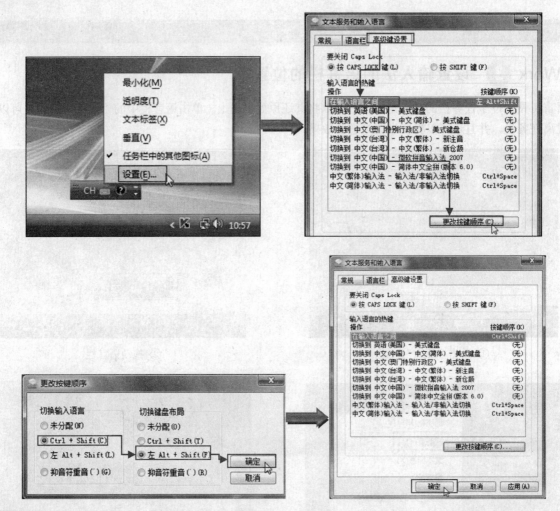

STEP 05 经过以上操作后，用户按组合键 Ctrl+Shift，就可以快速切换输入语言。按组合键左 Alt+Shift，就可以快速切换输入法了。

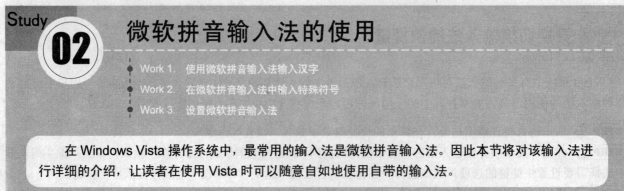

Study 02 微软拼音输入法的使用

- Work 1. 使用微软拼音输入法输入汉字
- Work 2. 在微软拼音输入法中输入特殊符号
- Work 3. 设置微软拼音输入法

在 Windows Vista 操作系统中，最常用的输入法是微软拼音输入法。因此本节将对该输入法进行详细的介绍，让读者在使用 Vista 时可以随意自如地使用自带的输入法。

微软拼音输入法的一大特点是以整句输入见长。该输入法自 1996 年起在 Windows 系统中出现，发展至今，其拼音功能已经相当强悍，整句输入准确率很高。

Work ❶　使用微软拼音输入法输入汉字

　　微软公司提供的微软拼音输入法是以音码为基准对汉字进行编码。其优点在于需要记忆的东西很少，只要会汉语拼音就能够将汉字输入。但不足之处是重码率高，输入文字的速度较慢。

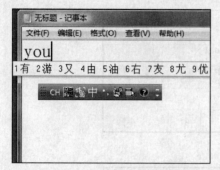

① 输入拼音并选择所选字对应的数字

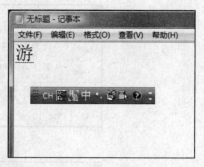

② 显示输入的汉字

③ 输入句子的拼音

④ 输入字的拼音

⑥ 输入英文单词

⑤ 按"+"键翻页

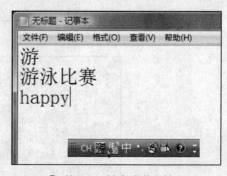

⑦ 按 Enter 键完成英文输入

Work ❷　在微软拼音输入法中输入特殊符号

　　用户在编辑文档时，常常需要输入一些特殊符号，不同的字处理软件中有不同的实现方法。其实，可以使用中文输入法的"软键盘"，快速输入特殊符号。

① 希腊字母

② 俄文字母

③ 注音符号

④ 拼音字母

⑤ 日文平假名

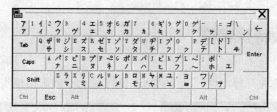

⑥ 日文片假名

⑦ 标点符号

⑧ 数字序号

⑨ 数学符号

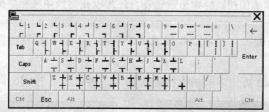

⑩ 制表符

⑪ 中文数字单位

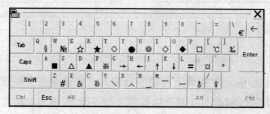

⑫ 特殊符号

Windows Vista
从入门到精通

Lesson 04 使用软键盘输入特殊字符

用户可以使用软键盘输入各种符号，也可以用鼠标在软键盘上单击来模拟实际键盘的输入。

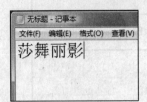 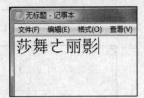

STEP 01 打开"记事本"窗口，将输入法调整为"微软拼音输入法"，单击语言栏中的"功能菜单"按钮，在弹出的下拉菜单中执行"软键盘>制表符"命令。

STEP 02 即可打开"制表符"的软键盘，将鼠标光标移至需要插入符号的位置，便可以输入特殊符号了。

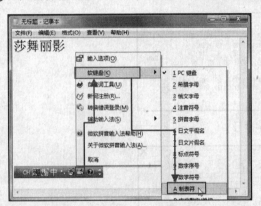 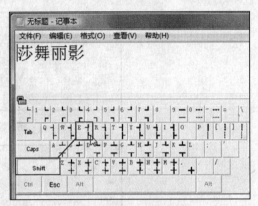

Tip 使用键盘输入特殊符号

当用户打开了软键盘后，除了使用鼠标单击按钮外，还可以在键盘中按相应的键进行输入。

STEP 03 在软键盘中单击 Shift 按钮，再单击 E 按钮，便会输入 E 键上档键的符号"┤"。将鼠标光标放置需要插入第 2 个符号的位置。

STEP 04 在软键盘中，单击 Shift 按钮，取消上档键的输入，再单击 E 按钮，即可输入 E 键上的符号"├"。

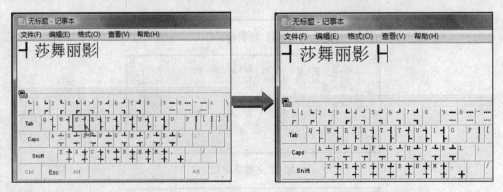

Tip Shift 键的作用

一般来说，最常用的功能是使用 Shift 实现上档键字符输入。在键盘上有些按键上的符号不止一个，比如主键区的数字键上还有符号。不按 Shift 键敲击按键产生数字，按下 Shift 键同时敲击按键将产生符号，这些符号叫做上档字符。

Work ③　设置微软拼音输入法

用户可以根据自己的需要来设置微软拼音输入法，从而有效地工作。下面就简单介绍如何使用软键盘输入特殊字符、在微软词库中自造词组、设置输入法的相关选项。

● 常规设置

在"微软拼音输入法 2007 输入选项"对话框中，用户可以在"常规"选项卡中对输入风格、拼音方式以及中英文输入切换键进行设置。

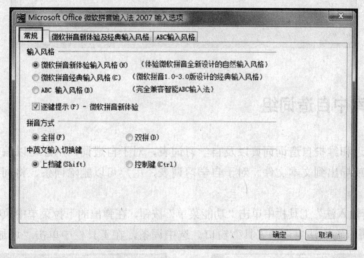

① 常规设置

● 微软拼音新体验及经典输入风格

切换至"微软拼音新体验及经典输入风格"选项卡中，用户可以进行拼音设置、字符集、Enter 键功能定义以及候选设置和词典设置。

● ABC 输入风格

切换至"ABC 输入风格"选项卡，用户可以进行输入设置和用户自定义词设置。

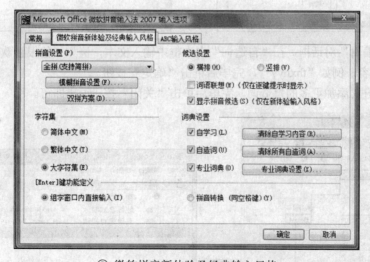

② 微软拼音新体验及经典输入风格

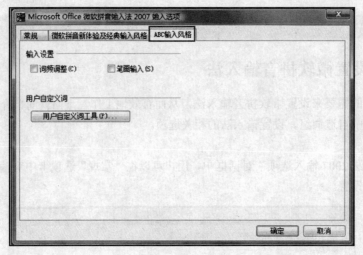

③ ABC 输入风格

Lesson 05 在微软词库中自造词组

Windows Vista · 从入门到精通

　　自造词工具用于管理和维护自造词词典以及自学习词表，对于自造词，用户可以编辑词条、设置词条快捷键，将自造词词典导入或导出到文本文件。对于自学习词表，用户可以删除词条、将词条移到自造词词典中或者导出到文本文件。

STEP 01 在"微软拼音输入法"工具栏中单击"功能菜单"按钮，在弹出的下拉菜单中执行"自造词工具"命令。

STEP 02 弹出"微软拼音输入法自造词工具"窗口。选中词条，在工具栏中单击"增加一个空白词条"按钮。

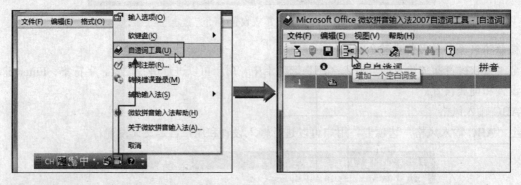

STEP 03 弹出"词条编辑"对话框，在"自造词"文本框中输入文本，例如"他很喜欢游泳"，在"快捷键"文本框中输入需要的内容，例如"thxhyy"，完毕后单击"确定"按钮。

STEP 04 按照同样的方式添加更多的自造词，完毕后单击"关闭"按钮退出即可。

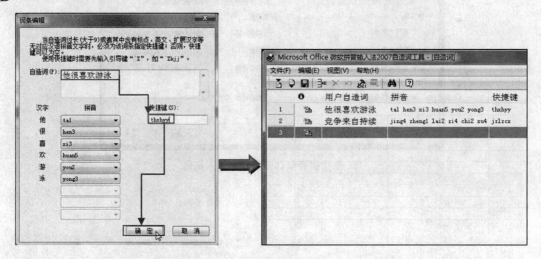

STEP 05 打开"记事本"窗口，切换至"微软拼音输入法"，输入设置的快捷键 thxhyy，即可出现"他很喜欢游泳"文本。

STEP 06 按空格键，即可在"记事本"窗口中输入"他很喜欢游泳"文本，这样输入文本时可节约不少时间。

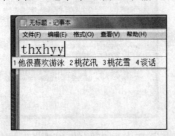 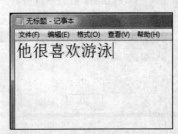

03 搜狗拼音输入法

● Work 1. 搜狗拼音输入法的一般使用
● Work 2. 搜狗拼音输入法的使用技巧
● Work 3. 搜狗拼音输入法的设置

搜狗拼音输入法是搜狗（www.sogou.com）推出的一款基于搜索引擎技术的、特别适合网民使用的、新一代的输入法产品。鉴于搜狐公司同时开发搜索引擎的优势，搜狐声称在软件开发过程中分析了 40 亿网页，将字、词组按照使用频率重新排列。在官方首页上还有搜狐制作的同类产品首选字准确率对比。用户使用表明，搜狗拼音的这一设计的确在一定程度上提高了打字的速度。

Lesson 06 安装与初始化设置搜狗拼音输入法

Windows Vista · 从入门到精通

在使用搜狗拼音输入法时，需提前安装好其软件。第一次安装时，安装程序会对输入法进行初始化设置，例如皮肤、词库、模糊音等，具体的安装操作步骤如下。

STEP 01 打开"搜狗拼音输入法"安装文件所在文件夹，双击安装文件应用程序。

STEP 02 弹出"打开文件-安全警告"对话框，确认后单击"运行"按钮。

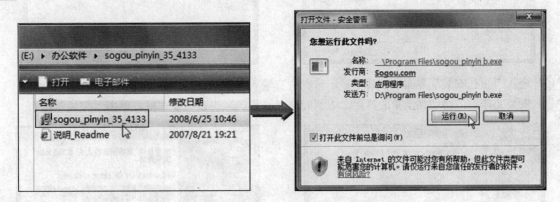

STEP 03 弹出"搜狗拼音输入法 3.5 奥运版安装"对话框，在欢迎界面中单击"下一步"按钮。

STEP 04 进入"许可证协议"界面，用户需要在此阅读授权协议，确认后单击"我同意"按钮。

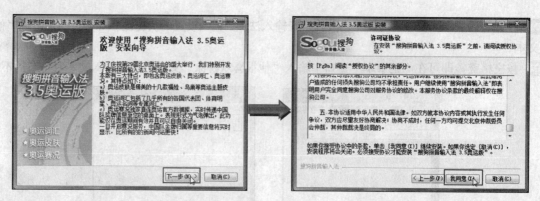

STEP 05 进入"选择安装位置"界面，单击"目标文件夹"文本框右侧的"浏览"按钮。

STEP 06 弹出"浏览文件夹"对话框，选择要安装"搜狗拼音输入法"的文件位置，再单击"确定"按钮。

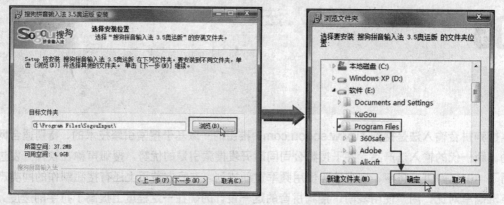

STEP 07 返回"选择安装位置"界面，确认设置的目标文件夹后单击"下一步"按钮。

STEP 08 进入"选择'开始菜单'文件夹"界面，如果用户不需要在"开始菜单"中创建程序文件夹，可以勾选"不要创建快捷方式"复选框，再单击"安装"按钮。

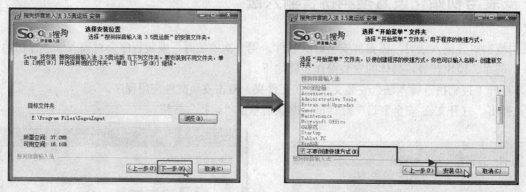

STEP 09 进入"正在安装"界面，在其中显示搜狗拼音输入法正在安装的进度。

STEP 10 安装完毕后，会切换至新的界面，取消勾选"开启奥运快讯"复选框，单击"完成"按钮。

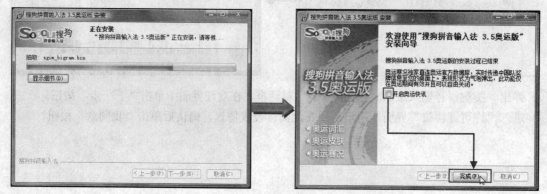

STEP 11 安装完毕后第一次重新启动计算机后，会弹出"搜狗拼音输入法个性化设置向导"对话框，单击"下一步"按钮。

STEP 12 进入"皮肤设置"界面，用户可以单击"下一个"按钮，重新选择搜狗拼音输入法的皮肤，完毕后单击"下一步"按钮。

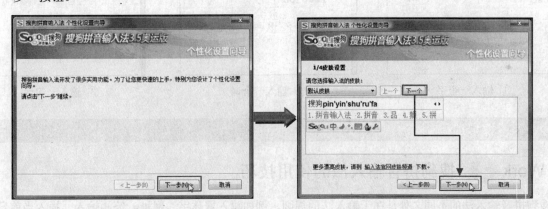

STEP 13 进入"细胞词库设置"界面，用户可在其列表框中勾选需要设置的游戏词汇，完毕后单击"下一步"按钮。

STEP 14 进入"模糊音设置"界面，在此用户可以设置容易混淆的读音，完毕后单击"下一步"按钮。

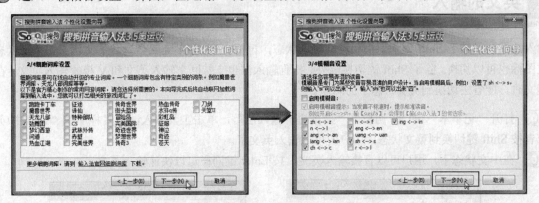

STEP 15 进入"个人词库随身行"界面，在此介绍通行证的信息，确认后单击"下一步"按钮。

STEP 16 进入"配置完成"界面，确认后单击"完成"按钮。

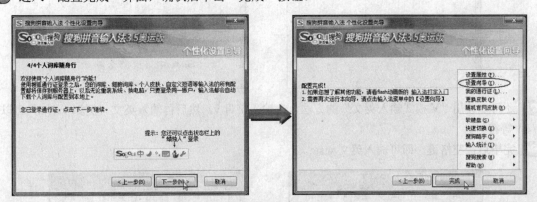

Study 03 搜狗拼音输入法

Work 1 搜狗拼音输入法的一般使用

输入法安装完毕后，就可以使用搜狗拼音输入法了。用户可以一次输入词组、一个完整的句子、繁体中文等。全拼输入是搜狗拼音输入法中最基本的输入方式。只要切换到搜狗拼音输入法，在输入窗口输入拼音，然后依次选择字或词即可。

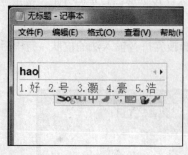

① 输入一个字

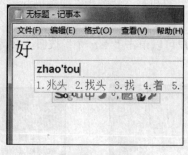

② 输入一个词

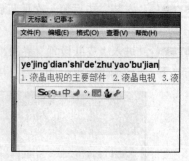

③ 输入一句话

Study 03　搜狗拼音输入法

Work ❷　搜狗拼音输入法的使用技巧

搜狗拼音输入法的不同之处是在于输入法的规则，例如输入繁体字、网址、笔画输入、插入当前日期和时间等。

Lesson 07　英文的输入

Windows Vista・从入门到精通

输入法默认是按下 Shift 键就切换到英文输入状态，再按一下 Shift 键就会返回中文状态。单击状态栏上面的中文图标也可以切换。除了 Shift 键切换以外，搜狗输入法也支持回车输入英文和 V 模式输入英文，在输入较短的英文时，能省去切换到英文状态下的麻烦。

STEP 01 打开"记事本"窗口，切换至"搜狗拼音输入法"，单击工具输入法工具栏中的"切换中/英文"按钮，或者按 Shift 键切换到英文状态，用户便可以输入英文了。

STEP 02 在中文状态下，用户可以直接输入英文，按 Enter 键同样可以快速输入英文。

STEP 03 还可以使用"V 模式输入英文"的方法，先输入字母 v，然后再输入英文，例如 vvista，可以包含@、+、*、/、–等符号。

STEP 04 完毕后按空格键，即可输入英文 vista。

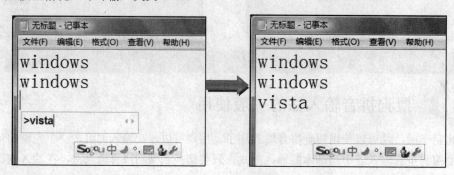

Lesson
08 网址输入模式
Windows Vista • 从入门到精通

　　网址输入模式是特别为网络设计的便捷功能，让用户能够在中文输入状态下输入几乎所有的网址。其规则是：输入以 www.、http:、ftp:、telnet:、mailto:等开头的字母时，自动识别进入到英文输入状态，后面可以输入如 www.sogou.com、http://sogou.com 等类型的网址。

STEP 01 打开"记事本"窗口。在中文状态下输入 www.sogou 时，搜狗拼音会自动识别为网址格式。

STEP 02 按分号";"键，将网址补全后按"1"键，即可输入网址。

STEP 03 输入邮箱时，可以输入前缀不含数字的邮箱，例如输入 dls0302@163.com。

STEP 04 按分号";"键，补全后按"1"键，即可输入邮箱地址。

Lesson
09 U 模式笔画输入
Windows Vista • 从入门到精通

　　U 模式是专门为输入不会读的字所设计的。在输入 u 后，然后依次输入一个字的笔顺，就可以得到该字。笔顺为：h 横、s 竖、p 撇、n 捺、z 折。同时小键盘上的 1、2、3、4、5 也代表 h、s、p、n、z。这里的笔顺规则与普通手机上的五笔画输入是完全一样的。其中点也可以用 d 来输入。需要注意的是"忄"的笔顺是点点竖（dds），而不是竖点点。

STEP 01 打开"记事本"窗口，切换至"搜狗拼音输入法"。用户根据笔画进行输入。例如要输入"王"字，首先输入 u，然后输入该字第一画的拼音 h（横），第二画 h（横），第三画 s（竖），依次是 uhhsh。

STEP 02 如果使用小键盘上的数字键，那么是先输入 u，然后输入第一画 1（横），第二画 1（横），第三画 2（竖），依次是 u1121。

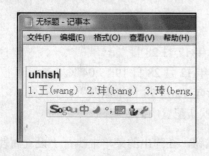
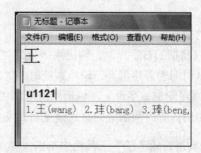

Lesson 10 V 模式输入中文数字

V 模式中文数字是一个功能组合，包括多种中文数字的功能，并且只能在全拼状态下使用。

STEP 01 如果要输入中文数字金额大小写，首先输入 v，再输入金额数字。例如 536.24，则会自动显示中文数字金额的大小写内容，按 a 或 b 进行选择。

STEP 02 如果要输入罗马数字，首先输入 v，再输入需要输入罗马数字(99 以内)。例如 4，则会自动显示出"4"对应的罗马数字 IV，按 a、b、c 进行选择。

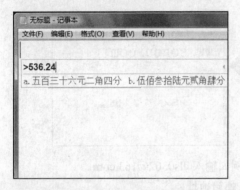
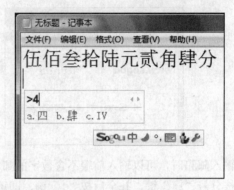

STEP 03 如果要输入年份自动转换，首先输入 v，再输入需要的日期。例如 2009.3.2(或 v2009-3-2；v2009/3/2)，此时用户可以按 a 或 b 进行格式选择，即可输入"2009 年 3 月 2 日"或"二〇〇九年三月二日"。

STEP 04 如果要快捷地输入年份，首先输入 v，再输入日期。例如 2009n3y2r，此时搜狗会自动显示出输入的日期，按 a 或 b 进行格式选择，即可输入"2009 年 3 月 2 日"或"二〇〇九年三月二日"。

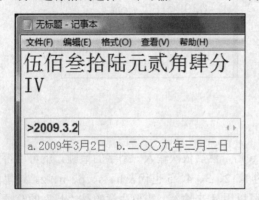

Lesson 11 插入当前日期

"插入当前日期时间"的功能可以方便地输入当前的系统日期、时间、星期，还可以插入函数自己构造动态的时间，例如在回信的模板中使用。此功能是用输入法内置的时间函数通过"自定义短语"功能来实现的。由于输入法的自定义短语默认不会覆盖用户已有的配置文件，所以使用下面的功能，需要恢复"自定义短语"的默认配置。

输入法内置的插入项有：

- 输入 rq（日期的首字母），输出系统日期"2006 年 12 月 28 日"。
- 输入 sj（时间的首字母），输出系统时间"2006 年 12 月 28 日 19:19:04"。
- 输入 xq（星期的首字母），输出系统星期"2006 年 12 月 28 日星期四"。

自定义短语中的内置时间函数的格式请见自定义短语默认配置中的说明。

STEP 01 在"搜狗拼音输入法"工具栏中单击"菜单"按钮，在弹出的菜单中执行"设置属性"命令。

STEP 02 弹出"搜狗拼音输入法设置"对话框，切换至"高级"选项卡，在"自定义"区域中单击"自定义短语设置"按钮。

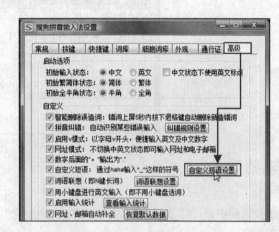

STEP 03 弹出"自定义短语设置"对话框，在其列表框中勾选 rq、sj、xq 的相关自定义词语复选框，再单击"保存"按钮。

STEP 04 返回"搜狗拼音输入法设置"对话框，确认设置完毕后单击"确定"按钮。

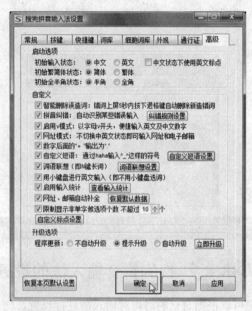

STEP 05 输入字母 rq，搜狗拼音输入法会自动显示出当前日期的选项。

STEP 06 输入字母 sj，搜狗拼音输入法会自动显示出当前日期和时间的选项。

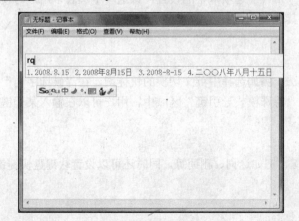
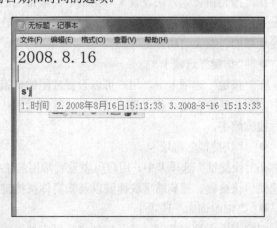

STEP 07 输入字母 xq，搜狗拼音输入法会自动显示出当前日期和星期的选项。

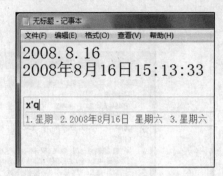

不常用的字在候选词中是非常靠后的，因此要快速输入这类字，就需要使用"拆字辅助码"功能，让用户快速地定位到一个单字。

STEP 01 想输入一个汉字"娴"，那么先输入"xian"。

STEP 02 然后按下 Tab 键，再输入"娴"的两部分"女"、"闲"的首字母 nx，就可以看到只剩下"娴"字了。输入的顺序为 xian+Tab 键+nx。需要注意的是，独体字由于不能被拆成两部分，所以独体字是没有拆字辅助码的。

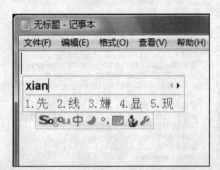 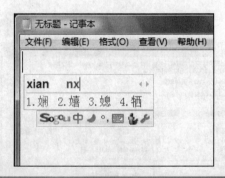

Work ③　搜狗拼音输入法的设置

用户可以根据自己的习惯对输入法进行设置，例如按键、快捷键、外观等。

● "常规"选项卡

在"搜狗拼音输入法设置"对话框中，最常用的是"常规"选项卡中的设置，该选项卡集合了用户习惯性的设置，例如输入风格、转换方式、拼音模式等。在"其他"区域中，用户可以设置光标跟随、网址提示、智能提示帮助、英文自动补全等。

● "按键"选项卡

在"按键"选项卡中，用户可以设置常用的切换方法。例如选择中英文切换的快捷键。在"候选字词"区域中，用户还可以进行翻页键、二三候选等的设置；在"特殊模式导引键"区域中，用户可以在输入某个键后开启搜狗酷字。

● "快捷键"选项卡

在"快捷键"选项卡中，用户可以设置常用的快捷键，例如选词、删词等。同时还可以设置软键盘快捷键、系统菜单快捷键、搜狗酷字快捷键以及繁简体快捷键。

● "细胞词库"选项卡

细胞词库由搜狗首创，是开放共享、可在线升级的细分化词库（包括但不限于专业类词库）。官方网站提供众多细胞词库下载。通过细胞词库，搜狗拼音输入法能够覆盖几乎所有中文词汇。细胞词库是以.sce 为扩展名的文件，下载后双击即可安装并立即生效。

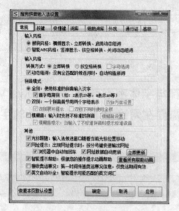

① "常规"选项卡

② "按键"选项卡

③ "快捷键"选项卡

④ "细胞词库"选项卡

● "外观"选项卡

在"外观"选项卡中，用户可以根据自己的喜好对搜狗拼音输入法的外观进行设置。同时还可以在不同的窗口中显示拼音和候选词。

● "高级"选项卡

在"高级"选项卡中，用户可以设置搜狗拼音输入法的启动选项，例如初始输入状态、初始繁简体状态、初始全半角状态。在"自定义"区域中，用户还可以选择智能删除错误造词、拼音纠错、启用 V 模式、网址模式、自定义短语等多种选项。

⑤ "外观"选项卡

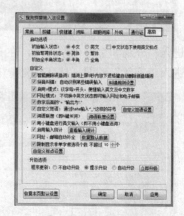

⑥ "高级"选项卡

Study
04
安装和使用字体文件

- Work 1. 安装字体
- Work 2. 使用字体设置文字格式

> 随着计算机的广泛应用，在计算机中编辑文档、聊天等都与字体密不可分。Windows Vista 系统中自带的字体样式已经不能完全满足用户的需求。这时就需要在网络上下载其他更多的字体并且安装到计算机中。

Study 04 　安装和使用字体文件

Work ❶ 安装字体

如果 Windows 操作系统中没有用户需要的字体，就需要将新字体添加到系统的字体库里。下面介绍安装字体的方法。

Lesson
13 安装楷体_GB2312 字体
Windows Vista · 从入门到精通

Windows Vista 操作系统与以前版本的 Windows 系统相比，增加了一些字体，例如新宋体、仿宋、楷体等；不过 Vista 也删除了几个有用字体，例如仿宋_GB2312、楷体_GB2312、微软雅黑等。下面以安装字体楷体_GB2312 为例，介绍如何安装字体。

STEP 01 执行"开始>控制面板"命令。

STEP 02 进入"控制面板"界面，在右侧列表框中单击"外观和个性化"文字链接。

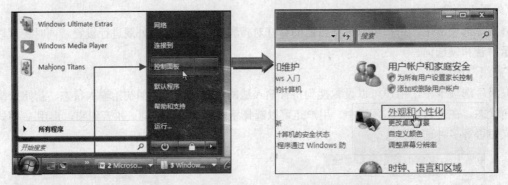

STEP 03 进入"外观和个性化"界面，在右侧列表框中单击"字体"文字链接。

STEP 04 进入"字体"界面，按 Alt 键展开菜单栏，执行"文件>安装新字体"命令。

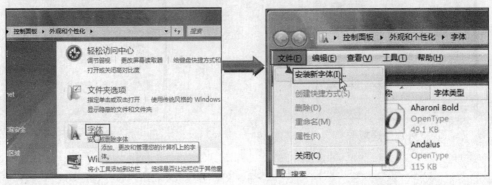

STEP 05 弹出"添加字体"对话框，依次在"驱动器"和"文件夹"区域选择字体所在路径，在"字体列表"列表框中选中需要添加的字体选项，单击"安装"按钮。

STEP 06 弹出"Windows Fonts 文件夹"对话框，显示字体安装进度。

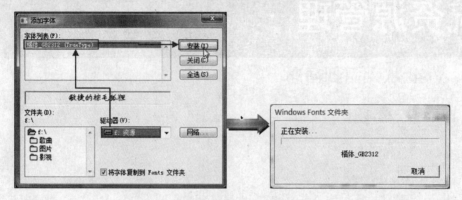

STEP 07 返回"添加字体"对话框，确认安装完毕后单击"关闭"按钮，即可退出"添加字体"对话框。

Study 04 安装和使用字体文件

Work ② 使用字体设置文字格式

当用户安装了新的字体后，就可以使用这些字体设置文字格式，增强文档的可读性和美观性。

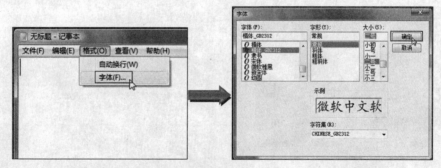

① 在"记事本"窗口中执行"格式>字体"命令　　② 选择添加的字体

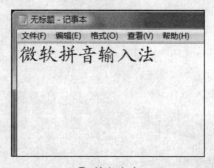

③ 输入文字

Chapter 5

系统资源管理

Windows Vista从入门到精通

本章重点知识

视频教程路径

DVD

Chapter 5   系统资源管理

系统资源（System Resource）和内存并不是同一个概念，内存是指计算机的内部存储空间，而系统资源通俗地讲则是指计算机的内存和 CPU 的占用率，本章介绍系统资源的管理操作。

Study
01

资源管理器

- Work 1.　打开资源管理器
- Work 2.　认识资源管理器

"资源管理器"是 Windows 系统提供的资源管理工具，它可以用来查看该部计算机的所有资源，特别是它提供的树形文件系统结构，使用户能更清楚、更直观地查看计算机中的文件和文件夹。下面就来认识一下资源管理器。

Study 01   资源管理器

Work 1   打开资源管理器

打开资源管理器的方法有很多种，可以通过"开始"菜单来打开，可以通过"计算机"图标打开，也可以从"计算机"界面中打开资源管理器。

① 通过"开始"菜单打开

② 通过"计算机"图标打开

③ 从"计算机"界面中打开

Study 01   资源管理器

Work 2   认识资源管理器

打开资源管理器后，可以看到资源管理内的所有文件、文件夹、等内容。下面就来认识一下资源管理器内各部分的名称和作用。

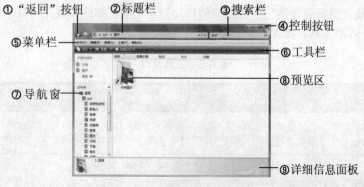

①"返回"按钮　　②标题栏　　③搜索栏　　④控制按钮　　⑤菜单栏　　⑥工具栏　　⑦导航窗　　⑧预览区　　⑨详细信息面板

资源管理器窗口

① "返回" 按钮

单击 "返回" 按钮，可以返回到上一步所进入的文件夹。单击了 "返回" 按钮后，该按钮右侧的 "前进" 按钮，会处于可使用状态。此时，单击 "前进" 按钮，可以打开之前所进入的文件夹。

② 标题栏

显示当前所打开文件夹的路径、名称，通过单击标题栏中，路径等选项后方的下翻按钮，可以弹出下拉菜单，通过该菜单也可以找到用户要打开的文件。

③ 搜索栏

搜索计算机中的文件或文件夹。只要在搜索栏内输入要搜索的文件或文件夹的名称或名称中的一个字，程序就会自动执行搜索功能。搜索完毕后，在 "预览区" 内显示出搜索的内容。

④ 控制按钮

控制按钮共有 3 个：最小化、最大化以及关闭按钮，如表 5-1 所示。

表 5-1　控制按钮说明

按　　钮	功　　能
最小化按钮	单击该按钮，可以将程序窗口隐藏，只在桌面任务栏中显示窗口名称
最大化按钮	单击该按钮，可以将程序的窗口在最大化与还原间切换。最大化是指与计算机的显示屏幕一样大小，还原是指将窗口以一定的比例缩小，还原的大小用户可以自己掌握
关闭按钮	单击该按钮，可以将当前程序窗口关闭

⑤ 菜单栏

菜单栏中共有 5 个菜单项，分别是 "文件"、"编辑"、"查看"、"工具" 以及 "帮助"。下面介绍每个菜单的作用，如表 5-2 所示。

表 5-2　菜单栏说明

菜　　单	功　　能
"文件" 菜单	通过 "文件" 菜单，用户可进行 "打开文件"、"保存搜索"、"创建文件快捷方式"、"删除"、"重命名"、"查看文件属性" 等多种操作
"编辑" 菜单	通过 "编辑" 菜单，用户可以 "剪切" 或 "复制" 文件或文件夹，"撤销" 或 "恢复" 上一次操作、选择 "预览区" 内文件
"查看" 菜单	通过 "查看" 菜单，用户可以更改文件或文件夹不同状态下的文件查看方式，例如 "详细资料"、"大图标"、"列表" 等
"工具" 菜单	通过 "工具" 菜单，用户可以打开 "映射网络驱动器"、"断开网络驱动器"、"同步中心" 以及 "文件夹选项" 对话框
"帮助" 菜单	通过 "帮助" 菜单，用户可以打开 Windows Vista 的帮助和支持，通过该帮助，用户可以更多地了解 Vista 系统的使用信息

⑥ 工具栏

当 "预览区" 中没有选中的文件夹时，工具栏内有 "组织"、"视图" 两个工具；选中了文件夹后，程序会根据文件夹的内容出现 "资源管理器"、"放映幻灯片"、"电子邮件" 以及 "共享" 等工具按钮。下面介绍 "组织" 和 "视图" 两个工具，如表 5-3 所示。

表 5-3　工具说明

工　　具	功　　能
"组织" 工具	在 "组织" 工具菜单中，将鼠标指向 "全局" 选项，弹出子菜单后，可以看到 "菜单栏"、"详细信息面板"、"预览窗格" 和 "导航窗格" 4 个选项。选择相应选项，就可以打开相应窗格
"视图" 工具	在 "视图" 工具菜单中有 "特大图标"、"大图标"、"中等图标"、"小图标"、"列表"、"详细信息" 以及 "平铺" 7 种视图方式。选择相应选项，就可以切换到相应视图方式下

- Work 1. 文件和文件夹概述
- Work 2. 文件名和扩展名
- Work 3. 常见的文件查看类型

管理器中的文件夹在建立好后，还需要进行一定的管理、分类，才会使系统的资源得到有效的利用。下面介绍文件和文件夹以及它们各自的文件名、扩展名以及类型等内容。

Study 02 管理文件系统

Work **1** 文件和文件夹概述

- 文件：文件是以实现某种功能、或某个软件的部分功能为目的而定义的一个单位，文件的形式可以是文档、程序、快捷方式和设备。
- 文件夹：用来存储程序、文档、快捷方式等文件，以及其他子文件夹。在对文件夹进行理解时，可以将文件夹看成是一个箱子，而文件就是箱子里的东西。一个完整的文件夹也是由文件夹名称和图标组成的。

① 文件图标

② 文件夹图标

Study 02 管理文件系统

Work **2** 文件名和扩展名

文件的名称是由文件名和图标组成。同种类型的文件具有相同的图标，在进行文件与文件夹的命名时，需要遵循规则，否则无法重命名文件或文件夹。

- 同一路径下，不能与同类型的文件或文件夹的名称相同。
- 名称字符的长度不能超过 255 个字符。
- 文件名称中一些特殊字符不能使用，例如：/、\、:、*、?、"、<、>、|。
- 文件的名称不能与文件的扩展名重复。

扩展名代表不同的文件类型，如果更改文件的扩展名就更改了该文件的类型，下面介绍一些常用的文件扩展名所代表的文件类型，如表 5-4 所示。

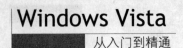

表5-4　常用文件扩展名列表

图　标	扩　展　名	类　　型
	bmp	位图文件
	docx、rtf	Word 及文本格式文件
	exe	可执行文件
	xlsx	Excel 文件
	hlp、htmp	帮助文件
	mp3	MP3 音频格式
	avi、mpg、wav	影音、视频格式

Study 02　管理文件系统

Work 3　常见的文件查看类型

打开文件夹，显示出文件内容后，如果选择工具栏内的"视图>小图标"选项就可以切换到小图标的视图方式下，下面是文件的 7 种视图方式。

① 平铺视图方式

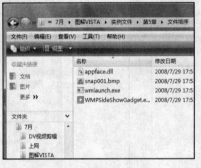
② 详细资料视图方式

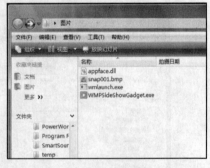
③ 列表视图方式

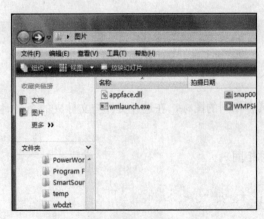
④ 小图标视图方式

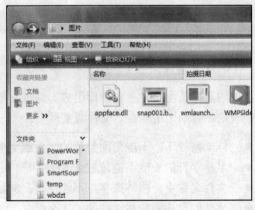
⑤ 中图标视图方式

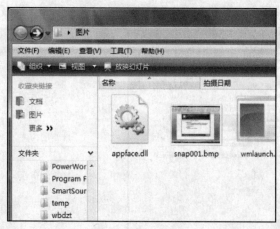

⑥ 大图标视图方式

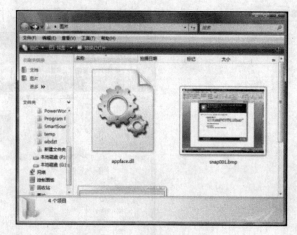
⑦ 特大图标视图方式

Lesson 01 将文件排序方式设置为按大图标、名称、递减

Windows Vista · 从入门到精通

对文件的图标进行查看时，还可以同时对其进行不同方式的排列，下面介绍将文件设置为按大图标、名称、递减方式的排列。

STEP 01 打开需要的文件夹后，单击工具栏中的"视图"工具右侧的下拉按钮，弹出下拉菜单后，选择"大图标"选项，就完成了视图方式的设置。

STEP 02 在文件夹窗口内的空白位置，右击鼠标，弹出快捷菜单后，执行"排序方式>名称"命令。

STEP 03 再次在空白位置右击鼠标，弹出快捷菜单后，执行"排序方式"命令，弹出子菜单后，可以看到程序已自动将排序方式设置为"递增"，此时执行"递减"命令。

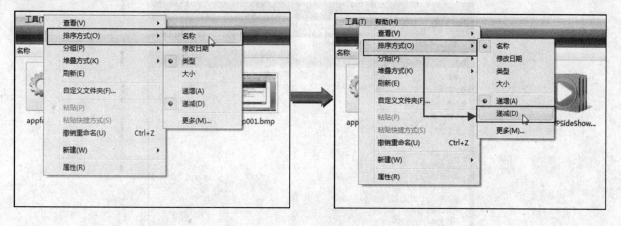

STEP 04 经过以上操作后，就完成了将文件夹内文件的排序方式设置为"大图标"、"按名称"和"递减"。

按类型对文件进行分组显示

在资源管理器中，用户可以对文件的内容进行分组显示。下面以按类型对文件进行分组显示为例，对其进行设置。

STEP 01 打开需要的文件夹后，将鼠标指向预览区中的"类型"列，在该列右侧就会出现一个向下箭头，单击该下拉按钮，弹出下拉列表后，勾选"BMP 图像"复选框，然后单击对话框中的任意位置。

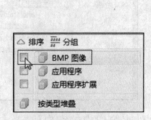

STEP 02 经过以上操作后，就完成了将文件夹内文件设置为按文件类型进行分组显示。如果用户需要对文件分两组显示，再勾选"类型"下拉列表中的相应复选框即可。

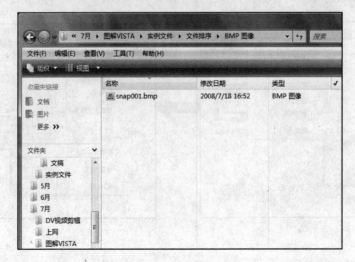

Lesson 03 按修改日期对文件进行堆叠

Windows Vista · 从入门到精通

堆叠是指将文件按照一定的类别进行分类后，放在一起。与分组不同的是，分组可以看到每组内所包括的文件，而堆叠则只有打开该组后，才能看到组内的内容。

STEP 01 打开需要的文件夹后，将鼠标指向预览区中的"修改类型"列，在该列右侧就会出现一个向下箭头，单击该下拉按钮，弹出下拉列表后，选择"按修改日期堆叠"选项。

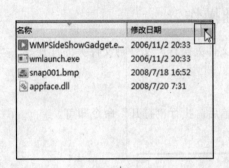

STEP 02 经过以上操作后，就完成了将文件夹内文件设置为按修改日期堆叠显示。当用户要查看相应文件时，双击相应的日期分组就可以看到该组所包含的内容。

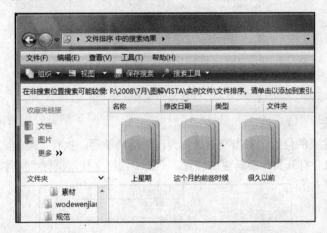

Tip 取消文件的堆叠显示

需要取消文件的堆叠显示时，右击文件夹内的任意空白处，弹出快捷菜单后，执行"堆叠方式>无"命令即可。

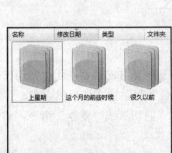
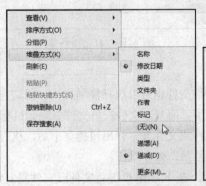

文件和文件夹的基础操作

Work 1. 文件和文件夹的几种基础操作

文件与文件夹的操作是计算机中最基础的部分，用户可以对它们进行新建、移动或删除等操作。

Work **1** 文件和文件夹的几种基础操作

打开、创建、复制以及删除是最常用的几种文件和文件夹操作。文件与文件夹的打开方法类似，下面就以文件夹为例介绍打开操作。

● 打开文件或文件夹

方法一：右击要打开的文件或文件夹，弹出快捷菜单后，执行"打开"命令即可。

方法二：双击要打开的文件或文件夹即可。

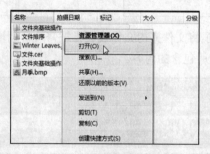

① 打开文件或文件夹

● 新建文件或文件夹

方法一：在要新建文件夹的位置，右击空白处，弹出快捷菜单后，执行"新建>文件夹"命令即可。

方法二：通过"计算机"打开文件要新建的位置，不选中任何文件，执行"文件>新建>文件夹"命令即可。

② 新建文件或文件夹

● 移动文件或文件夹

在进行移动文件时，可以选择剪切文件也可以选择复制文件。剪切与复制文件的区别在于，剪切文件在移动到目标位置后，原文件就不会存在了；而复制文件在将文件移动到目标位置后，原文件仍然存在。

方法一：右击要剪切或复制的文件或文件夹，弹出快捷菜单后，执行"剪切"或"复制"命令，然后到目标位置右击，弹出快捷菜单后执行"粘贴"命令即可。

方法二：选中目标文件或文件夹后，按下 **Ctrl+C** 键将文件或文件夹复制；按下 **Ctrl+X** 键剪切文件或文件夹，然后在目标位置按下 **Ctrl+V** 键粘贴文件或文件夹。

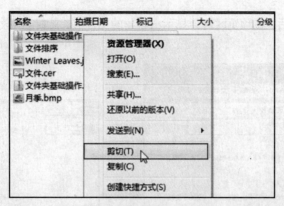

③ 移动文件或文件夹

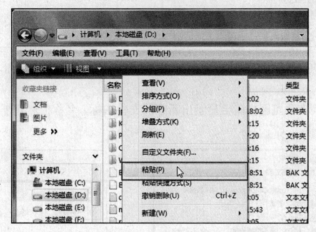

④ 粘贴文件或文件夹

● 删除文件或文件夹

方法一：右击要删除的文件或文件夹，弹出快捷菜单后，执行"删除"命令即可。

方法二：选中要删除的文件或文件夹，直接按下 Delete 键即可。

方法三：需要彻底删除文件或文件夹时，选中要彻底删除的文件或文件夹，按下 Shift+Delete 键，将文件或文件夹彻底从计算机中删除。

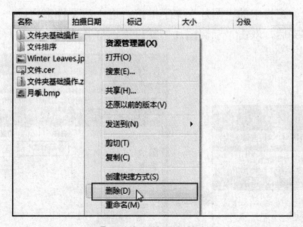

⑤ 删除文件或文件夹

Lesson
04 **创建新的文件夹及文件并将其余文件复制到该文件夹内**
Windows Vista · 从入门到精通

在进行文件或文件夹的基础操作时，并不是只有一种方法，用户可以通过多种途径来完成操作。

STEP 01 打开目标文件夹后，执行"文件>新建>文件夹"命令。

STEP 02 经过上一步的操作后，在预览区内会显示出新建的文件夹，此时名称处于选中状态，可直接输入需要的文件名。

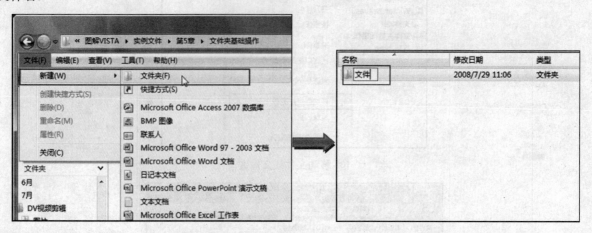

STEP 03 双击新建的文件夹，打开该文件夹后，在预览区的任意空白位置右击鼠标，弹出快捷菜单后，执行"新建>日记本文档"命令。

STEP 04 经过以上操作后，在预览区内就会显示出新建的文件图标，名称依然处于选中状态，直接输入需要的文件名称。

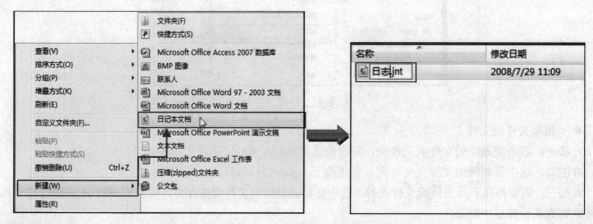

STEP 05 单击对话框左侧导航窗格中的"图片"文字链接，进入该文件夹内。

STEP 06 进入"图片"文件夹后，双击"示例图片"文件夹，打开该文件夹。

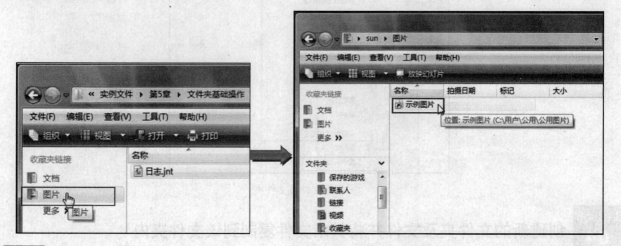

STEP 07 进入"示例图片"文件夹后，按下 Ctrl 键不放，依次选中需要的图片，然后按下 Ctrl+C 快捷键，复制选中的图片。

STEP 08 单击文件夹窗口左上角的"返回到"按钮，直到返回"文件"文件夹时停止。

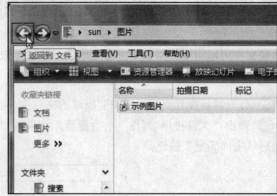

Tip 选择连续的文件或文件夹

在选中连续的文件或文件夹时，先选中排列在最前面的第一个文件，然后按下 Shift 键不放，再选中排列在最后的一个文件，即可完成连续的文件或文件夹的选中操作。

STEP 09 返回"文件"文件夹后，按下 Ctrl+V 快捷键，对所复制的文件进行粘贴，就完成了图片文件的复制操作。

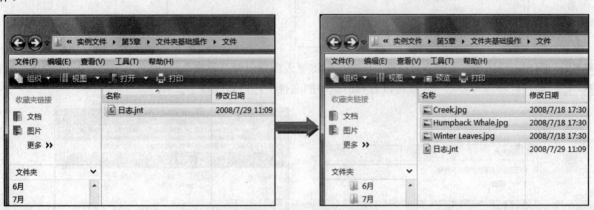

Study

04 文件或文件夹的高级管理

● Work 1. 隐藏文件或文件夹
● Work 2. 文件的搜索功能
● Work 3. 文件或文件夹快捷图标的设置

除了上文中对文件或文件夹的操作外，文件夹还有一些隐藏、搜索等操作。下面介绍文件夹的隐藏、搜索等功能的设置。

Study 04 文件或文件夹的高级管理

Work 1 隐藏文件或文件夹

将文件或文件夹隐藏后，就有可能看不到了，但是经过一定的设置后，任务管理器内可以显示出隐藏的文件或文件夹。

Windows Vista · 从入门到精通

Lesson 05 隐藏文件，然后将其设置为显示隐藏的文件和文件夹

　　隐藏文件可以将用户需要保密的文件进行隐藏，但当用户自己需要查看该文件时，就需要将隐藏的文件显示出来。

STEP 01 打开目标文件夹后，右击要隐藏的文件夹，弹出快捷菜单后，执行"属性"命令。

STEP 02 弹出"文件排序 属性"对话框后，切换到"常规"选项卡下，勾选"属性"区域内的"隐藏"复选框，然后单击"确定"按钮。

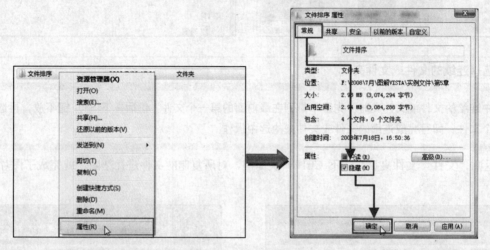

STEP 03 弹出"确认属性更改"对话框，选中"仅将更改应用于此文件夹"单选按钮，然后单击"确定"按钮。

STEP 04 返回到任务管理器中，就可以看到所选中的文件夹已经被隐藏了。

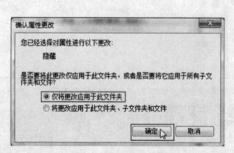

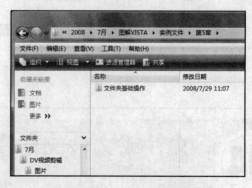

STEP 05 执行"工具>文件夹选项"命令。

STEP 06 弹出"文件夹选项"对话框后，切换到"查看"选项卡下，然后向下拖动"高级设置"列表框右侧的滑块。

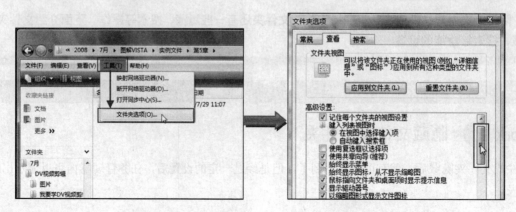

STEP 07 显示出"隐藏文件和文件夹"的选项后，选中"显示隐藏的文件和文件夹"单选按钮，然后单击"确定"按钮。

STEP 08 经过以上操作后，返回到任务管理器中，就可以看到所隐藏的文件夹，以半透明的状态显示出来。

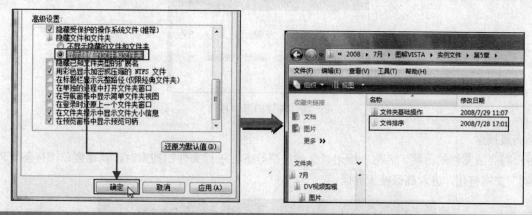

Study 04　文件或文件夹的高级管理

Work 2　文件的搜索功能

　　当任务管理器中的文件内容过多时，而用户却忘记了要打开的文件所存放的位置。这时，用户就可以通过文件的搜索功能来查找文件，然后再打开它，在 Vista 系统中用户可以选择在"开始"菜单中搜索，也可以选择在任务管理器中搜索。

　　● 在"开始"菜单中搜索

　　打开"开始"菜单后，在菜单的最下方，可以看到一个搜索栏，其中显示出灰色的"开始搜索"字样，将光标定位在其中，输入需要搜索的文字内容，输入完成后，就会在"开始"菜单的主程序界面中显示出搜索结果。

① 在"开始"菜单中搜索

Tip　将搜索的内容在网上进行搜索以及显示所有结果

　　需要将要搜索的内容在网上进行搜索时，执行"开始>搜索 Internet"命令，程序即可连接到网上进行搜索。执行"开始>查看所有结果"命令后，会打开任务管理器，将所有搜索结果显示出来。

　　● 在任务管理器中搜索

　　打开任务管理器后，在地址栏右侧的就是搜索栏。搜索栏内显示着灰色的"搜索"字样，将光标定位在内，输入需要搜索的内容后，就会在预览区内显示出搜索的结果。

② 在任务管理器中搜索

● 高级搜索

当用户需要按文件的日期、名称、标记、文件类型等条件进行文件的搜索时，就需要单击任务管理器中的"高级搜索"文字链接，进入高级搜索界面。

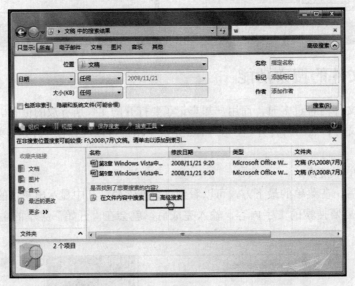

③ 高级搜索

Lesson 06 按日期搜索.xlsx 类型的文件

Windows Vista · 从入门到精通

文件搜索功能可以将用户很难找到而计算机中确实存在的文件以最快的速度找出来，下面介绍按日期搜索.xlsx 类型文件的操作。

STEP 01 如果是在所有磁盘中查找，则进入"计算机"界面，将光标定位在"搜索框"中。

STEP 02 直接输入需要查找的文件或文件夹名称，如果要查找所有.xlsx 类型的文件，则输入"*.xlsx"，输入完后程序自动进行搜索。

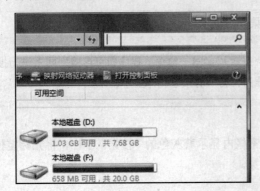

STEP 03 搜索完后，向下拖动"搜索结果"列表框右侧的滑块，至列表最后，可以看到"在文件内容中搜索"以及"高级搜索"文字链接，单击"高级搜索"链接。

STEP 04 在窗口上方显示出高级搜索界面后，单击"日期"按钮右侧的下拉按钮，弹出下拉列表后，选择"修改日期"选项。

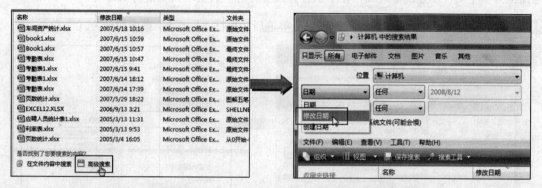

STEP 05 单击"任何"按钮右侧的下拉按钮，弹出下拉列表后，选择"是"选项。

STEP 06 单击"2008/8/12"按钮右侧的下拉按钮，弹出下拉列表后，选择要搜索的具体日期。

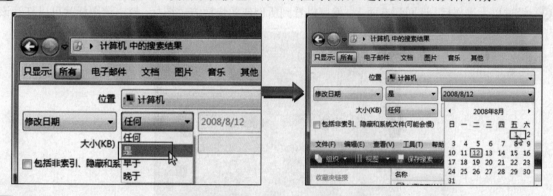

STEP 07 经过以上操作后，单击"高级搜索"界面右侧的"搜索"按钮，程序开始搜索。

STEP 08 搜索完毕后，计算机就会将搜索结果显示在窗口下方的预览区内。再次单击"高级搜索"按钮，就可以关闭"高级搜索"界面。

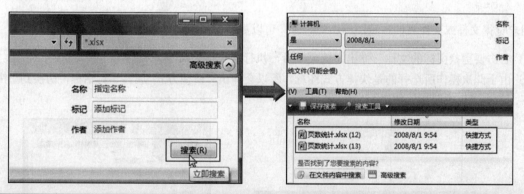

Study 04 文件或文件夹的高级管理

Work 3 文件或文件夹快捷图标的设置

对于一些经常使用的文件，用户可以在桌面上为其创建一个快捷方式，以提高办公效率。创建了快捷方式后，还可以对其进行一系列的设置操作。

创建文件快捷方式

在桌面上为一个文件创建快捷方式，在下次打开该文件时，只要双击快捷方式即可。

STEP 01 将鼠标指向该文件，右击鼠标，弹出快捷菜单后，执行"发送到>桌面快捷方式"命令。

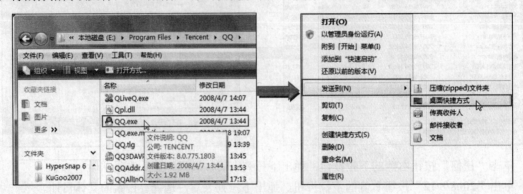

STEP 02 经过以上操作后，返回到桌面上，就可以看到所创建的快捷方式图标，双击该图标就可以打开该文件。

更换文件或文件夹图标

当用户觉得文件或文件夹的预览图标不理想时，可以更换文件或文件夹的图标。

STEP 01 右击要更换图标的文件，弹出快捷菜单后，执行"属性"命令。

STEP 02 由于此次操作所选择的是快捷方式图标，所以会弹出"快捷方式 属性"对话框，切换到"快捷方式"选项卡下，单击"更改图标"按钮。

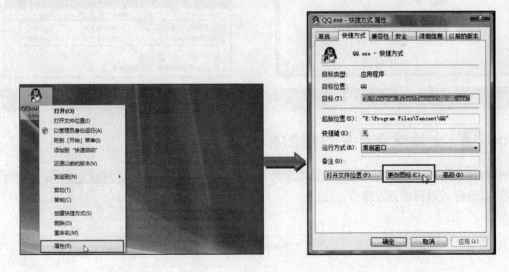

STEP 03 弹出 "更改图标" 对话框后，单击 "浏览" 按钮。

STEP 04 弹出 "更改图标" 界面后，选中任意一个文件夹，然后单击 "打开" 按钮。

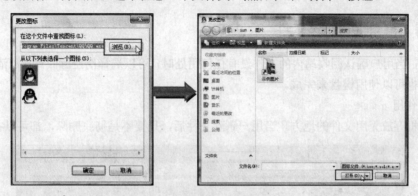

STEP 05 经过以上操作后，会弹出 "更改图标" 提示对话框，提示用户刚刚选的文件夹中不包含图标，请选择指定的另一个文件，单击 "确定" 按钮。

STEP 06 返回到 "更改图标" 对话框中，在 "从以下列表选择一个图标" 列表框内，选择一个图标，然后单击 "确定" 按钮。

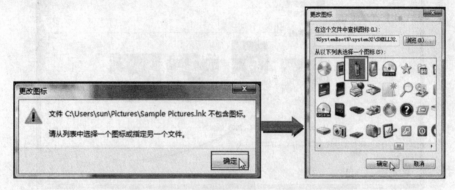

STEP 07 经过以上操作后，返回到桌面上就完成了更改文件图标的操作。

回收站也属于一个文件夹。与其他文件夹不同的是，回收站内的文件全部是用户不需要的。当用户需要使用回收站内的文件时，还可以将其还原。一旦文件彻底删除，在回收站内就看不到该文件了，同时，彻底删除的文件也就无法还原了。

Work **1**　整理回收站文件

打开回收站后，当用户确认回收站内的文件没有任何用处时，可以选择清空回收站。而清空回收站的方法，既可以使用鼠标，也可以使用键盘来完成。

● 回收站的作用

回收站是计算机存放无用文件的地方。当用户删除文件后，只要不是彻底删除，都可以在回收站中找到。

① 回收站的作用

● 清空回收站

打开回收站后，单击工具栏中的"清空回收站"按钮，就可以将回收站内的文件清空，将回收站内所有文件彻底删除。

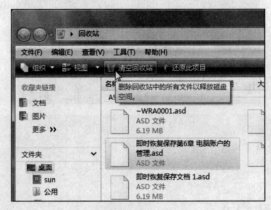

② 清空回收站

Tip　删除回收站内单个文件

> 选中回收站内需要删除的文件，按下 Delete 键，即可彻底删除回收站中的单个文件。

● 还原文件

打开回收站后，单击工具栏中的"还原此项目"按钮，就可以将回收站内的文件放回到被放入回收站以前的位置。

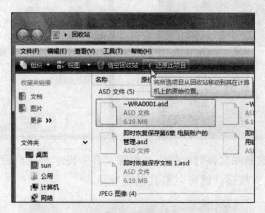

③ 还原文件

Study 05 回收站

Work ② 回收站的属性

回收站与其他的文件夹一样，都有各自的属性。

"回收站属性"对话框

① 回收站位置和可用空间	确定回收站当前的位置，在该列表框中按照本地磁盘C、D、E、F、G的顺序进行排列，并显示出相应磁盘的大小
② 选定位置的设置	选择了回收站的位置后，在"最大值"数值框内显示出回收站的大小。默认选择为磁盘的空间大小，用户可根据需要进行设置
③ 显示删除确认对话框	勾选了此复选框后，在删除一个文件后，都会弹出提示对话框，询问用户是否确定删除该文件

Lesson 09 将回收站属性设置为文件不经过回收站直接从计算机中删除

Windows Vista • 从入门到精通

在进行文件的删除时，如果用户确认所删除的文件绝对无用时，就可以将文件彻底从计算机中删除，而不经过回收站。

STEP 01 将鼠标指向桌面上的"回收站"图标，右击鼠标，弹出快捷菜单后，执行"属性"命令。

STEP 02 弹出"回收站 属性"对话框后，选中"不将文件移到回收站中。移除文件后立即将其删除"单选按钮，然后单击"确定"按钮。

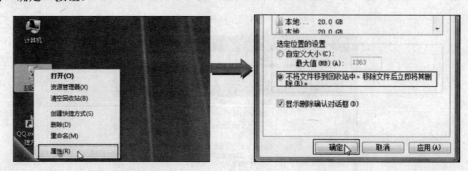

STEP 03 经过以上操作后，再次删除文件时，弹出"删除文件"提示对话框后，就会提示用户"确实要永久性地删除此文件吗？"，单击"是"按钮，就可以将其彻底删除。

Study 06 文件的压缩与解压

- Work 1. 压缩文件
- Work 2. 解压文件

在 Windows Vista 系统中，自带有文件的压缩软件。当用户觉得文件的容量过大时，就可以通过文件压缩工具，将其进行压缩。

Study 06　文件的压缩与解压

Work 1 压缩文件

文件压缩后可以节省相当的空间容量。而压缩文件的步骤也很简单，通过快捷菜单就可以完成文件的压缩操作。

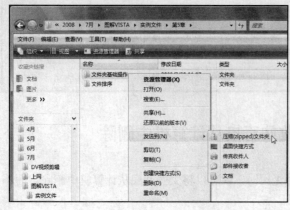
① 执行压缩文件命令

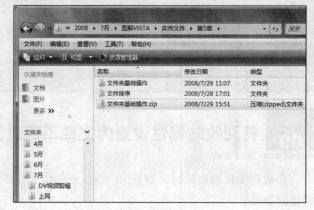
② 显示压缩后的文件

Work ❷　解压文件

需要将压缩的文件全部进行解压时，它的操作与压缩文件的操作类似，可以通过快捷菜单来完成操作。但是当用户需要提取压缩文件中的一个文件时，就需要通过鼠标来进行提取了。

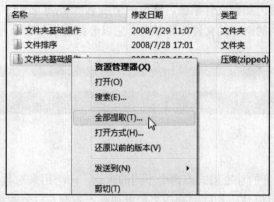

① 执行提取文件命令

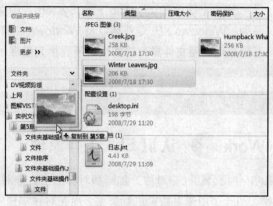

② 提取单个文件

Lesson 10　解压单个文件

Windows Vista · 从入门到精通

当用户只需要对压缩后的文件夹中的一个文件进行提取时，快捷菜单是无法提取的，下面介绍解压单个文件的操作。

STEP 01 进入压缩的文件夹内，将鼠标指向要提取的单个文件"Winter Leaves.jpg"，然后拖动鼠标向资源管理器右侧导航窗格中要放置提取文件的文件夹方向移动，当该文件夹处于选中状态时，释放鼠标。

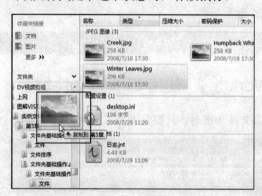

STEP 02 经过以上操作，打开放置提取的单个文件的路径后，就可以看到"Winter Leaves.jpg"文件已存在该处了。

管理文件安全——EFS 的使用

- Work 1. 认识 EFS 工作原理
- Work 2. 使用 EFS 为文件加密

EFS 全称为 Encrypting File System，中文意思为加密文件系统。它是一个由 Windows 2000 系列、Windows XP 专业版以及 Windows.NET 提供的透明的文件加密服务。它以公共密钥加密为基础，可以使文件具有机密性但不提供完整保护。

Work **1** 认识 EFS 工作原理

EFS 使用公钥（非对称）加密和对称加密。非对称加密的加密模式有两个不同的密钥，一个用来对数据进行加密，另一个用来对数据进行解密。而在对称加密中，可以使用相同的密钥来加密和解密数据。与公钥相比，对称加密更难以进行安全管理，这是因为加密模式（尤其是密钥）中的任何一个方面都不能公开。然而，对称加密在处理器上更容易实现，这是因为其运算速度比非对称加密大约快了 100～1000 倍。EFS 结合了这两种方法，从而同时实现了高性能和高安全性。

当一个新文件被加密时，EFS 服务就会给文件加上专用锁，并生成文件加密密钥（File Encryption Key，FEK）。FEK 属于对称密钥，因此既能用于加密文件，又能用于解密文件。FEK 仅对该文件有效。一旦生成 FEK，文件就被加密了。然后，EFS 定位用户的公钥，用它来加密 FEK，并在加密文件的文件头中的数据加密区（DDF）中保存加密的 FEK。

当用户想要解密文件时，EFS 就取回用户的私钥，然后用它来解密存放在文件头的 DDF 中的 FEK，最后用该 FEK 解密文件。

Work **2** 使用 EFS 为文件加密

在为文件加密时，只要是 NTFS 分区内的任意一个文件夹或文件都可以对其进行加密，并且操作非常简单。

① 加密后的文件

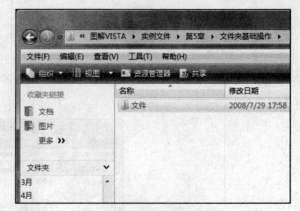

② 加密后的文件夹

Lesson
11 **加密文件并备份加密证书**
Windows Vista · 从入门到精通

　　将文件加密后，当其他用户登录到系统后打开该文件时，就会出现"拒绝访问"的提示，这表示 EFS 加密成功。但是为了方便用户的操作，还是需要备份加密证书。这样万一重装系统或其余用户需要使用该文件时，就可以打开该文件了。

STEP 01 将鼠标指向需要加密的"文件"文件，右击鼠标，弹出快捷菜单后，执行"属性"命令。

STEP 02 弹出"文件 属性"对话框后，切换到"常规"选项卡下，单击"高级"按钮。

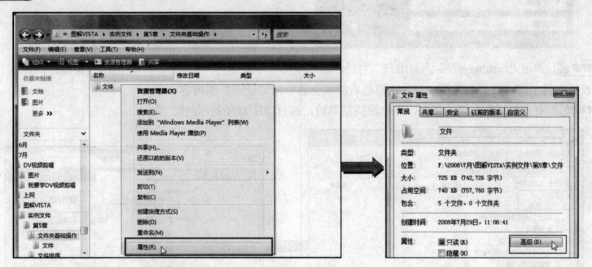

STEP 03 弹出"高级属性"对话框后，勾选"压缩和加密属性"区域内的"加密内容以便保护数据"复选框，然后单击"确定"按钮。

STEP 04 返回到"文件 属性"对话框内，单击"确定"按钮。

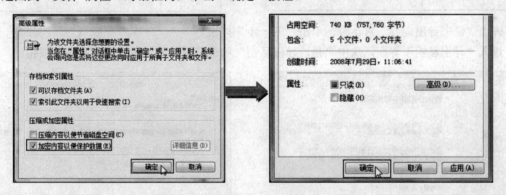

STEP 05 弹出"确定属性更改"对话框后，选中"将更改应用于此文件夹、子文件夹和文件"单选按钮，然后单击"确定"按钮，返回到文件夹中就完成了文件的加密操作。

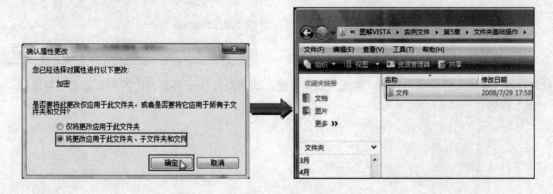

STEP 06 返回桌面，执行"开始>所有程序>附件>运行"命令，弹出"运行"对话框。

STEP 07 弹出"运行"对话框后，在"打开"文本框内输入"certmgr.msc"，然后单击"确定"按钮。

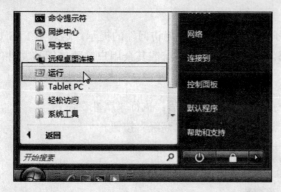 

STEP 08 弹出"certmgr-证书-当前用户"对话框后，单击"导航窗格"内"个人"左侧的三角按钮，弹出下拉列表后，再单击"证书"选项，在对话框的右侧就会显示出"证书"的内容。

STEP 09 右击对话框右侧的证书，弹出快捷菜单后，执行"所有任务>导出"命令。

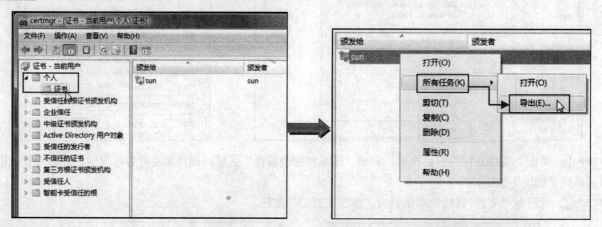

STEP 10 弹出"证书导出向导"对话框，单击"下一步"按钮。

STEP 11 进入"导出私钥"界面，选中"是，导出私钥"单选按钮，然后单击"下一步"按钮。

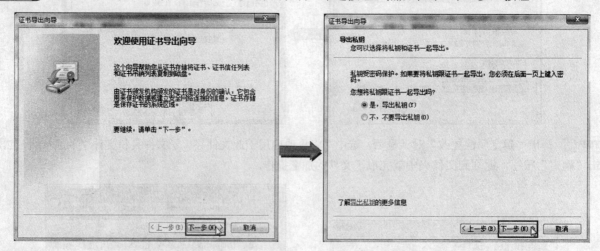

STEP 12 进入"导出文件格式"界面，勾选"如果可能，则数据包括证书路径中的所有证书"复选框，然后单击"下一步"按钮。

STEP 13 进入"密码"界面，在"密码"文本框内输入设置的密码，然后在"输入并确认密码"文本框内再次
输入刚刚设置的密码，单击"下一步"按钮。

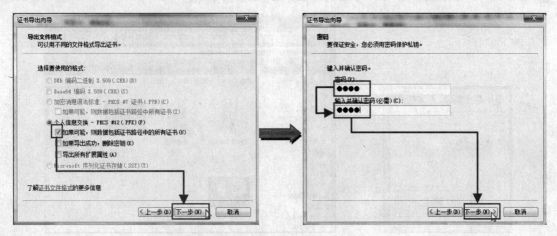

STEP 14 进入"要导出的文件"界面，单击"浏览"按钮。

STEP 15 弹出"另存为"对话框，在"标题栏"中选择证书的保存路径，然后在"文件名"文本框内输入证书
的名称，最后单击"保存"按钮。

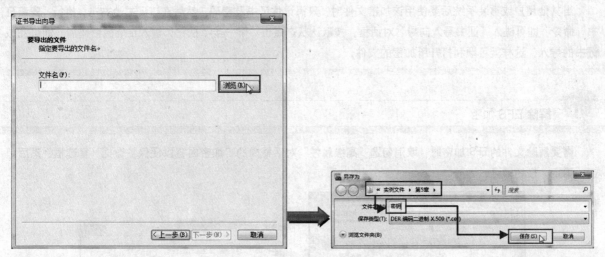

STEP 16 返回"要导出的文件"界面，在"文件名"下拉列表框内就显示出了证书要保存的路径和名称，单击
"下一步"按钮。

STEP 17 进入"正在完成证书导出向导"界面，在"您已指定下列设置"列表框内，显示出证书的详细信息，
单击"完成"按钮。

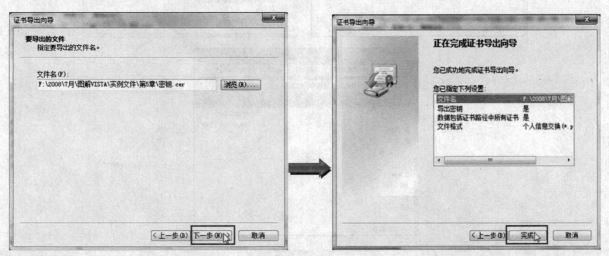

STEP 18 程序将证书导出完毕后，会弹出"证书导出向导"提示对话框，提示用户导出成功，单击"确定"按钮。

STEP 19 打开证书所保存的路径，就可以看到，证书已导出在内了。

Tip 重装系统后使用加密文件

　　当其他用户或重装系统后要使用该加密文件时，只需记住证书及密码。然后在该证书上右击，执行"安装证书"命令，即可进入"证书导入向导"对话框。按默认状态点击"下一步"按钮，输入正确的密码后，即可完成证书的导入，这样就可顺利打开所加密的文件。

Tip 解除 EFS 加密

　　需要解除文件的 EFS 加密时，取消勾选"高级属性"对话框内的"加密内容以便保护数据"复选框，然后单击"确定"按钮即可。

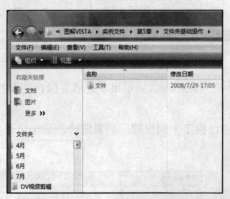 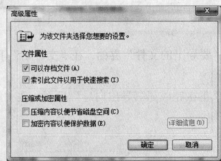

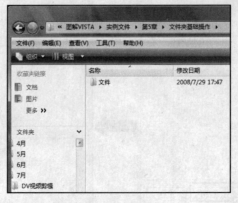

Chapter 6

计算机账户的管理

Windows Vista从入门到精通

视频教程路径

DVD

计算机账户即使用计算机的用户。在计算机上没有账户的用户可以使用来宾账户。本章介绍计算机账户的加密和控制等操作。

Study 01 用户账户相关内容的设置

Work 1.　用户账户的类型

在进行账户的设置时，用户可为其更改名称、设置密码、启用或禁用用户账户以及删除已有账户等操作。下面介绍账户的设置操作。

Study　01　用户账户相关内容的设置

Work 1　用户账户的类型

在安装 Vista 系统时，安装程序会提醒用户创建一个账户。如果用户在安装了系统后，还需要再创建新用户时，可通过控制面板来完成。在 Vista 系统下，有 3 种用户账户类型：管理员账户、标准用户账户、来宾账户。

● 管理员账户

在管理员账户下，允许用户进行将影响其他用户更改的设置；在该账户下管理员可以更改安全设置、安装软件和硬件、访问计算机上的所有文件。管理员还可以对其他用户账户进行更改。

① 管理员账户

● 标准用户账户

标准用户账户允许用户使用计算机的大多数功能，但是如果要进行的更改会影响计算机的其他用户或安全，则需要管理员的许可。

② 标准用户账户

● 来宾账户

来宾账户是供在计算机或域中没有永久账户的用户使用的账户。它允许用户使用计算机，但没有访问个人文件的权限。使用来宾账户时无法安装软件或硬件、更改设置或者创建密码的设置操作。

③ 来宾账户

Lesson 01 更改用户名、设置登录密码

Windows Vista · 从入门到精通

　　创建了用户账户后，用户还可以对其进行一系列的更改。下面介绍更改用户名、设置登录密码以及更换用户图片的操作。

STEP 01 执行"开始>控制面板"选项。

STEP 02 进入"控制面板"界面后，单击"用户账户和家庭安全"中的"添加和删除用户账户"文字链接。

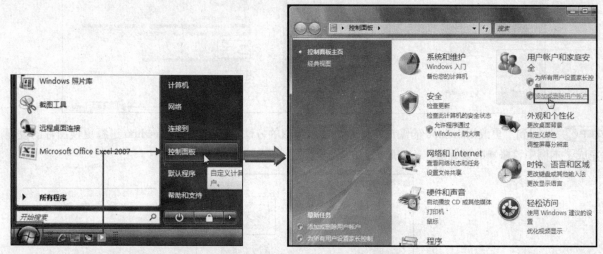

STEP 03 进入"选择希望更改的账户"界面后，单击要更改的账户"chen sir"。

STEP 04 弹出"更改 chen sir 的账户"界面后，单击"更改账户名称"文字链接。

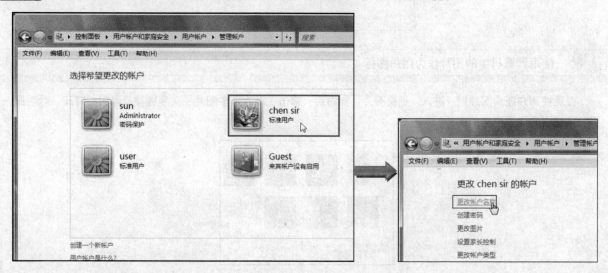

STEP 05 进入"为 chen sir 的账户键入一个新账户名"界面，在账户图标下方输入新的账户名称，然后单击"更改名称"按钮，就完成了更改账户名称的操作。

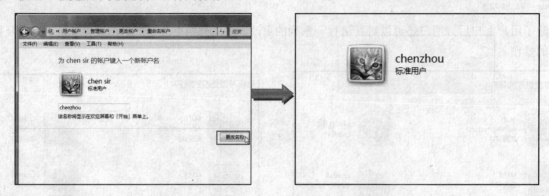

STEP 06 返回"更改 chenzhou 的账户"界面，单击"创建密码"文字链接。

STEP 07 进入"为 chenzhou 的账户创建一个密码"界面后，在文本框内输入需要设置的密码，然后在"密码提示"文本框内输入提示内容，最后单击"创建密码"按钮。

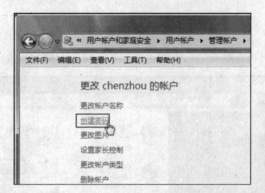
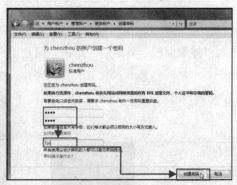

STEP 08 返回到"更改 chenzhou 的账户"界面。按照类似的方法，再为用户 chenzhou 进行更换图片的设置，就完成了本例中该账户的设置操作。按照类似的操作，还可更改账户的类型。

Tip 使用计算机中的图片作为用户图标

在更换用户账户图片时，进入"更换图片"界面后，单击"浏览更多图片"文字链接，弹出"打开"对话框，用户可从中选择要更换的图片。

Lesson 02 启用和禁用用户账户、为标准用户授权、删除已有的用户账户

Windows Vista · 从入门到精通

作用计算机的主账户，除了以上的操作外，还可以对计算机中的其他用户进行控制。下面介绍主账户的一些设置操作。

STEP 01 进入"控制面板"界面后，单击界面下方的"转到主'用户账户'页面"文字链接。

STEP 02 进入"更改用户账户"界面后，单击"打开或关闭'用户账户控制'"文字链接。

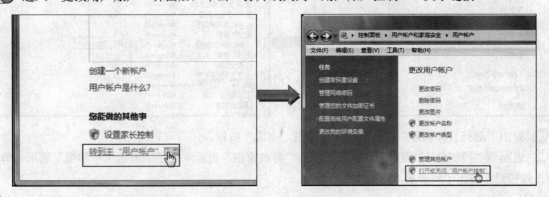

Tip 出现"用户账户控制"对话框的原因

> 当用户在执行带有 图标的程序时，就会弹出"用户账户控制"对话框，提示用户"执行该程序需要您的许可，才能继续"，单击"允许"按钮，即可继续运行该程序。

STEP 03 进入"打开用户账户控制（UAC）以使您的计算机更安全"界面后，程序默认勾选"使用用户账户控制（UAC）帮助保护您的计算机"复选框。如果用户需要更改，则取消勾选该复选框，然后单击"确定"按钮，即可完成设置。

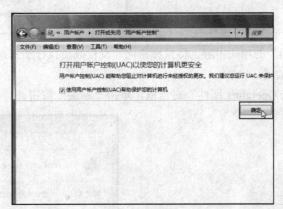

STEP 04 返回桌面，执行"开始>所有程序>附件>运行"命令，弹出"运行"对话框。

STEP 05 弹出"运行"对话框后，在"打开"文本框内输入"mmc"，然后单击"确定"按钮。

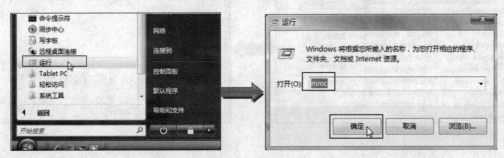

STEP 06 打开"控制台 1"窗口后,执行"文件>添加/删除管理单元"命令。

STEP 07 弹出"添加或删除管理单元"对话框后,在"可用的管理单元"列表框内选择"本地用户和组"选项,然后单击"添加"按钮。

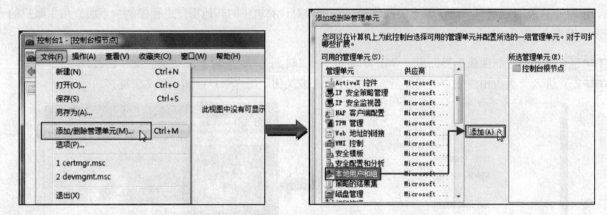

STEP 08 弹出"选择目标机器"对话框,直接单击"完成"按钮。

STEP 09 返回到"控制台 1"窗口中,窗口左侧的"导航窗格"内就添加了"本地用户和组"选项,单击该选项前的三角按钮,弹出子列表后,双击"组"选项。

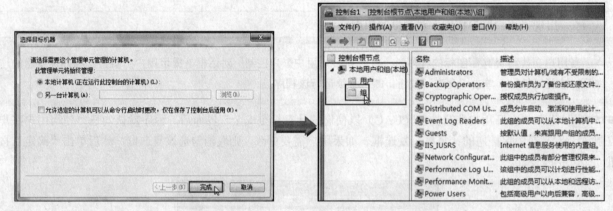

STEP 10 窗口右侧显示出"组"的相关内容,将鼠标指向"授权成员执行加密操作"选项,右击鼠标,弹出快捷菜单后,执行"添加到组"命令。

STEP 11 弹出"Cryptographic Operators 属性"对话框,单击"添加"按钮。

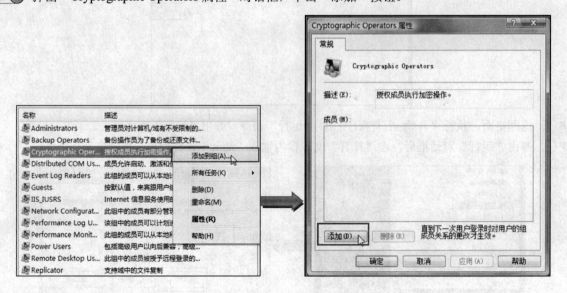

STEP 12 弹出"选择用户"对话框，在"输入对象名称来选择"文本框内输入用户账户的名称。然后单击"确定"按钮，返回到"Cryptographic Operators 属性"对话框中，再次单击"确定"按钮，就完成了为标准用户授权的操作，下次登录该用户账户时，就可以执行此操作了。

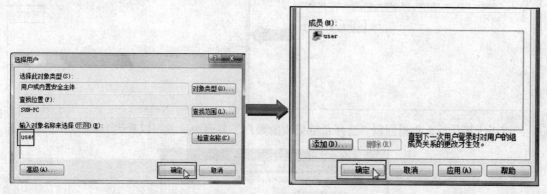

STEP 13 进行了以上操作后，关闭控制台窗口时，会出现提示"将控制台设置存入控制台 1 吗？"，单击"是"按钮，弹出"另存为"对话框后，单击"保存"按钮，完成本次操作。

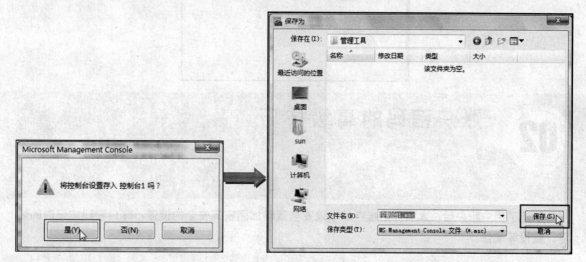

STEP 14 打开控制面板，进入"选择希望更改的账户"界面，选择要进行操作的用户账户。

STEP 15 进入更改用户的账户界面后，单击"删除账户"文字链接。

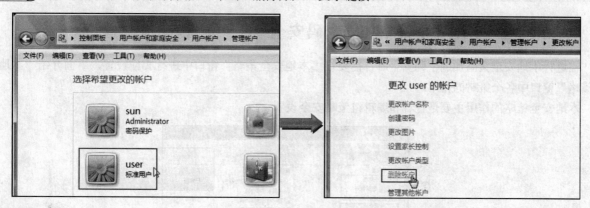

STEP 16 此时，界面中会显示出"是否保留 user 的文件？"提示信息。如果需要保留，则单击"保留文件"按钮，这里单击"删除文件"按钮。界面中再次显示出"确实要删除 user 的账户吗？"的提示信息，单击"删除账户"按钮。

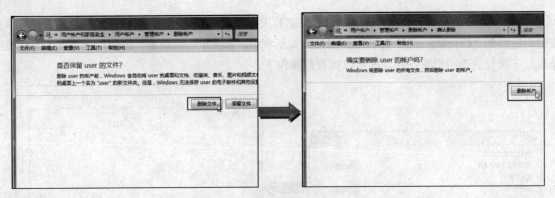

STEP 17 经过以上操作后，再返回到"选择希望更改的账户"界面中，就可以看到 User 账户已被删除了。

Study 02 账户密码的高级技巧

- Work 1. 本地安全策略加固密码安全
- Work 2. 恢复忘记的密码

创建了用户账户后，本节介绍账户的本地安全策略加固密码安全的设置，账户密码忘记时的恢复、重设等操作。

Study 02 账户密码的高级技巧

Work 1 本地安全策略加固密码安全

在进行本地安全策略加固密码安全时，需要在"本地安全策略"窗口中进行相应设置，下面介绍"本地安全策略"窗口中各个策略的作用。

本地安全策略的作用主要是查看和编辑组策略安全设置。

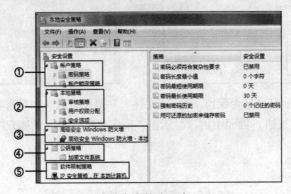

"本地安全策略"窗口

① 账户策略	用于账户密码安全的保护以及账户锁定的设置
② 本地策略	用于审核策略的更改、登录、访问、用户权限分配以及账户安全选项的控制
③ 高级安全 Windows 防火墙	用于 Windows 防火墙属性的查看与配置
④ 公钥策略	用于加密文件系统策略的设置
⑤ 软件限制策略	用于软件策略的限制，包括软件的安全级别和路径等内容

Lesson 03 在本地安全策略中为用户账户加固密码安全

Windows Vista · 从入门到精通

为了更进一步加固用户的账户密码，下面为用户账户进行本地安全策略的加密操作。

STEP 01 执行"开始>控制面板"命令。

STEP 02 进入"控制面板"界面后，单击窗口左侧的"经典视图"文字链接。

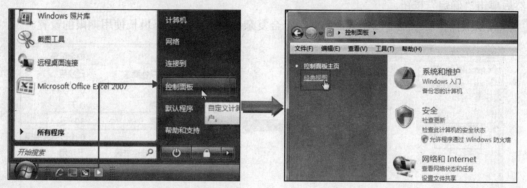

STEP 03 进入经典视图后，双击"管理工具"图标。

STEP 04 进入"管理工具"界面后，双击"本地安全策略"选项，就可以打开"本地安全策略"窗口。

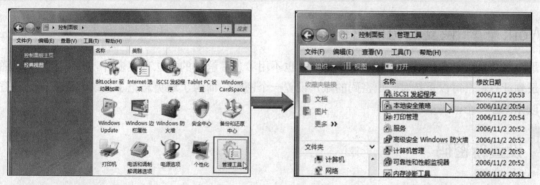

STEP 05 打开"本地安全策略"窗口后，单击窗口左侧"安全设置"列表内"账户策略"选项左侧的三角按钮，展开列表后，选择"密码策略"选项。

STEP 06 对话框右侧显示出"密码策略"的相关内容后，双击"密码必须符合复杂性要求"选项。

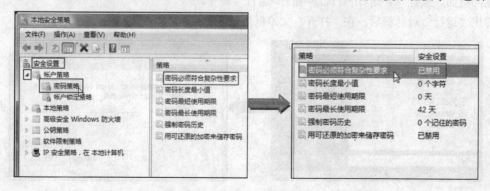

STEP 07 弹出"密码必须符合复杂性要求 属性"对话框后，选中"已启用"单选按钮，然后单击"确定"按钮。

STEP 08 返回"本地安全策略"窗口后，双击"密码最长使用期限"选项。

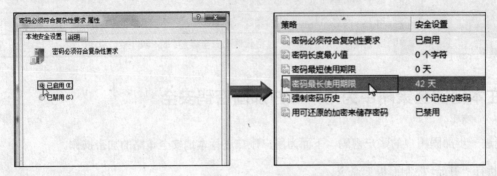

STEP 09 弹出"密码最长使用期限 属性"对话框后，在"密码过期时间"数值框内输入密码时间，这里输入"30"，然后单击"确定"按钮。

STEP 10 经过以上操作后，就可以完成密码必须符合复杂性要求以及密码最长使用期限的设置。

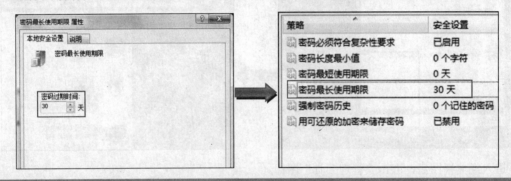

Study 02　账户密码的高级技巧

Work ② 恢复忘记的密码

为用户账户设置了密码后，一旦忘记了密码，也不用着急，解决的办法有很多种。如果用户可以通过其他账户登录到计算机，可以重新对忘记密码的账户设置一个密码。而为了避免忘记了系统密码后，无法登录计算机，可以先创建一个密码重设盘。

Lesson
04　设置新密码

在进行新密码的设置时，要通过控制台来完成设置，下面将介绍在忘记了系统密码的情况下设置新密码的操作。

STEP 01 返回桌面，执行"开始>所有程序>附件>运行"命令。

STEP 02 弹出"运行"对话框后，在"打开"文本框内输入"mmc"，然后单击"确定"按钮。

STEP 03 打开"控制台 1"窗口后，执行"文件>添加/删除管理单元"命令。

STEP 04 弹出"添加或删除管理单元"对话框后，在"可用的管理单元"列表框内选择"本地用户和组"选项，然后单击"添加"按钮。

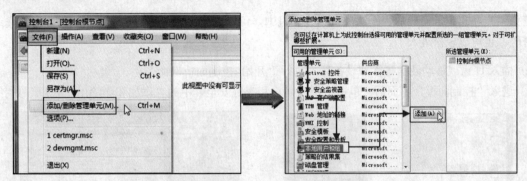

STEP 05 弹出"选择目标机器"对话框，直接单击"完成"按钮。

STEP 06 返回到"控制台 1"窗口中，窗口左侧的"导航"窗格内就添加了"本地用户和组"选项，单击该选项前的三角按钮，弹出子列表后，选择"用户"选项。

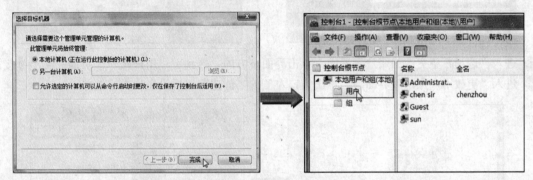

STEP 07 在窗口右侧显示出"用户"相关内容后，将鼠标指向要重设密码的用户账户，右击鼠标，弹出快捷菜单后，执行"设置密码"命令。

STEP 08 弹出"为 sun 设置密码"对话框，单击"继续"按钮。

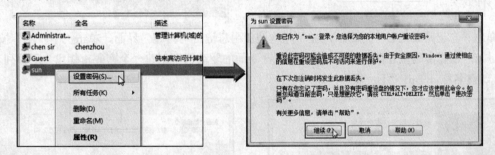

STEP 09 在"为 sun 设置密码"对话框的"新密码"文本框内输入密码，然后在"确认密码"文本框内再次输入密码，最后单击"确定"按钮。

STEP 10 经过以上操作后，就完成了为用户设置新密码的操作，弹出"本地用户和组"提示对话框，提示用户"密码已设置"，单击"确定"按钮。

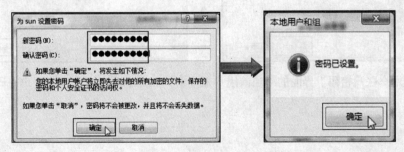

创建密码重设盘

为避免用户在忘记了密码后，无法登录到计算机中，可以先创建一个密码重设盘。这样在进行登录时，一旦忘记密码，也可以轻松进入了。

STEP 01 插入 U 盘或移动硬盘等移动设备后，执行"开始>控制面板"命令。

STEP 02 进入"控制面板"界面后，单击"用户账户和家庭安全"中的"添加和删除用户账户"文字链接。

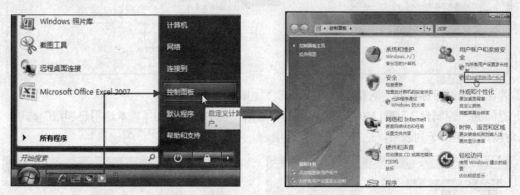

STEP 03 进入"选择希望更改的账户"界面，单击界面下方的"转到主'用户账户'页面"文字链接。

STEP 04 进入"更改用户账户"界面后，单击窗口左侧的"创建密码重设盘"文字链接。

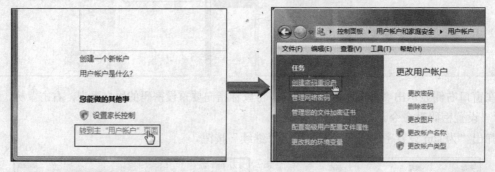

STEP 05 弹出"忘记密码向导"对话框，显示"欢迎使用忘记密码向导"界面，单击"下一步"按钮。

STEP 06 进入"创建密码重置盘"界面，在"我想在下面的驱动器中创建一个密码密钥盘"下拉列表框中选择当前插入的 U 盘名称，单击"下一步"按钮。

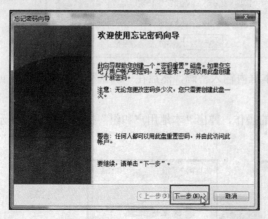
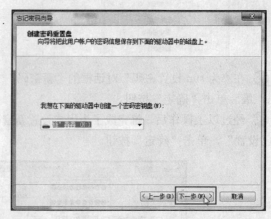

STEP 07 在"当前用户账户密码"界面的"当前用户账户密码"文本框内输入当前账户密码，然后单击"下一步"按钮。

STEP 08 进入"正在创建密码重置磁盘"界面，显示出创建的进度。创建完成后，单击"下一步"按钮。

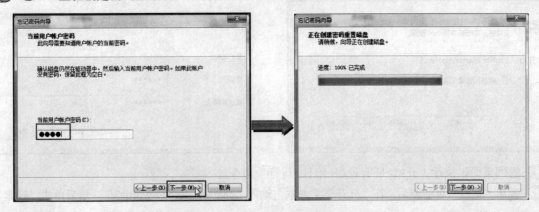

STEP 09 最后进入"正在完成忘记密码向导"界面，单击"完成"按钮，就完成了密码重置盘的制作。一旦在登录系统时忘记密码，可插入存放密码重设盘的磁盘，单击"重设"按钮，启动密码重设向导。通过刚才所创建的密码重设盘，就可以用这张密码重设盘更改密码并启动系统。

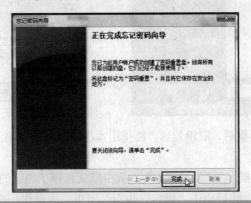

Study 03 系统登录界面的设置

- ● Work 1. 隐藏系统登录时的欢迎界面
- ● Work 2. 以管理员身份执行管理任务
- ● Work 3. 注销与锁定计算机

在登录系统时，默认情况下，要先选择用户账户，然后输入登录密码。但是经过设置后，用户可以不必经过登录界面。本节介绍系统登录界面的设置操作。

Study 03　系统登录界面的设置

Work 1 隐藏系统登录时的欢迎界面

隐藏系统登录的欢迎界面，即跳过选择用户账户和输入密码的界面，而直接进入桌面。设置隐藏系统登录时的欢迎界面，需要在"用户账户"对话框中进行。

Lesson 06 跳过登录界面登录系统

Windows Vista · 从入门到精通

如果用户在登录系统时，不需要经过选择用户账户、输入密码等环节，可以将系统的登录方式直接跳过而进入计算机。

 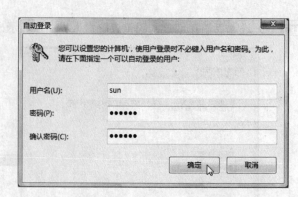

STEP 01 返回桌面，执行"开始>所有程序>附件>运行"命令。

STEP 02 弹出"运行"对话框后，在"打开"文本框内输入"control userpasswords2"，然后单击"确定"按钮。

 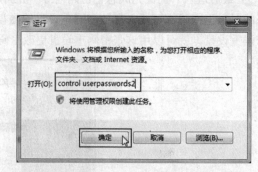

STEP 03 弹出"用户账户"对话框后，取消勾选"要使用本机，用户必须输入用户名和密码"复选框，然后单击"确定"按钮。

STEP 04 弹出"自动登录"对话框，在"用户名"文本框中默认选择了当前的用户名称，依次在"密码"和"确认密码"文本框中输入登录密码，然后单击"确定"按钮，即可完成操作。在下次登录界面时，就可以不经过登录界面，而直接登录系统。

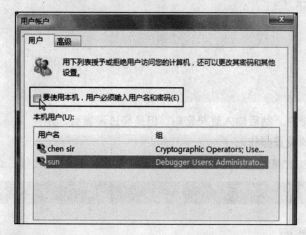 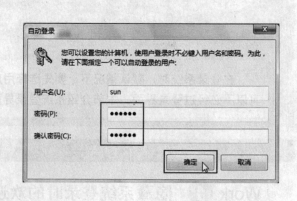

Lesson 07 在欢迎屏幕上隐藏某个用户账户

Windows Vista • 从入门到精通

当用户在登录时，不想有太多的用户账户显示在欢迎界面上，可以将不需要显示的用户账户停用，达到在欢迎屏幕上隐藏该账户的目的。

STEP 01 右击桌面上的"计算机"图标，弹出快捷菜单后，执行"管理"命令。

STEP 02 打开"计算机管理"窗口，单击"导航窗格"中"本地用户和组"选项左侧的三角箭头，弹出列表后，选择"用户"选项。

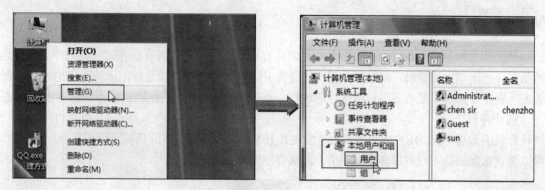

STEP 03 窗口右侧显示出"用户"信息后，将鼠标指向要在欢迎界面中隐藏的用户账户，右击鼠标，弹出快捷菜单后，执行"属性"命令。

STEP 04 弹出"chen sir 属性"对话框后，切换到"常规"选项卡，勾选"账户已禁用"复选框，然后单击"确定"按钮，就完成了在欢迎界面中隐藏该账户的操作。

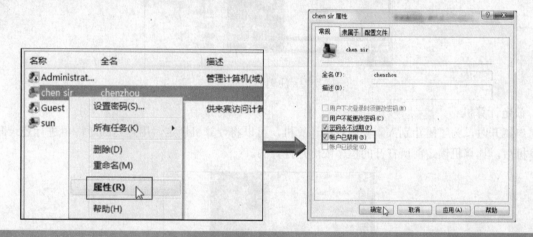

Study 03　系统登录界面的设置

Work ❷　以管理员身份执行管理任务

Vista 系统中的管理账户为 Administrator。当用户当前登录的账户为普通账户，遇到需要以管理员身份运行的程序时，可以不必以管理员身份登录，而是直接以管理员身份运行。

在默认的情况下，用户所登录的用户账户身份都是标准用户。当遇到需要以管理员身份执行的命令时，可以将鼠标指向该启动程序，右击鼠标，弹出快捷菜单后，执行"以管理员身份运行"命令。

以管理员身份运行程序

Work 3   注销与锁定计算机

注销与锁定计算机是完全不同的两个概念。注销计算机，指的是退出所有正在运行的程序，系统回复到等待登录的状态中；而锁定计算机，则指的是用户已经离开，但希望程序继续运行，保持程序的持续运行状态。

两者的区别在于系统里是否有用户所运行的进程、是否有登录用户。在注销情况下，是不存在系统用户的。

● 注销计算机

注销计算机的意思是指，用户向系统发出清除现在登录用户的请求，清除后即可使用其他用户来登录系统。注销不可以替代重新启动，只可以清空当前用户的缓存空间和注册表信息。

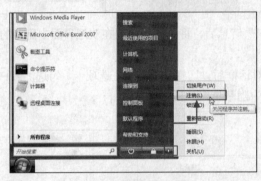

① 注销计算机

● 锁定计算机

当用户离开时，为了阻止别人查看用户的计算机，可以将计算机锁定，用户返回时，再进行登录即可。而登录计算机后，计算机锁定前所打开的程序依然是打开的。

② 锁定计算机

Tip   使用屏幕保护程序达到锁定计算机的目的

如果用户在每次离开计算机前，总是忘记锁定计算机，可以将屏幕保护程序设置为在恢复时通过密码登录，同样可以起到锁定计算机的作用。

Study 04 使用家长控制功能

● Work 1. 家长控制功能

家长控制功能是 Vista 系统中一项新的使用功能。它的作用在于计算机的管理员对普通用户登录计算机后对计算机操作的一些控制。下面介绍家长控制功能的使用。

Work ① 家长控制功能

通过家长控制功能，用户可以对其他用户账户运行的网络、游戏、程序、网站等内容实行控制。下面介绍 "家长控制" 功能的 Windows 设置内容。

● Web 限制

在 "Web 限制" 的家长控制中，家长控制的权限有阻止所有网站或内容，或者阻止部分网站或内容。在阻止部分网站或内容中包括色情、毒品、成人内容、酒精、烟草、赌博、武器等网站。

● 时间限制

在 "时间限制" 的家长控制中，可以从周日到周六，对被阻止的用户每天使用计算机的具体时间进行阻止。

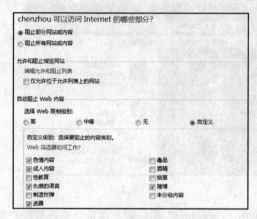

① Web 限制

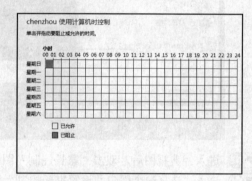

② 时间限制

● 游戏限制

在 "游戏限制" 的家长控制中，用户可以为被控制的用户定义所玩游戏的级别，例如儿童、所有人、10 岁以上的所有人、青少年等。另外还可以对联机游戏、暴力、暗示主题等类型的游戏进行阻止。

● 阻止特定程序

在 "阻止特定程序" 的家长控制中，用户可以阻止被控制的用户使用计算机中的某一个或几个程序。

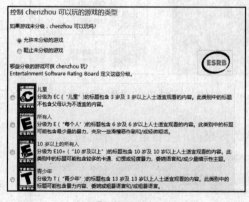

③ 游戏限制

④ 阻止特定程序

Lesson 08　控制可运行的网站和程序的使用

Windows Vista · 从入门到精通

当用户需要对其他用户账户所运行的游戏、程序、网站等内容实行控制时，可以以管理员的身份使用家长控制功能，对其实行控制。

STEP 01 单击桌面任务栏中的"开始"按钮，弹出菜单后，选择"控制面板"选项。

STEP 02 打开"控制面板"窗口后，单击窗口左侧的"经典视图"文字链接。

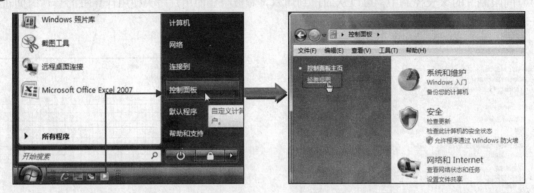

STEP 03 进入经典视图后，双击"家长控制"图标。

STEP 04 进入"选择一个用户并设置家长控制"界面后，单击"chenzhou"用户账户图标，进入该账户的家长控制界面。

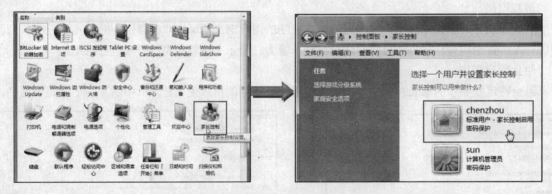

STEP 05 进入"家长控制"界面后，单击界面左下角的"Windows 设置"区域内的"Windows Vista Web 筛选器"文字链接。

STEP 06 进入"Web 限制"界面后，选中"自动阻止 Web 内容"区域内的"自定义"单选按钮。

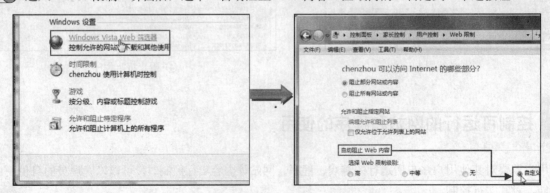

STEP 07 弹出"自定义级别"列表后，勾选要阻止网站内容前的复选框，然后单击"确定"按钮，完成网站的家长控制操作。

STEP 08 返回"用户控制"界面，单击"Windows 设置"区域内的"允许和阻止特定程序"文字链接。

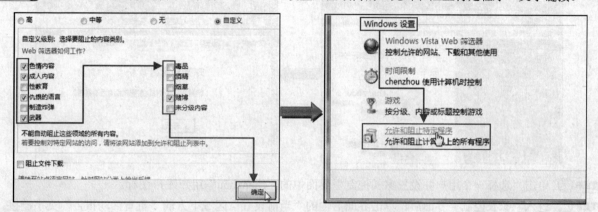

STEP 09 进入"应用程序限制"界面，选中"chenzhou 只能使用我允许的程序"单选按钮，就开始搜索计算机中的程序。

STEP 10 搜索完计算机中的程序后，勾选用户 chenzhou 可以使用的程序前的复选框，勾选完成后，单击"确定"按钮。

STEP 11 经过以上操作后，返回到控制面板中，就可以在"当前设置"区域内看到用户 chenzhou 的家长控制情况。

Lesson 09 查看所控制的用户账户的活动记录

Windows Vista · 从入门到精通

通过家长控制功能还可以对所控制的用户账户的活动记录进行查看。

STEP 01 进入"选择一个用户并设置家长控制"界面后，单击界面左侧的"家庭安全选项"文字链接。

STEP 02 进入"家庭安全选项"界面后，选中"您希望多长时间提醒您阅读活动报告？"区域内的"每天"单选按钮。

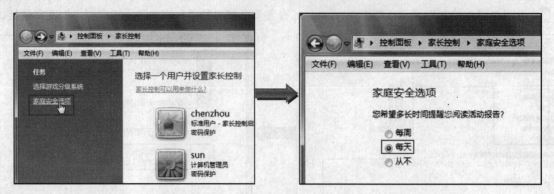

STEP 03 单击"选择一个用户并设置家长控制"界面中的"chenzhou"用户账户图标。

STEP 04 进入"家长控制"界面后，单击界面右侧的"当前设置"区域下方的"查看活动报告"文字链接。

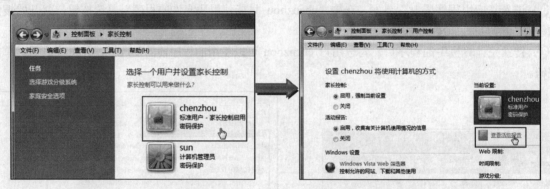

STEP 05 经过以上操作后，就进入到查看活动报告界面，该界面中显示了所控制的用户账户使用计算机的全部记录。

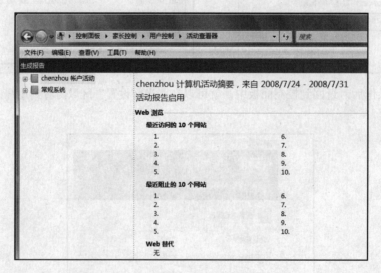

Tip　家长控制提醒功能

设置了家长控制后，每次开机时，在通知区域内都会弹出提示框，提示用户查看活动报告。单击相应文字链接就可以查看活动报告。

通过命令行工具管理用户账户和组

● Work 1.　使用 Net User 命令查看用户账户

命令行工具是指在 Vista 系统下，通过一些 DOS 命令，对计算机进行系统等方面的操作或查看的操作，下面介绍命令行的使用情况。

Study 05　通过命令行工具管理用户账户和组

Work ❶ 使用 Net User 命令查看用户账户

在 Vista 系统下，还可以通过 DOS 命令，对计算机进行系统操作。下面是 DOS 命令以及其相应的作用，如表 6-1 所示。

表 6-1　DOS 常用命令表

命　令	作　用	命　令	作　用
winver	检查 Windows 版本	wmimgmt.msc	打开 Windows 管理体系结构
wupdmgr	Windows 更新程序	W******	Windows 脚本宿主设置
write	写字板	winmsd	系统信息
wiaacmgr	扫描仪和照相机向导	winchat	XP 自带局域网聊天
mem.exe	显示内存使用情况	Msconfig.exe	系统配置实用程序
mplayer2	简易 Widnows Media Player	mspaint	画图板
mstsc	远程桌面连接	mplayer2	媒体播放机
magnify	放大镜实用程序	mmc	打开控制台
mobsync	同步命令	dxdiag	检查 DirectX 信息
drwtsn32	系统医生	devmgmt.msc	设备管理器
dfrg.msc	磁盘碎片整理程序	diskmgmt.msc	磁盘管理实用程序
dcomcnfg	打开系统组件服务	ddeshare	打开 DDE 共享设置
dvdplay	DVD 播放器	net stop messenger	停止信使服务
net start messenger	开始信使服务	notepad	打开记事本
nslookup	网络管理的工具向导	ntbackup	系统备份和还原
narrator	屏幕“讲述人”	ntmsmgr.msc	移动存储管理器
ntmsoprq.msc	移动存储管理员**作请求	netstat —an	(TC)命令检查接口
syncapp	创建一个公文包	sysedit	系统配置编辑器
sigverif—	文件签名验证程序	sndrec32	录音机
shrpubw	创建共享文件夹	secpol.msc	本地安全策略
syskey	系统加密，一旦加密就不能解开，保护 Windows XP 系统的双重密码	services.msc	本地服务设置
Sndvol32	音量控制程序	sfc.exe	系统文件检查器
sfc /scannow	Windows 文件保护	tsshutdn	60 秒倒计时关机命令
taskmgr	任务管理器	eventvwr	事件查看器
eudcedit	造字程序	explorer	打开资源管理器
packager	对象包装程序	perfmon.msc	计算机性能监测程序
progman	程序管理器	regedit.exe	注册表
rononce —p	15 秒关机	regedt32	注册表编辑器

使用 devmgmt.msc 命令打开设备管理器

在 DOS 命令下，还有很多种不同的命令来查看计算机信息或打开相应对话框。下面就来使用命令提示符打开设备管理器。

STEP 01 执行"开始>所有程序>附件>命令提示符"命令，打开"命令提示符"窗口。

STEP 02 在"命令提示符"窗口中，直接输入"devmgmt.msc"命令。然后按下 Enter 键。

STEP 03 经过以上操作后，会打开"设备管理器"窗口。用户就可以在设备管理器中查看计算机的设备信息了。

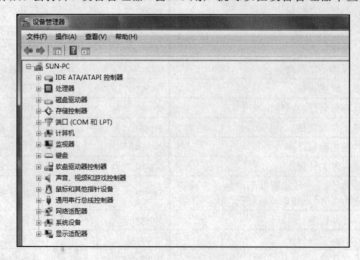

Chapter 7

系统中的常用软件

Windows Vista从入门到精通

本章重点知识

Study 01 写字板

Study 02 Windows联系人程序

Study 03 Windows截图工具

Study 04 Windows日历程序

Study 05 计算器

Study 06 画图程序

Study 07 Windows录音机程序

Study 08 Windows Vista轻松访问中心

视频教程路径

DVD

Chapter 7\Study 01　写字板
- Lesson 01　打开一个写字板程序编辑并保存.swf

Chapter 7\Study 02　Windows联系人程序
- Lesson 02　建立联系人和联系人组.swf

Chapter 7\Study 03　Windows截图工具
- Lesson 03　使用Windows截图工具截取矩形图片，编辑后保存到计算机中.swf

Chapter 7\Study 04　Windows日历程序
- Lesson 04　以天为单位查看日历并在日历中创建一个约会和一个任务.swf

Chapter 7\Study 05　计算器
- Lesson 05　使用科学型计算器进行二进制数位的加法运算.swf

Chapter 7\Study 06　画图程序
- Lesson 06　在图片中绘制黄色粗边框的五角星形状，输入文字并保存图片.swf

Chapter 7\Study 07　Windows录音机程序
- Lesson 07　录制和播放声音.swf

Chapter 7\Study 08　Windows Vista轻松访问中心
- Lesson 08　使用轻松访问中心.swf

Chapter 7 系统中的常用软件

在 Vista 系统中有很多非常实用的软件，像文本处理软件、截图软件、计算器、画图软件等，本章对系统中一些常用软件进行介绍，使装有 Vista 系统的计算机真正成为用户生活和工作的好助手。

Study 01 写字板

● Work 1 写字板的作用

写字板是 Vista 系统中自带的文本处理软件中的一种，它是一个 32 位的应用程序，通过写字板程序，用户可以对文本进行简单的处理。

Study 01 写字板

Work 1 写字板的作用

在写字板中可以对文本的字体、颜色、段落、字号、格式、页面边距等项目进行设置，同时在该程序中可以插入一些简单的对象、项目符号等内容，其效果如下。

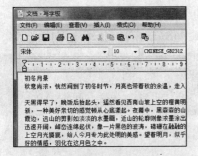

① 未经过设置的文本

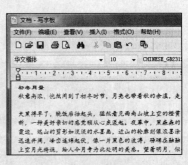

② 设置字体后的文本

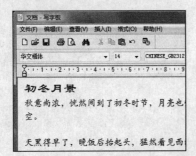

③ 设置字号后的文本

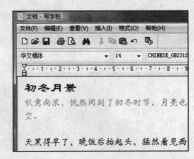

④ 更改颜色后的文本

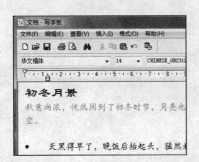

⑤ 为段落添加项目符号的效果

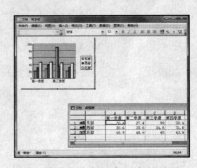

⑥ 在写字板中插入图表的效果

Lesson 01 打开一个写字板程序编辑并保存

Windows Vista · 从入门到精通

为了进一步了解写字板的使用，下面新建一个写字板文件进行编辑，然后保存。

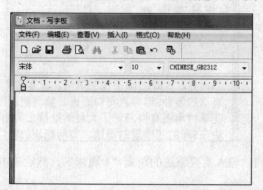
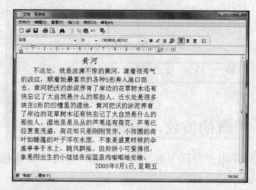

STEP 01 执行"开始>所有程序>附件>写字板"命令，打开写字板程序。

STEP 02 打开一个"写字板"空白文档后，程序默认的字体为宋体、10号字。直接输入需要的文本内容。

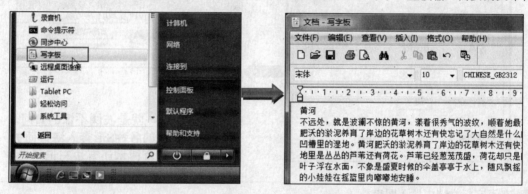

STEP 03 选中要设置字体的文本"黄河"，然后单击编辑区上方的"字体"列表框右侧的下拉按钮，弹出下拉列表后，选择"隶书"选项。

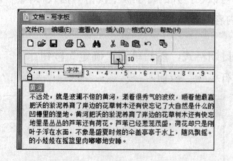

STEP 04 按照同样的方法，单击"字号"列表框右侧的下拉按钮。弹出下拉列表后，选择"20"选项。

STEP 05 单击"字体颜色"按钮，弹出颜色下拉列表后，选择"藏青色"选项。

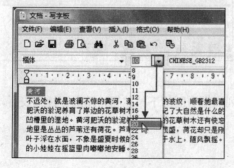
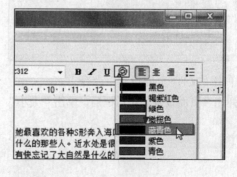

STEP 06 最后单击"段落对齐"工具组中的"居中"按钮。就完成了文本"黄河"的设置操作。

STEP 07 将光标定位在要设置格式的段落内，执行"格式>段落"命令。

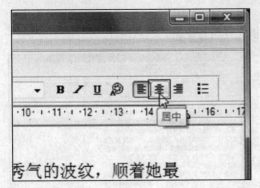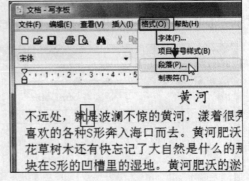

STEP 08 弹出"段落"对话框后，在"首行"文本框内，输入需要缩进的距离"1厘米"，然后单击"确定"按钮。

STEP 09 返回到文档中，执行"插入>日期和时间"命令。

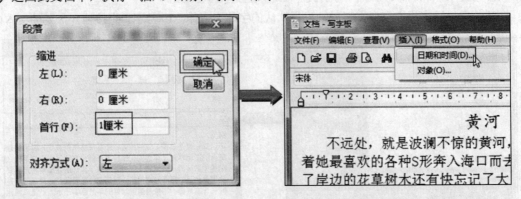

Tip 在写字板文档中插入图表

　　当用户需要在写字板文档中插入图表等对象内容时，可以在打开的写字板中执行"插入>对象"命令。弹出"插入对象"对话框后，选择要插入的图表或表格等具体内容后，单击"确定"按钮即可。

STEP 10 弹出"日期和时间"对话框后，选择要插入的日期格式，然后单击"确定"按钮。

STEP 11 返回文档中，单击"段落对齐方式"组中的"右对齐"按钮。

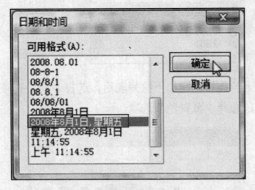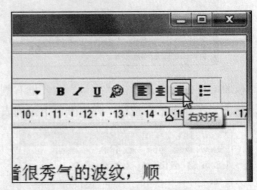

STEP 12 单击"文件>页面设置"命令。

STEP 13 弹出"页面设置"对话框后，单击"大小"下拉列表框右侧的下拉按钮，弹出下拉列表后，选择"A5"选项。

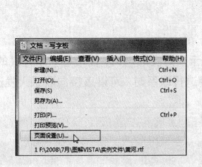

STEP 14 在"页边距"区域内的"左"和"右"文本框内输入"15"，在"上"和"下"文本框内输入"12"，然后单击"确定"按钮。

STEP 15 返回到文档中，就完成了本篇文档中文本格式和页面的设置操作。

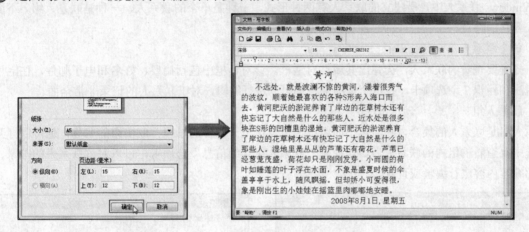

STEP 16 执行"文件>保存"命令。

STEP 17 弹出"另存为"对话框后，单击"文件路径"下拉列表框中的按钮，弹出下拉列表后，选择文件要保存的磁盘。按照同样的方法，选择文件保存路径的其余位置。

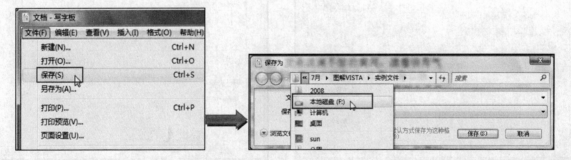

STEP 18 在"文件名"文本框中输入文档的名称，然后单击"保存"按钮，程序就会执行文档的保存操作。

STEP 19 经过以上操作后，打开文档的保存路径，可以看到该文档已保存在内了。

Windows 联系人程序

Work 1. Windows 联系人的联系人和联系人组

Windows 联系人程序的主要作用是记录用户的亲朋好友的电话、住址等联系方式的内容，相当于一个电子电话记录本的作用。通过"联系人"程序进行联系时，可以直接向联系人发送电子邮件，非常方便。

Study 02　Windows 联系人程序

Work 1　Windows 联系人的联系人和联系人组

在 Windows 联系人中，所建立的联系人有两种形式，一种是单个的联系人，一种是联系人组。下面介绍这两种方式各自的特点。

● 单个联系人

双击打开要查看的联系人，会弹出其属性对话框。该对话框中包括摘要、姓名和电子邮件、住宅、工作、家庭、附注和标识 7 个选项卡，在每个选项卡下都可以进行编辑，对于联系人的记录非常全面。

● 联系人组

联系人组是联系人的集合，它简化了向组成人员发送电子邮件的过程；双击组的名称，也可以打开属性对话框。选中要查看的组内的联系人后，切换到"联系人组详细信息"选项卡，可以对该联系人的国家、电话、传真、邮编等内容进行编辑或查看。

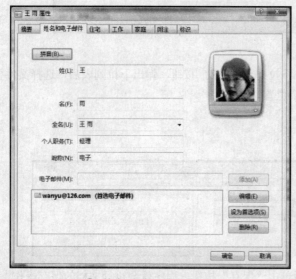

① 单个联系人属性对话框

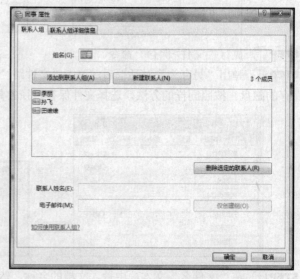

② 联系人组属性对话框

Lesson 02　建立联系人和联系人组

Windows Vista · 从入门到精通

单个联系人和联系人组是联系人程序中两种管理方式。下面介绍联系人以及联系人组的建立和编辑操作。

STEP 01　执行"开始>所有程序>Windows 联系人"命令，打开联系人程序。

STEP 02 进入"联系人"界面后，单击界面工具栏中的"新建联系人"按钮。

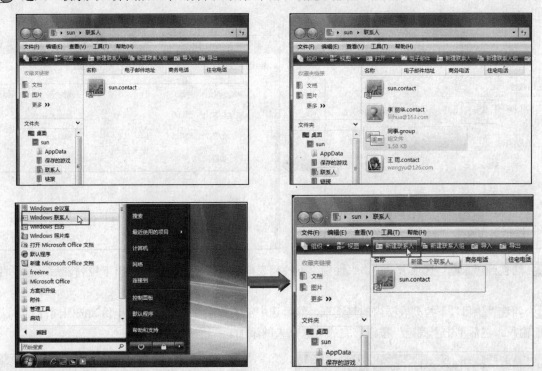

STEP 03 弹出属性对话框后，切换到"姓名和电子邮件"选项卡，在各个文本框内输入相应内容，输入电子邮件内容后，单击"添加"按钮。

STEP 04 单击头像图标右下角的下拉按钮，弹出下拉菜单后，执行"更改图片"命令。

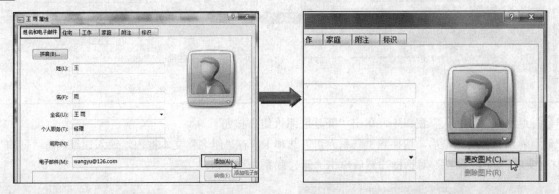

STEP 05 弹出"为联系人选择图片"对话框，选择图片所在路径，选择要设置的图片，然后单击"设置"按钮。

STEP 06 经过以上操作后，返回到"联系人"界面中，就完成了联系人头像的设置操作。

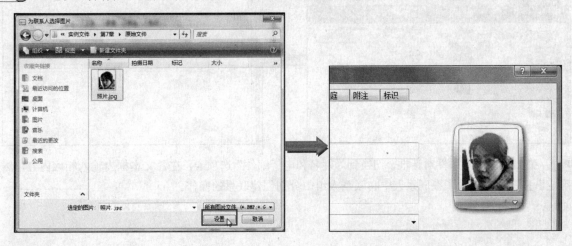

STEP 07 单击"住宅"标签，切换到"住宅"选项卡。

STEP 08 在各个文本框内，输入相应内容。

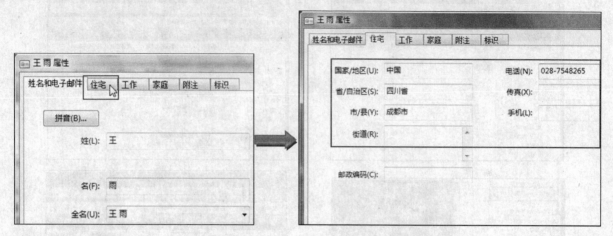

STEP 09 切换到"家庭"选项卡，单击"性别"下拉列表框右侧的下拉按钮，弹出下拉列表后，选择"女"选项。

STEP 10 勾选"生日"下拉列表框内的复选框，然后选中年的数字后，输入正确年份。按照同样的方法，将月和日全部输入。然后单击"确定"按钮，完成该联系人的添加。

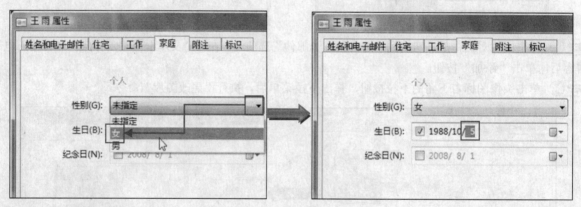

STEP 11 返回到"联系人"窗口中，单击"新建联系人组"按钮。

STEP 12 弹出属性对话框后，切换到"联系人组"选项卡，在"组名"文本框内，输入该组名称"同事"，该对话框就变成"同事 属性"对话框，然后单击"新建联系人"按钮。

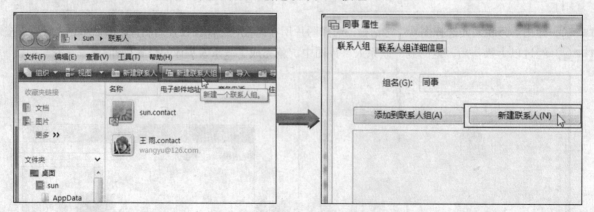

STEP 13 弹出联系人的属性对话框，切换到"姓名和电子邮件"选项卡，在各文本框内输入相应内容，然后单击"确定"按钮，就完成了在联系人中和联系人组中分别创建联系的操作。

STEP 14 返回"同事 属性"对话框,在对话框下方的"联系人姓名"和"电子邮件"文本框中输入相应内容后,单击"仅创建组"按钮,就完成了只在联系人组中创建联系人的操作。

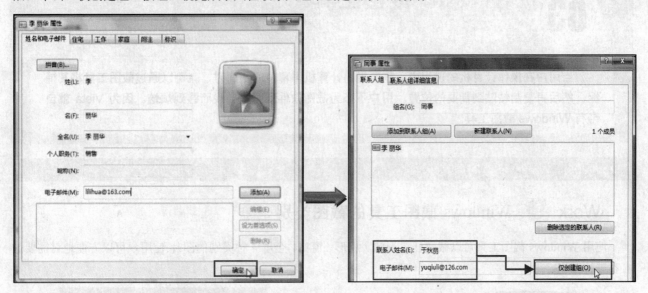

STEP 15 经过以上操作后,就完成了"同事"联系人组中联系人的创建操作。按照同样的方法可以再建立其他的联系人组。

STEP 16 返回到"联系人"窗口中,可以看到新建的联系人和联系人组。

Tip 给联系人组成员发送电子邮件

需要为联系人组中的联系人发送电子邮件时,可以右击要联系的联系人,弹出快捷菜单后,执行"操作>发送电子邮件"命令,即弹出"新邮件"对话框,用户进行具体内容的编写后发送即可。

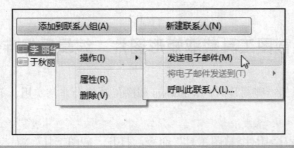

Study
03 **Windows 截图工具**

● Work 1. Windows 截图工具的截图类别

当用户在操作计算机的过程中，需要当前计算机屏幕中的画面时，就可以通过截图工具将其捕捉，然后再复制粘贴到需要的位置。用户不必为截图软件到哪里寻找而感到烦恼。因为 Vista 就自带有 Windows 截图工具。

Study 03　Windows 截图工具

 Work ① Windows 截图工具的截图类别

使用 Windows 截图工具可以截取任意形状、矩形、窗口、全屏 4 种类别的图片.使用用户可以方便地对需要的内容进行截取。

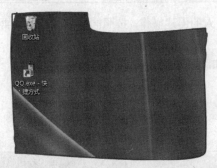

① 截取的任意形状图片

② 截取的矩形图片

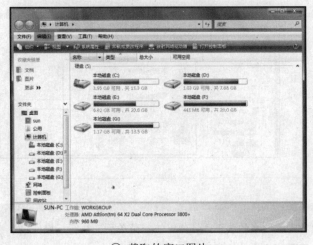

③ 截取的窗口图片

④ 截取的全屏图片

 使用 Windows 截图工具截取矩形图片，编辑后保存到计算机中

Windows Vista・从入门到精通

当用户需要操作计算机时的一些图片时，Windows 截图工具就会非常实用。下面介绍 Windows 截图工具的操作方法。

STEP 01 执行"开始>所有程序>附件>截图工具"命令，打开"截图工具"窗口。

STEP 02 打开"截图工具"窗口后，单击"选项"按钮。

STEP 03 弹出"截图工具选项"对话框后，程序默认对应用程序进行设置。取消勾选"捕获截图后显示选择笔墨"复选框，然后单击"确定"按钮。

STEP 04 返回"截图工具"窗口后，单击"新建"下拉按钮，弹出下拉菜单后，执行"矩形截图"命令。

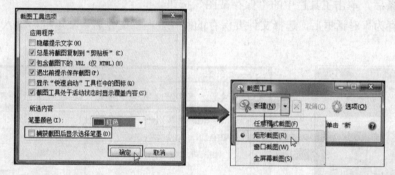

STEP 05 执行了以上操作后，"截图工具"窗口后面的界面就显示为蒙了一层白色的样式，按住鼠标左键拖动，选择要捕获的画面，经过的位置就会清晰地显示出来。

STEP 06 拖动鼠标经过要捕获的画面后，释放鼠标，所捕获的画面就显示在 "截图工具"窗口的编辑区内。

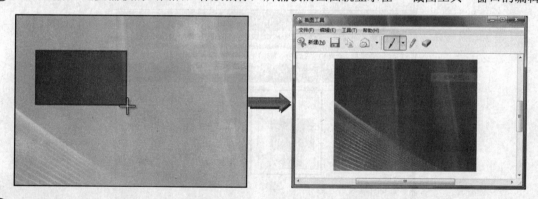

STEP 07 单击工具栏中的"笔"下拉按钮，弹出下拉列表后，选择"自定义"选项。

STEP 08 弹出"自定义笔"对话框后，单击"粗细"下拉列表框右侧的下拉按钮，弹出下拉列表后，选择"细微点笔"选项。

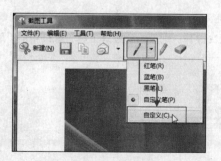
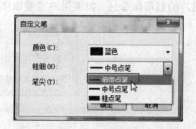

STEP 09 再单击"笔尖"下拉列表框右侧的下拉按钮，弹出下拉列表后，选择"圆头笔"选项，单击"确定"按钮。

STEP 10 返回到"截图工具"窗口，鼠标指针变为一个小圆点形状，在需要的位置按住鼠标左键并拖动绘制线条。

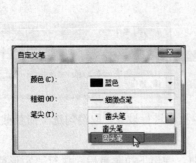
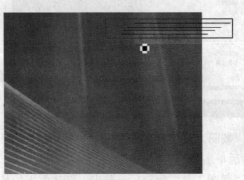

STEP 11 绘制完线条后，单击工具栏中的"保存截图"按钮。

STEP 12 弹出"另存为"对话框后，选择文件要保存的路径，在"文件名"文本框内输入名称，然后单击"保存"按钮。

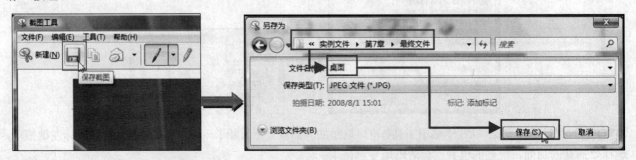

STEP 13 打开图片所保存路径，可以看到该图片已保存在内了。

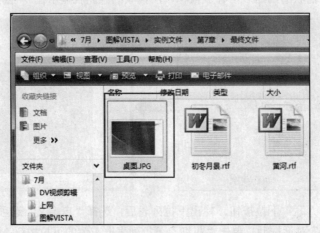

Tip 取消图片的截取

在执行了图片的截取命令后，如果用户需要取消此次操作，则单击"截取工具"窗口中的"取消"按钮即可。

Windows 日历程序

◆ Work 1. 日历程序中的约会和任务

Windows 日历程序能够帮助用户管理自己的时间，安排与朋友或同事的日程。有了日历程序的帮助，会使你的生活有条不紊。本节介绍日历程序的使用方法。

Study 04　Windows 日历程序

Work 1 日历程序中的约会和任务

在 Windows 日历中，除了可以查看日期外，用户还可以建立一些约会或任务。当约会或任务的时间到时，Windows 日历就会弹出提示框提示用户要做的事情。下面介绍 "Windows 日历"窗口的主要组成部分。

Windows 日历程序的窗口

① 菜单栏

菜单栏中包括文件、编辑、查看、共享和帮助 5 菜单按钮，下面介绍每个菜单的作用。

文件	通过"文件"菜单用户可以进行"新建约会"、"新建任务"、"新建日历"、"新建组"、"将日历导入"、"导出"、"查看日历属性"、"退出日程程序"等多种操作
编辑	通过"编辑"菜单用户可以进行"剪切"或"复制"、"粘贴"以及"删除"任务的操作
查看	通过"查看"菜单用户可以进行更改日历不同的查看方式，例如"天"、"周"、"月"，将日期转到某一天、打开"联系人"程序窗口、显示或隐藏导航窗格、详细信息窗格的操作
共享	通过"共享"菜单用户可以进行"发布日历"、"定阅日历"、"通过电子邮件发送约会或任务"等操作
帮助	通过"帮助"菜单，用户可以打开 Windows 的帮助和支持，使用户可以更多地了解日历的使用

② 工具栏

在工具栏中可以进行新建任务、新建约会、删除约会或任务、转到今天、更改日历的视图方式、订阅日历、打印、打开联系人程序窗口以及帮助的操作。在进行以上内容的操作时，只要单击相应的工具按钮就可以执行操作。

③ 导航窗格

导航窗格又分为日期、日历和任务 3 个小窗格，在其中可以显示出当月日期、日历程序中的所有日历以及用户所创建的任务。

④ 详细信息窗格

显示日历或者任务的详细作息情况，用户选中日历，在详细信息窗格中就会显示出日历的详细信息。

⑤ 预览窗格

用于查看整个日历中任务或约会的具体日期。

在 Windows 日历中，用户可以通过创建一个需要完成的任务列表来组织和管理个人事务。对于每个任务，还可以描述所需要做的事，设置要完成的期限，设置优先级别。程序会在任务将至时发出提醒。

STEP 01 执行"开始>所有程序>Windows 日历"命令，打开"Windows 日历"窗口。

STEP 02 打开"Windows 日历"窗口后，单击"查看"菜单，弹出下拉菜单后，选择"天"选项。

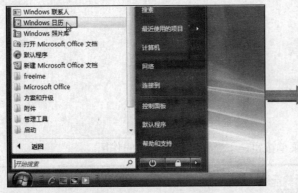
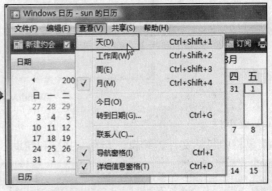

Tip 在工具栏中切换日历查看方式

在调整日历编辑区的查看方式时，单击工具栏中的"视图"下拉按钮，弹出下拉菜单后，可以看到所列出的查看方式，单击要查看的方式，即可完成设置操作。

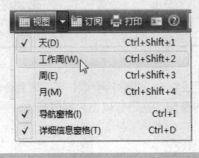

STEP 03 选中日期列表框中的"8"日，然后单击工具栏中的"新建约会"按钮。

STEP 04 窗口右侧显示出约会的详细信息后，在各文本框中输入相应内容，然后单击"提醒"下拉列表框右侧的下拉按钮，弹出下拉列表后，选择"约会"选项。

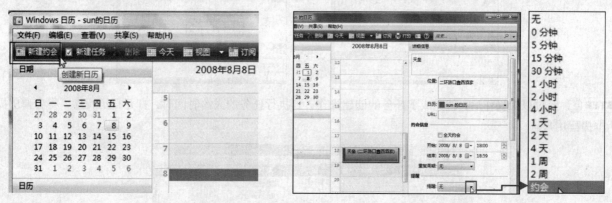

STEP 05 经过以上操作后，就完成了约会的建立操作，当约会的日期来临时，打开日历程序，就会弹出提示框提示用户约会。

STEP 06 单击工具栏中的"新建任务"按钮。

STEP 07 窗口右侧显示出任务的详细信息后，在各文本框中输入相应内容，然后勾选"开始"下拉列表框内的复选框，再单击下拉列表框右侧的下拉按钮，弹出下拉列表后，单击日期"7"。

STEP 08 单击"提醒"下拉列表框右侧的下拉按钮，弹出下拉列表后，选择"约会"选项。

STEP 09 选择了"约会"后，窗口右下角会显示出时间框，输入任务的具体日期和时间便笺。

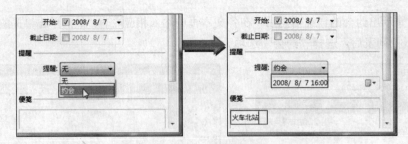

STEP 10 经过以上操作后，就完成了任务的创建操作。到执行任务的大约时间时，打开日历程序，将会弹出提示框提醒用户。

Tip 删除任务

当任务或约会过期了，需要将其删除时，可以选中要删除的任务或约会后，单击工具栏中的"删除"按钮即可。

Study 05 计算器

Work 1. 计算器的类型

Work 2. 计算器的使用

计算器是 Windows Vista 系统中专门用于进行数字运行的自带程序。通过计算器可以进行二进制、八进制、十进制、十六进制的计算。下面介绍计算器的类型及其使用方法。

在 Windows 操作系统"开始"菜单的"附件"中，有一个迷你小程序——计算器。这个工具虽然小巧、简单，但在日常使用中可发挥不小的作用，计算价格、统计数据的时候它都是我们的好帮手！

Work ❶　计算器的类型

计算器的类型有标准型和科学型两种。用户在日常生活中进行计算时，使用标准型计算器就可以了。使用科学型计算器可以对不同进制的数字进行计算。

① 标准型计算器

② 科学型计算器

Work ❷　计算器的使用

在计算器的程序窗口中，除了数字键外，还有一些符号键和字母键，它们都有各自的作用。在日常生活中标准型计算器比较常用，下面就以标准型计算器的界面为例介绍计算器窗口中各按钮的作用，如表7-1所示。

表 7-1　计算器各按钮功能表

按　　钮	功　　能
Backspace	删除当前显示数字的最后一位
CE	清除显示数字
C	清除当前的计算
MC	清除内存中的所有数字
0~9数字键	用于运算数字的输入
/	除法符号
sqrt	计算显示数字的平方根
MR	重新调用内存中的数字。该数字保留在内存中
*	乘法符号
%	按百分比的形式显示乘积结果。输入一个数，单击"*"，输入第二个数，然后单击"%"。例如，50 * 25%将显示为 12.5。也可执行带百分数的运算。输入一个数，单击运算符（"+"、"-"、"*"或"/"），输入第二个数，单击"%"，然后单击"="。例如，50 + 25%（指的是 50 的 25%）= 62.5
MS	将显示数字保存在内存中
-	减法符号
1/x	计算显示数字的倒数

（续表）

按　　钮	功　　能
M+	将显示的数字与内存中已有的任何数字相加，但不显示这些数字的和
.	小数点
+	加法符号
=	对两个数字执行运算。若要重复上一次的运算，请再次单击"="

Lesson 05　使用科学型计算器进行二进制数位的加法运算

　　计算器在默认情况下的类型为标准型。当用户需要使用科学型计算器时，可以将其转换为科学型，然后再进行运算。

STEP 01 执行"开始>所有程序>附件>计算器"命令，打开"计算器"窗口。

STEP 02 打开"计算器"窗口后，执行"查看>科学型"命令。

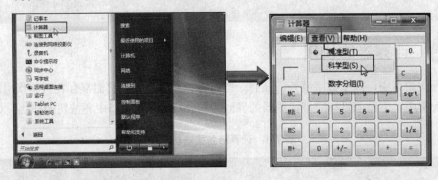

STEP 03 进入科学型计算器后，选中"二进制"单选按钮。

STEP 04 选择了二进制后，计算器的数字键只剩下"1"和"0"两个数字，单击数字"1"，然后单击"+"，再单击"1"。

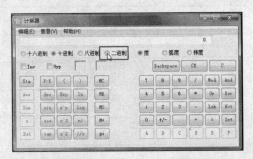

STEP 05 输入了运算式"1+1"后，单击"="，就完成了二进制版式的运算操作，并在预览区内显示出运算结果，单击"c"可以清除运算结果，然后进行新算式的计算。

画图程序

Work 1. 画图程序编辑图画的方式

画图程序是 Vista 自带的用于画图、编辑图片的程序。通过画图程序，用户可以轻松地为图片进行添加文字、调整大小等操作。

Work 1 画图程序编辑图画的方式

在使用画图程序进行图画的编辑时，可以打开计算机中的图片使用工具箱中的工具进行编辑，也可以新建页面进行画图。

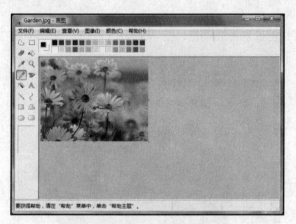

① 计算机中的图片上编辑

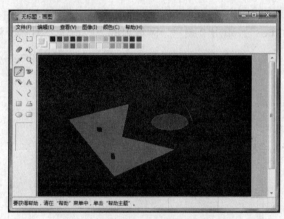

② 在新建页面上画图

Lesson 06 在图片中绘制黄色粗边框的五角星形状，输入文字并保存图片

Windows Vista · 从入门到精通

在进行图片的编辑时，可以使用系统自带的"画图"程序来完成，通过这个程序可以为图片添加不同的形状和文字等。下面将介绍如何通过"画图"程序对图片进行编辑。

STEP 01 执行"开始>所有程序>附件>画图"命令，打开"画图"程序窗口。

STEP 02 打开"画图"程序窗口后，执行"文件>打开"命令。

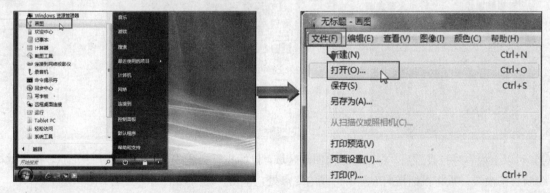

STEP 03 弹出"打开"对话框，打开要编辑的图片文件所在路径，选择要编辑的"星空"图片，然后单击"打开"按钮。

STEP 04 返回"画图"窗口中，单击窗口左侧工具栏中的"多边形"工具按钮。

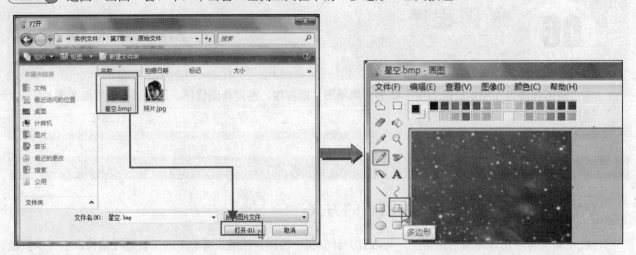

STEP 05 选择了"多边形"工具后，工具栏下方就会显示出"所需要填充效果"和"线条宽度"列表框，选择"填充轮廓"填充效果和第四条"宽度"线条。

STEP 06 单击"颜色"区域内的"纯黄色"图标，将前景色设置为纯黄色。

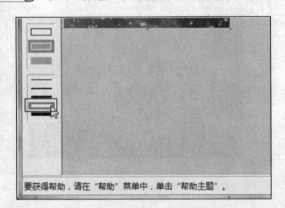

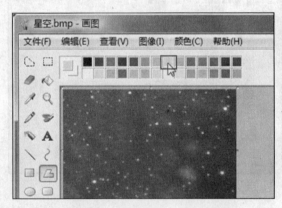

STEP 07 右击"颜色"区域内的"纯红色"色标，将背景色设置为纯红色。

STEP 08 执行"查看>缩放>自定义>200%"命令。

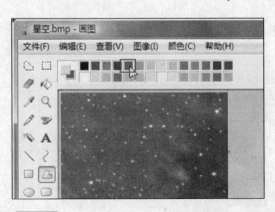

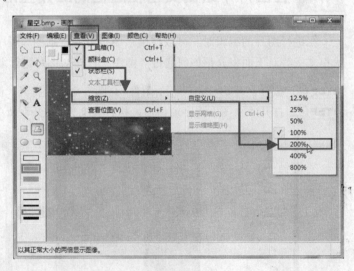

STEP 09 对以上内容进行设置后，将鼠标指向图片区域，鼠标指针会变成一个空心的十字形状，按住鼠标左键拖动，绘制一条横线，再将鼠标指向五星中折线的终点处，单击，就可以绘制出五星中的一角了。

STEP 10 按照同样的方法，将整个五星绘制完成。

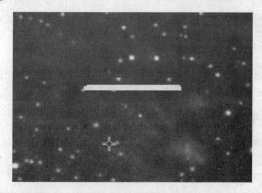

STEP 11 单击工具栏中的"文本"工具按钮。

STEP 12 工具栏中显示出背景填充选项后，选择"透明背景填充"选项。

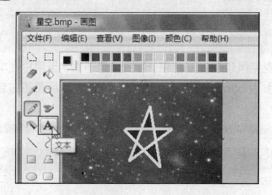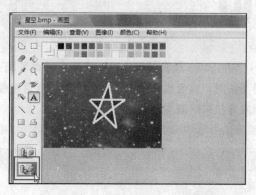

STEP 13 将鼠标指向图片区域，鼠标指针依然会变成一个空心的十字形状，按住鼠标左键拖动绘制出文字的编辑区，绘制完成后，释放鼠标，光标就会定位在虚线框内，输入需要的内容，然后单击图片的任意区域，就完成了为图片添加文字的操作。

STEP 14 执行"文件>另存为"命令。

STEP 15 弹出"另存为"对话框后，选择文件要保存的路径，然后在"文件名"文本框内输入图片名称，最后单击"保存"按钮。

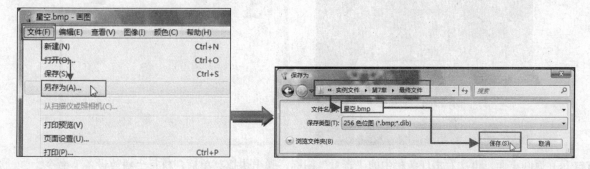

STEP 16 经过以上操作后，打开图片所保存的位置，就可以看到所保存的文件，以及进行编辑后的效果。

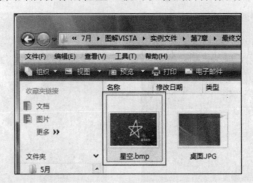

　　Windows 录音机程序可以将用户的声音通过麦克风传到计算机中，然后记录下来，当用户在学习英语时，或者想听听自己的歌声时，就可以使用 Windows 录音机程序进行记录，然后再通过音箱或耳机来听取录制的结果。

Work 1 录音机的录制操作

　　在进行录音时，操作十分简单。将计算机的声音系统设置好后，在"录音机"窗口中单击"开始录音"按钮，就可以进行录音了。

Lesson 07 录制和播放声音

Windows Vista・从入门到精通

　　在进行声音的录制前，需要对计算机的扬声器、音量等系统进行设置。下面介绍使用录音机录制和播放声音的操作过程。

STEP 01 右击任务栏中的"音量"图标，弹出快捷菜单后，执行"打开音量混合器"命令。

STEP 02 弹出"音量合成器"对话框后，上下拖动"应用程序"区域中音量图标中的音量滑块，将声音调整至合适大小，然后关闭"音量合成器"对话框。

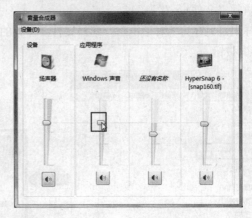

STEP 03 返回桌面，再次右击任务栏中的"音量"图标，弹出快捷菜单后，执行"播放设备"命令。

STEP 04 弹出"声音"对话框后,切换到"播放"选项卡,可以看到"扬声器"的工作正常。

STEP 05 切换到"录制"选项卡下,检查"麦克风"和"线路输入"的工作情况。

STEP 06 执行"开始>所有程序>附件>录音机"命令,打开录音机程序。

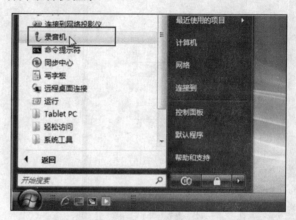

STEP 07 做好了录音前的准备工作后,单击"开始录制"按钮,然后对着麦克风说话,就可以进行声音的录制了。

STEP 08 录制完成后,单击"停止录制"按钮,即可停止此次声音的录制。

STEP 09 弹出"另存为"对话框,选择声音文件的保存路径后,在"文件名"文本框内输入文件名称,然后单击"保存"按钮。

STEP 10 进入声音文件的保存路径,可以看到所保存的文件,双击该文件图标,就可以打开该文件并进行播放。

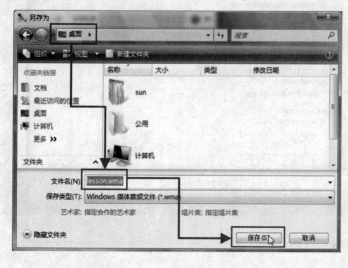

Study 08 Windows Vista 轻松访问中心

- Work 1. 放大镜
- Work 2. Microsoft 讲述人
- Work 3. 屏幕键盘
- Work 4. 设置高对比度

Windows Vista 轻松访问中心中有放大镜、讲述人、屏幕键盘以及设置高对比度 4 种工具。这 4 种工具可以帮助用户更容易地操作计算机。下面介绍这 4 种轻松访问工具。

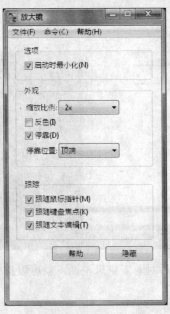

① 放大镜

③ 屏幕键盘

② Microsoft 讲述人

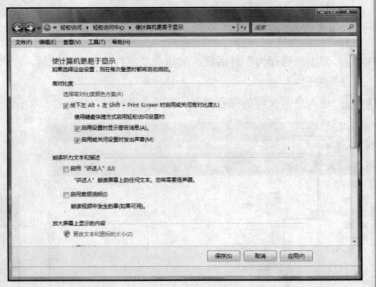

④ 设置高对比度

Work 1 放大镜

放大镜程序可以根据鼠标的提示放大计算机的部分屏幕。当用户难以看到所要编辑的对象时，就可以使用放大镜功能查看；对于那些查看屏幕有困难的人，放大镜也是一个非常有用的程序。

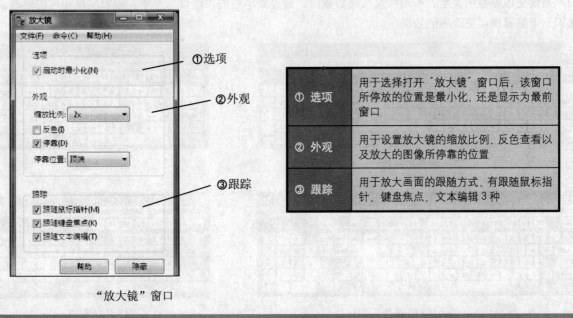

"放大镜"窗口

①	选项	用于选择打开"放大镜"窗口后，该窗口所停放的位置是最小化，还是显示为最前窗口
②	外观	用于设置放大镜的缩放比例、反色查看以及放大的图像所停靠的位置
③	跟踪	用于放大画面的跟随方式，有跟随鼠标指针、键盘焦点、文本编辑 3 种

Work 2 Microsoft 讲述人

讲述人就是通过语音，对计算机的使用等进行了解，下面介绍"Microsoft 讲述人"的使用和"首选项"菜单的内容。

● 主要讲述人设置

打开"Microsoft 讲述人"窗口后，就可以看到"主要讲述人设置"界面。在该界面中，可以对讲述人所讲述的内容进行设置，并可以对讲述人的窗口显示方式进行设置。

● "首选项"菜单

打开"Microsoft 讲述人"后，单击菜单栏中的"首选项"菜单，就可以弹出"首选项"下拉菜单。在下拉菜单中可以对讲述人的声音、元素自动监视等内容进行设置。

① "Microsoft 讲述人"窗口

② "首选项"菜单

Work ③ 屏幕键盘

使用屏幕键盘时，用户可以继续选择使用物理键盘，也可以单击需要输入的按钮，即可得到相应内容。当用户需要更改键盘的类型、布局以及按钮数量时，通过菜单栏的"键盘"菜单，可以实现相应的更改。下面来认识一下屏幕键盘更改后的效果。

① 增强型键盘

② 标准键盘

③ 106 键键盘

④ 块状布局

Work ④ 设置高对比度

在设置高对比度窗口中，可以更改文本和图标的大小、调整窗口边框颜色和透明度、微调显示效果的设置。

● 设置计算机高对比度

进入"轻松访问中心"后，单击"设置高对度"选项，就可以进入"使计算机更易于显示"界面。

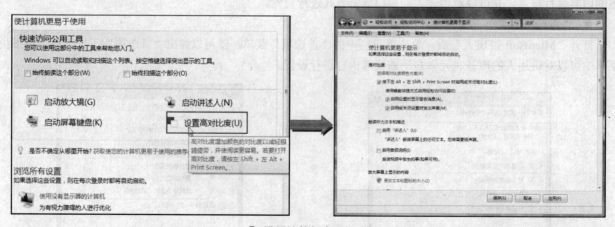

① 设置计算机高对比度

● DPI 缩放比例设置

进入"使计算机更易于显示"界面后，单击"放大屏幕上显示的内容"区域内的"更改文本和图标的大小"文字链接，将弹出"DPI 缩放比例"对话框。系统默认的选择为"默认比例（96 DPI）"单选按钮，用户可根据需要做出选择。更改了设置后，需要重启计算机才能应用设置。

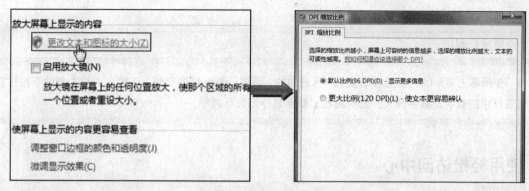

② DPI 缩放比例设置

● 窗口边框颜色和透明度的设置

进入"使计算机更易于显示"界面后，单击"使屏幕上显示的内容更容易查看"区域内的"调整窗口边框的颜色和透明度"文字链接，将进入"Windows 颜色和外观"界面。单击界面内所设置的颜色图标，马上就可以预览到设置后的效果。勾选"启用透明效果"复选框，可以将窗口设置为透明效果。拖动"颜色浓度"上的滑块，可以调整颜色的深浅效果。

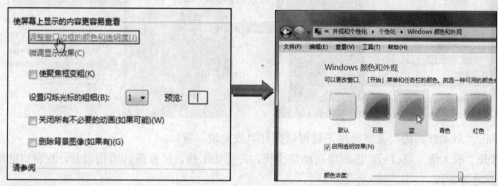

● 外观设置

进入"使计算机更易于显示"界面后，单击"使屏幕上显示的内容更容易查看"区域内的"微调显示效果"文字链接，将弹出"外观设置"对话框。单击"颜色方案"列表框内的颜色方案，在对话框上方就可以看到该方案的效果。单击"效果"按钮，将弹出"效果"对话框，可以设置屏幕字体的边缘平滑、菜单下显示阴影以及拖动时显示窗口内容。单击"外观设置"对话框中的"高级"按钮，将弹出"高级外观"对话框，可以选择要设置的项目、大小、颜色以及项目中的字体、大小和颜色。

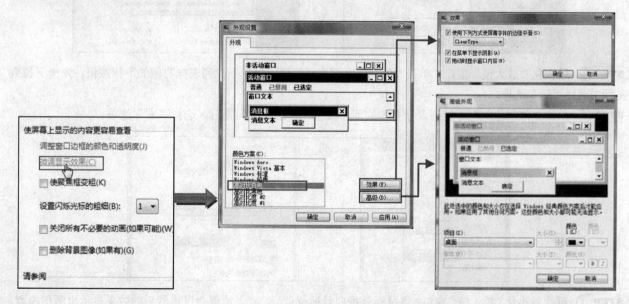

单击"使屏幕上显示的内容更容易查看"区域内的"设置闪烁光标的粗细"下拉列表框右侧的下拉按钮，设置下拉列表框中的数字。数字越大，光标越粗；数字越小则光标越细。

Lesson 08 使用轻松访问中心

Windows Vista · 从入门到精通

轻松访问中心将放大镜、讲述人、屏幕键盘以及设置高对比度工具汇总到一起，并通过声音进行讲述。

STEP 01 执行"开始>所有程序>附件>轻松访问>轻松访问中心"命令，进入"轻松访问中心"界面。

STEP 02 在"松访问中心"界面中，取消勾选"始终朗读这个部分"复选框。

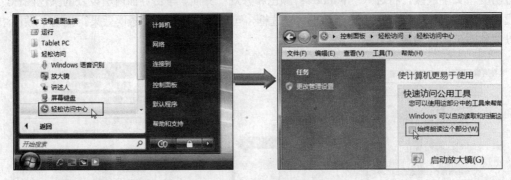

STEP 03 单击"启动放大镜"文字链接，就可以打开"放大镜"窗口。

STEP 04 打开"放大镜"窗口后，该程序自动最小化，并开始工作。鼠标指针所指部分，在窗口的最上方就会显示出放大后的效果。

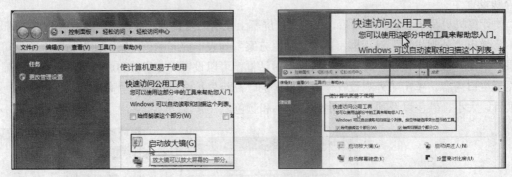

STEP 05 最大化"放大镜"窗口。单击"外观"区域内"缩放比例"下拉列表框右侧的下拉按钮，弹出下拉列表后，选择"3x"选项。

STEP 06 单击"停靠位置"下拉列表框右侧的下拉按钮。弹出下拉列表后，选择"右"选项。

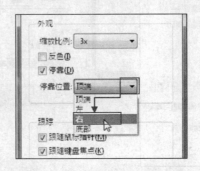

STEP 07 再次最小化"放大镜"窗口。将鼠标针指向目标位置后，放大镜就会以设置后的效果显示出所指内容。

STEP 08 关闭"放大镜"窗口,最大化"轻松访问中心"窗口,单击"启动讲述人"文字链接。

STEP 09 弹出"Microsoft 讲述人"窗口后,单击"声音设置"按钮。

STEP 10 弹出"声音设置"对话框后,单击"设置速度"下拉列表框右侧的下拉按钮,在弹出的下拉列表中选择"4"选项,然后单击"确定"按钮。

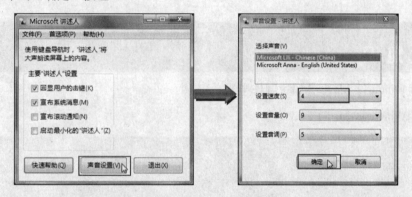

STEP 11 经过以上操作后,只要用户执行一个动作,"Microsoft 讲述人"程序就会使用声音描述出来。当用户需要退出"Microsoft 讲述人"程序时,则单击"退出"按钮,弹出"退出'讲述人'"对话框,单击"是"按钮即可。

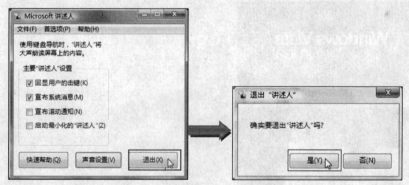

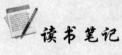 读书笔记

Chapter 8

Windows Vista 中视频、媒体的编辑

Windows Vista从入门到精通

本章重点知识

Study 01 使用Windows Movie Maker制作电影

Study 02 使用Windows Media Player

视 频 教 程 路 径

DVD

Chapter 8\Study 01　使用Windows Movie Maker制作电影

● Lesson 01　使用Movie Maker编辑并保存影片.swf

● Lesson 02　制作自动电影并将其刻录为DVD.swf

Chapter 8\Study 02　使用Windows Media Player

● Lesson 03　新建一个视频播放列表并为其添加视频素材.swf

● Lesson 04　设置素材的播放速度并更换程序的可视化效果.swf

● Lesson 05　将视频边框颜色设置为蓝色并调整程序窗口的
　　　　　　　播放模式.swf

Chapter 8 Windows Vista 中视频、媒体的编辑

当用户想将自己的图片、视频文件等内容制作成一个小电影时，可以使用系统中自带的 Windows Movie Maker 程序来进行编辑。当用户想欣赏计算机中的音频文件时，可以使用 Windows Media Player 程序进行查看和编辑。

Study

01 使用 Windows Movie Maker 制作电影

● Work 1. Windows Movie Maker 程序窗口的布局
● Work 2. Windows Movie Maker 程序菜单栏的作用

Windows Movie Maker 是 Vista 系统自带的影片编辑程序。使用该程序进行影片的编辑时，可以为影片添加标题、音乐、素材间的过渡方式等内容。

Study 01   使用 Windows Movie Maker 制作电影

Work 1 Windows Movie Maker 程序窗口的布局

在 Windows Movie Maker 程序窗口中，包括标题栏、菜单栏、工具栏、任务窗格、素材预览区、播放器窗口、"情节提要"视图。每个区域的作用如表 8-1 所示。

Windows Movie Maker 程序窗口

① 标题栏	显示当前所使用的程序以及所编辑的影片的名称
② 菜单栏	包括文件、编辑等 7 个菜单按钮。单击相应按钮即可打开菜单
③ 工具栏	放置一些常用的工具。单击相应工具按钮，即可执行相应操作
④ 任务窗格	制作电影时需要执行的常见任务，包括导入文件、编辑电影和发布电影
⑤ 素材预览区	显示导入媒体库中的文件或程序中的效果、过渡等内容，以方便用户选择
⑥ 播放器窗口	用于查看导入媒体库中的文件或效果、过渡以及编辑好的影片
⑦ "情节提要"视图	"情节提要"视图是 Windows Movie Maker 中的默认视图。可以使用"情节提要"视图查看项目中剪辑的序列或顺序以及对其进行重新排列。通过该视图还可以查看已添加的视频效果或视频过渡。当用户要看添加到项目中的音频剪辑时，可以切换到"时间线"视图

Work 2 Windows Movie Maker 程序菜单栏的作用

Windows Movie Maker 程序的菜单非常重要，通过菜单栏几乎可以实现制作电影的全部操作。菜单栏中包括文件、编辑、查看、工具、剪辑和播放 6 个菜单，每个菜单中又包括很多种功能。下面介绍这 6 个菜单的作用。

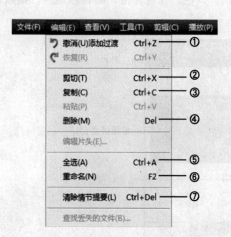

①　"文件"菜单

① 新建项目	新建一个空白的 Movie Maker 编辑窗口
② 打开项目	打开已保存过的 Movie Maker 文件
③ 保存项目	将编辑过的影片保存在原来所保存的位置上
④ 将项目另存为	将编辑过的影片在计算机中的另外一个位置保存
⑤ 发布电影	将制作好的电影发布到计算机、DVD、CD、数字相机等位置
⑥ 导入媒体项目	为影片插入素材文件

②　"编辑"菜单

① 撤销/恢复	取消上一步所执行的操作/恢复上一步所取消的操作
② 剪切	将所选中的文件或文件夹移动到剪切板中，原来所在位置就不存在该文件了
③ 复制	将所选中的文件或文件夹复制一份到剪切板中，原来所在位置依然存在该文件
④ 删除	将选中的文件或文件夹删除到回收站中
⑤ 全选	将情节提要视图中的内容全部选中
⑥ 重命名	为选中的文件进行重新命名
⑦ 清除"情节提要"	将"情节提要"视图中的内容全部删除

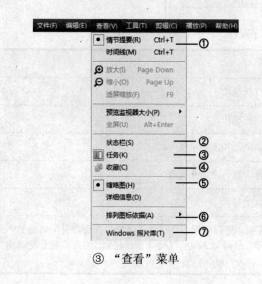

③　"查看"菜单

① 情节提要/时间线	"情节提要"视图中所显示的内容，选中"情节提要"选项则显示为"情节提要"视图
② 状态栏	用于 Movie Maker 程序窗口最下方状态栏的显示
③ 任务	用于控制任务窗格的显示或隐藏
④ 收藏	用于控制收藏窗格的显示或隐藏
⑤ 缩略图/详细信息	"素材预览区"内素材的显示方式，默认情况下为"缩略图"形式
⑥ 排列图标依据	对素材图标进行排列的依据
⑦ Windows 照片库	可打开 Vista 系统自带的照片库，查看图片

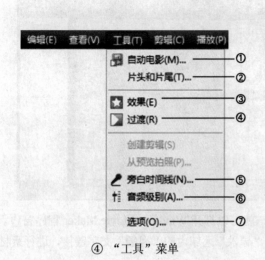

④ "工具"菜单

①	自动电影	Movie Maker 程序中已经设置好的电影效果。使用该工具后，直接插入素材即可完成影片的编辑
②	片头和片尾	用于片头和片尾的编辑操作
③	效果	打开 Movie Maker 程序的效果库
④	过渡	打开 Movie Maker 程序的过渡库
⑤	旁白时间线	用于为影片添加旁白的操作
⑥	音频级别	用于影片中音频音量的调整
⑦	选项	用于影片（自动保存间隔等）常规、（过渡效果持续时间等）高级选项的设置

⑤ "剪辑"菜单

①	音频	影片音频文件静音、淡入等效果的设置
②	视频	影片视频文件效果、淡入、淡出的设置
③	起始/终止/清除剪裁点	视频文件中剪裁点的编辑操作
④	拆分/合并	设置好剪裁点后，可以对素材进行分割或合并的操作
⑤	向左/向右微移	精确定位剪裁点的位置
⑥	属性	用于查看所选素材的类型、位置、大小等信息

⑥ "播放"菜单

①	播放剪辑	对做了效果编辑后的影片进行播放
②	停止	停止影片的播放，并回到影片的起始点
③	播放时间线	对所编辑的影片进行播放
④	倒回时间线	用于返回到影片的起始点
⑤	后退	后退至当前所选素材的上一个素材
⑥	前进	向前选中当前所选素材的下一个素材
⑦	上一帧	将影片播放起点移动至上一个帧画面
⑧	下一帧	将影片播放起点移动至下一个帧画面

Lesson
01
Windows Vista · 从入门到精通

使用 Movie Maker 编辑并保存影片

简单认识了 Windows Movie Maker 程序后，下面使用 Windows Movie Maker 程序进行影片导入、效果、过渡的以及保存等的编辑操作。

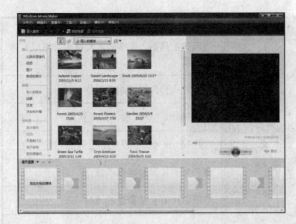

STEP 01 执行"开始>所有程序>Windows Movie Maker"命令，就可以打开 Windows Movie Maker 程序窗口。

STEP 02 打开 Windows Movie Maker 窗口后，单击任务窗格中"导入"区域内的"视频"文字链接，进行素材文件的插入操作。

Tip 通过"导入媒体"按钮导入文件

　　导入文件时，单击工具栏中的"导入媒体"按钮，也可以打开"导入媒体文件"对话框，进行素材的导入操作。

STEP 03 弹出"导入媒体项目"对话框后，按住 Ctrl 键不放，依次选中要插入的图片或视频素材缩略图，然后单击"导入"按钮。

STEP 04 返回到 Windows Movie Maker 窗口，在素材预览区内就显示出刚刚导入的素材文件。选择要使用的素材，向情节提要视图内拖动，至目标位置后，释放鼠标，就完成了素材文件的插入操作。

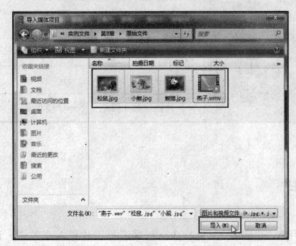
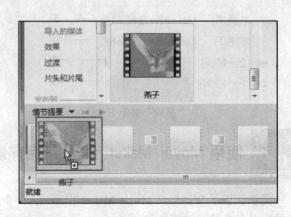

STEP 05 按照同样的方法，将步骤 3 中导入媒体库中的素材全部插入"情节提要"视图内。

STEP 06 单击"情节提要"下拉按钮，弹出下拉菜单后，选择"时间线"选项，将"情节提要"视图转换到"时间线"视图。

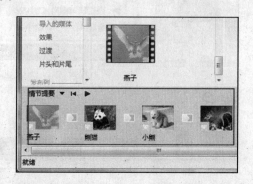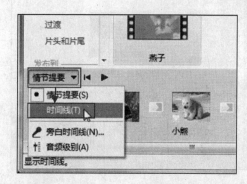

STEP 07 将鼠标指向时间轴，鼠标指针所指位置会出现一个矩形加一条竖线形状，在素材文件要拆分的大概位置单击，将拆分线定位在该处。

STEP 08 单击"播放器窗口"下方的"上一帧"或"下一帧"按钮，来精确定位素材要拆分的位置。

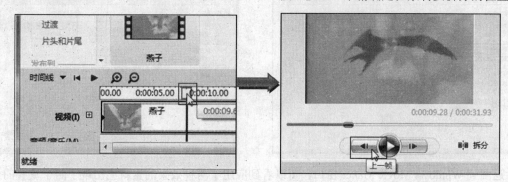

STEP 09 确定了素材要拆分的位置后，单击播放器窗口右下角的"拆分"按钮，就可以将素材拆分为两个独立的片段了。

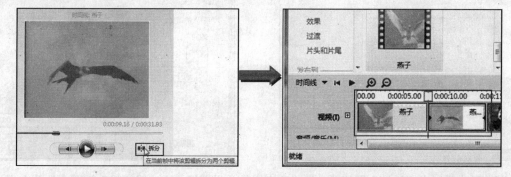

STEP 10 单击任务窗格中的"效果"文字链接，在素材预览区内就显示出了效果的类型。选择要应用到素材的"放大，到右上"效果图标，向"时间线"视图中要应用该效果的素材上拖动。

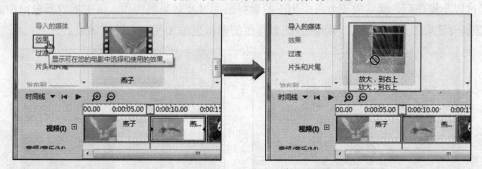

STEP 11 将效果拖动至"时间线"视图中的素材后，释放鼠标，素材图标上就会出现一个白色的五角星形状，也就完成了为素材添加效果的设置操作。

STEP 12 选中"时间线"视图中要添加效果的素材图标，右击鼠标，弹出快捷菜单后，执行"效果"命令。

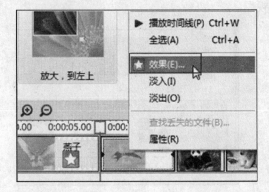

STEP 13 弹出"添加或删除效果"对话框后，选择"可用效果"列表框内要添加的效果，然后单击"添加"按钮。按照同样的方法，再为素材添加第二个效果，然后单击"确定"按钮。

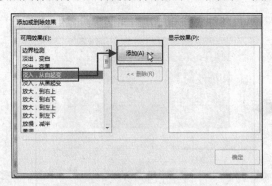

STEP 14 返回到 Windows Movie Maker 窗口，可以看到应用了两种效果的素材上出现了两个重叠的五星形状。

STEP 15 单击任务窗格中的"过渡"文字链接，在素材预览区内就显示出了过渡的效果和类型图标。

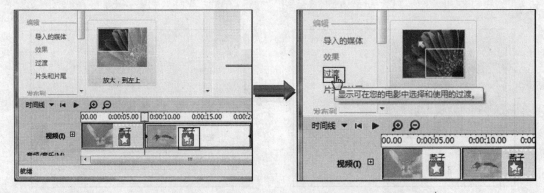

STEP 16 预览区内显示出"过渡"图标后，选择要应用的效果图标，向"时间线"视图中的两个素材间拖动，至目标位置后，释放鼠标。

STEP 17 经过以上操作后，就完成了为两个相连的素材添加过渡效果的操作。单击播放器窗口中的"播放"按钮，就可以看到设置后的效果。按照同样的方法为其他的素材也添加相应的过渡效果。

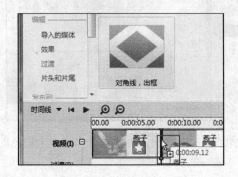

STEP 18 单击任务窗格中"编辑"区域内的"片头和片尾"文字链接，进行影片片头的编辑。

STEP 19 进入"要将片头添加到何处"界面后，单击"在开头的片头"文字链接。

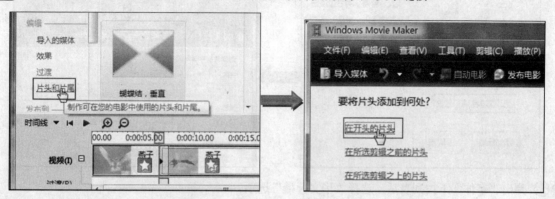

STEP 20 进入"输入片头文本"界面后，在文本框内输入相应片头文本。

STEP 21 输入了片头文本后，单击"其他选项"区域内的"更改片头动画效果"文字链接。

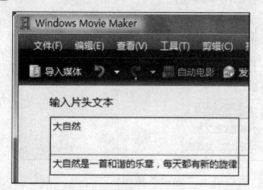
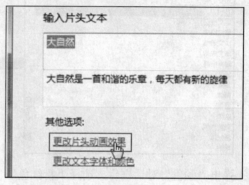

STEP 22 进入"选择片头动画"界面后，向下拖动列表框右侧的滑块，选择"片头 两行"区域中的"爆炸式轮廓线"选项。

STEP 23 选择了片头的动画效果后，在窗口右侧的播放器上，就会显示出设置了动画后的效果。

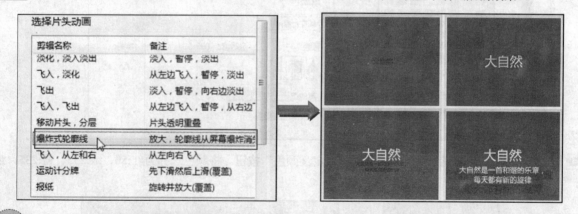

Tip 片头动画效果中"一行"和"两行"的区别

　　当用户所制作的标题只有一个正标题时，选择动画效果时可以选择"一行"区域内的动画效果。用户所制作的标题除了正标题外还有副标题时，设置时就需要选择"两行"区域内的动画效果。

STEP 24 设置了标题的动画效果后，单击"其他选项"区域内的"更改文本字体和颜色"文字链接。

STEP 25 进入"选择片头字体和颜色"界面后,单击"字体"下拉列表框右侧的下拉按钮。

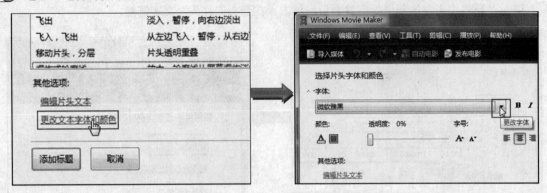

STEP 26 弹出"字体"下拉列表后,选择"华文行楷"选项。

STEP 27 单击"颜色"区域内的"更改文本颜色"按钮。

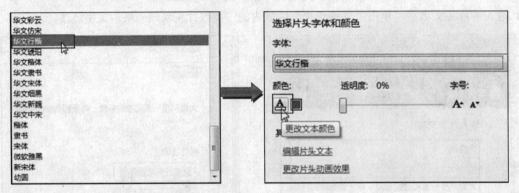

STEP 28 弹出"颜色"对话框后,选择"粉红色"色标,然后单击"确定"按钮。

STEP 29 返回到"选择片头字体和颜色"界面后,单击"颜色"区域内的"更改背景颜色"按钮。

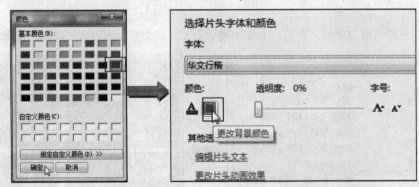

STEP 30 弹出"颜色"对话框后,单击"规定自定义颜色"按钮。将颜色选择为红:50、绿:235、蓝:235,最后单击"确定"按钮。

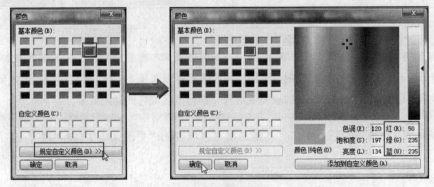

STEP 31 拖动"透明度"滑块,将数值设置为54%,然后单击"添加标题"按钮。

STEP 32 返回到 Windows Movie Maker 窗口后，为标题添加过渡效果。经过以上操作后，就完成了标题文本字体和颜色的设置。单击播放器窗口中的"添加标题"按钮，就可以预览到设置后的效果。

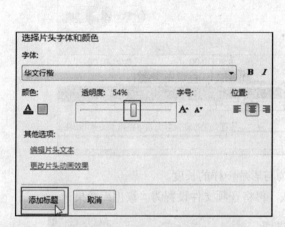

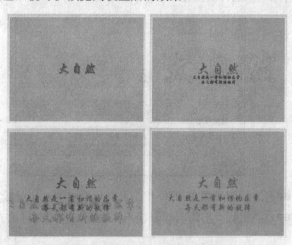

STEP 33 返回到 Windows Movie Maker 窗口，单击任务窗格内"导入"区域内的"音频或音乐"文字链接，进行音乐的添加。

STEP 34 弹出"导入媒体项目"对话框后，选择要插入的音频文件所在路径，然后选择要插入的音频素材，最后单击"导入"按钮。

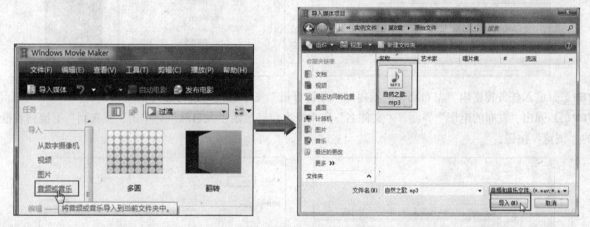

STEP 35 返回 Windows Movie Maker 窗口，所选音频文件显示在素材预览区内。选中该素材，向"时间线"视图中的"音频/音乐"轨中拖动，至目标位置后，释放鼠标，就完成了音频文件的插入操作。

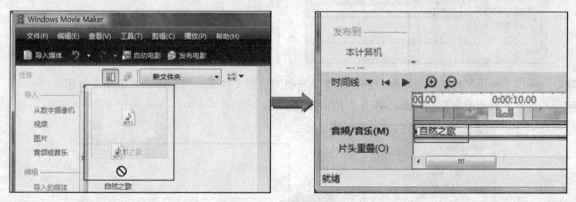

STEP 36 插入音频文件后，将鼠标指向"音频/音乐"轨中的开头位置，鼠标指针会变为红色的双箭头形状，按住鼠标左键向右拖动，至需要设置音乐文件的开头位置处释放鼠标。

STEP 37 裁剪了音频素材后，该素材被剪掉的部分将显示为空白。选中该素材，按住鼠标左键向左拖动，至"音频/音乐"轨的开头位置后，释放鼠标。

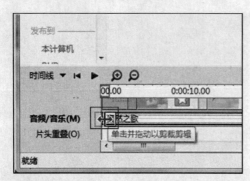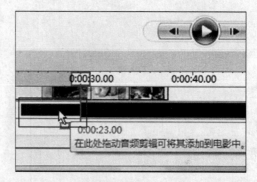

STEP 38 按照步骤36的操作，将音乐素材的结尾处裁剪为与影片一样的长度。

STEP 39 执行"剪辑>音频>淡入"命令。按照同样的方法，再将音频文件设置为"淡出"效果。

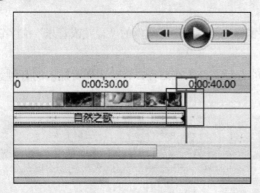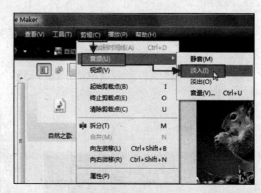

STEP 40 进入任务窗格内"发布到"区域内的"本计算机"文字链接，进行影片的发布。

STEP 41 弹出"发布的电影"界面，"文件名"文本框内自动显示"大自然"。单击"发布到"下拉列表框右侧的"浏览"按钮。

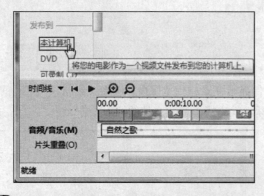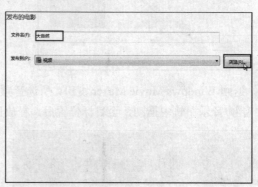

STEP 42 弹出"浏览文件夹"对话框，选择影片要发布的目标文件夹，然后单击"确定"按钮。

STEP 43 返回"发布的电影"界面，单击"下一步"按钮。

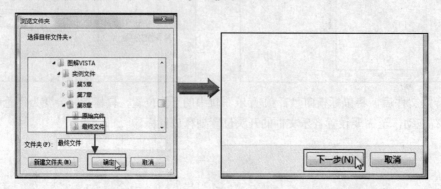

STEP 44 进入"为电影选择设置"界面后，不改变设置。单击"发布"按钮。

STEP 45 程序开始执行发布电影的操作。在界面中显示出发布的进度。

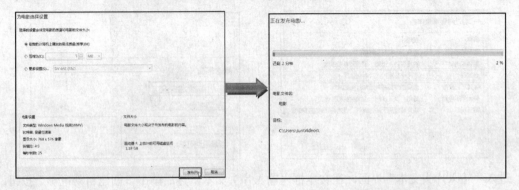

> **Tip** 压缩影片进行发布
>
> 在进行影片的发布时，计算机会根据影片的长度和质量效果将影片发布为最好的效果。当用户需要自己决定影片的容量时，选中"压缩为"单选按钮，然后在按钮右侧的下拉列表框中选择需要压缩的大小即可。

STEP 46 计算机发布完成后，"发布电影"界面会显示出"电影已发布"提示文字。单击"完成"按钮，就会弹出 Windows Media Player 播放器窗口，对发布的电影进行播放。

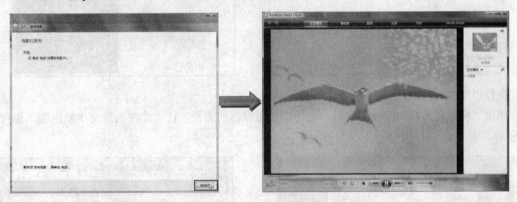

Lesson 02 制作自动电影并将其刻录为 DVD

Windows Vista · 从入门到精通

自动电影是 Windows Movie Maker 程序通过用户选择的视频、图片和音乐文件，按照所选择的自动编辑样式进行组合。通过该功能可以快速地制作电影。

STEP 01 打开 Windows Movie Maker 程序窗口后，预览窗口内默认显示出"导入的媒体"文件。按住 Ctrl 键不放，依次选中不需要的素材图标。然后右击鼠标，弹出快捷菜单后，执行"删除"命令。

STEP 02 删除不需要的素材后，单击工具栏中的"自动电影"按钮。

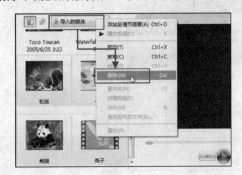 

STEP 03 进入"选择自动电影编辑样式"界面后，选择"老电影"样式，选择"其他选项"区域内的"输入电影的片头文本"文字链接。

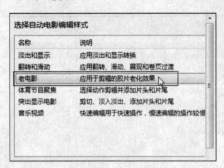
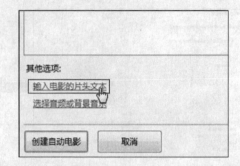

STEP 04 进入"输入片头文本"界面，在文本框内输入片头文本，然后单击"创建自动电影"按钮。

STEP 05 经过以上操作后，程序会将"导入的媒体"自动生成老电影。单击播放器窗口下方的"播放"按钮，就可以预览到最终效果。

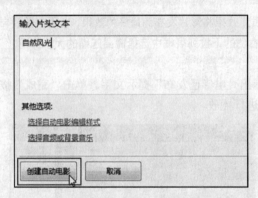

STEP 06 执行"文件>将项目另存为"命令。

STEP 07 弹出"将项目另存为"对话框后，选择影片要保存的路径，在"文件名"文本框内输入影片名称，然后单击"保存"按钮。

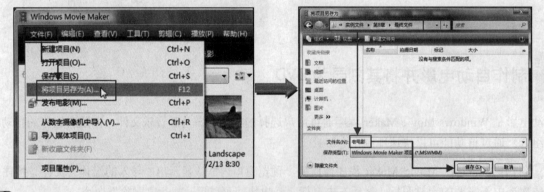

STEP 08 经过以上操作后，打开影片保存的路径，就可以看到所保存的 Windows Movie Maker 项目文件。

STEP 09 返回 Windows Movie Maker 程序窗口，将 DVD 光盘放到刻录光驱中，单击任务窗格内"发布到"区域中的"DVD"文字链接。

STEP 10 弹出 Windows Movie Maker 提示对话框，提示用户：若要将电影刻录到 DVD，Windows Movie Maker 将会保存并关闭项目，然后打开 Windows DVD Maker。单击"确定"按钮。

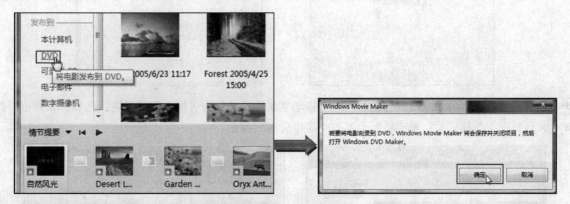

STEP 11 打开 Windows DVD Maker 程序窗口后，单击"添加项目"按钮。

STEP 12 弹出"将项目添加到 DVD"对话框后，选择要添加的项目文件所在路径，选择文件，然后单击"添加"按钮。

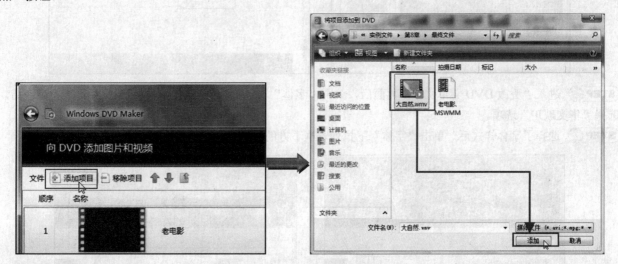

STEP 13 添加了项目文件后，返回 Windows DVD Maker 程序窗口，单击窗口右下角的"选项"按钮。

STEP 14 弹出"DVD 选项"对话框后，选中"DVD 纵横比"区域内的"16:9"单选按钮。

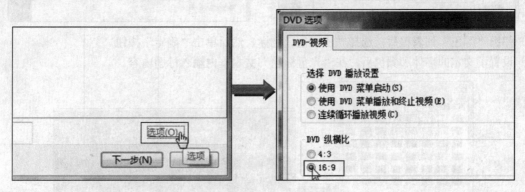

STEP 15 设置了 DVD 纵横比后，单击对话框右下角的"确定"按钮。

STEP 16 返回到 Windows DVD Maker 程序窗口，单击窗口右下角的"下一步"按钮。

STEP 17 进入"准备好刻录光盘"界面后，向下拖动"菜单样式"列表框右侧的滑块。选择"软焦点"选项。

STEP 18 选择了菜单样式后，单击界面上方的"菜单文本"按钮。

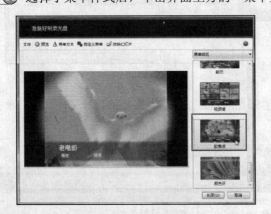 

STEP 19 进入"更改 DVD 菜单文本"界面后，单击"字体"下拉列表框右侧的下拉按钮，弹出下拉列表后，选择"华文琥珀"选项。

STEP 20 选择了字体样式后，单击"字体"下拉列表框下方的"字体颜色"按钮。

STEP 21 弹出"颜色"列表框后，选择"浅绿色"色标，然后单击"确定"按钮。

STEP 22 设置了文本的字体和颜色后，在"光盘标题"文本框内输入标题内容。

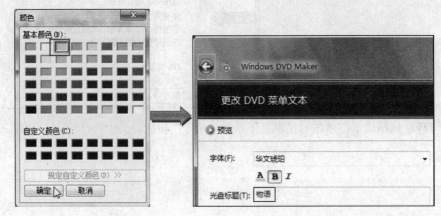

STEP 23 单击"更改DVD菜单文本"界面下方的"更改文本"按钮，应用此次标题文本的设置。

STEP 24 返回"准备好刻录光盘"界面，单击界面上方的"自定义菜单"按钮。

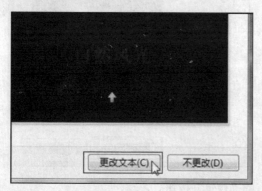

STEP 25 进入"自定义光盘菜单样式"界面后，单击"前景视频"文本框右侧的"浏览"按钮。

STEP 26 弹出"添加前景视频"对话框后，选择视频文件所在路径，选择要添加的素材，然后单击"添加"按钮。

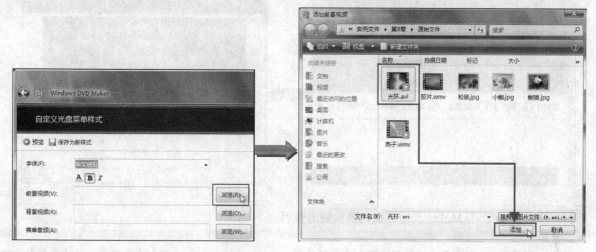

STEP 27 返回"自定义光盘菜单样式"界面，单击"背景视频"文本框右侧的"浏览"按钮。

STEP 28 弹出"添加后景视频"对话框后，选择视频文件所在路径，选择要添加的素材，然后单击"添加"按钮。

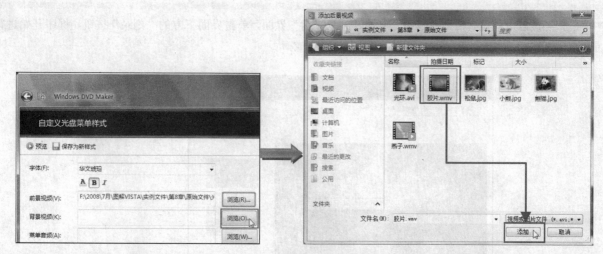

STEP 29 返回"自定义光盘菜单样式"界面，单击"场景按钮样式"下拉列表框右侧的下拉按钮，弹出下拉列表后，选择"云形"选项。

STEP 30 单击"自定义光盘菜单样式"界面右下角的"更改样式"按钮，应用此次设置。

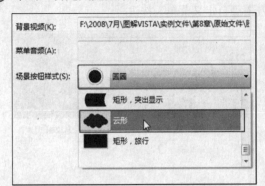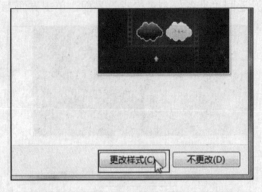

STEP 31 返回"准备好刻录光盘"界面，单击界面上方的"预览"按钮。

STEP 32 进入"预览光盘"界面后，程序会自动播放所要刻录的片头。预览完成后，单击"确定"按钮。

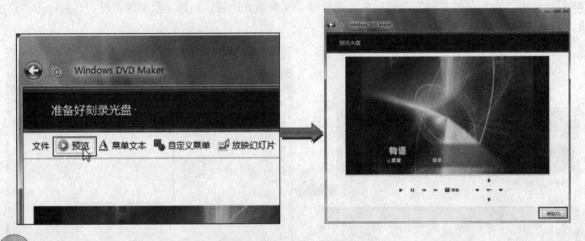

Tip Windows DVD Maker 预览界面内各按钮的作用

　　进入"预览光盘"界面后，在界面的下方有一排按钮 ▶ ⅠⅠ ⎪◀ ▶⎪ ▦菜单 ◀ ▲ ▶ ▼ ，它们各自的名称依次为播放、停止、跳到上一章、跳到下一章、菜单、向左移动、上移、输入、向右移动、下移。用户在进行相应操作时，单击相应按钮即可。

STEP 33 经过以上的设置后，返回到"准备好刻录光盘"界面，单击界面下方的"刻录"按钮，程序开始进行刻录。刻录完成后，会弹出提示对话框提醒用户刻录完成。

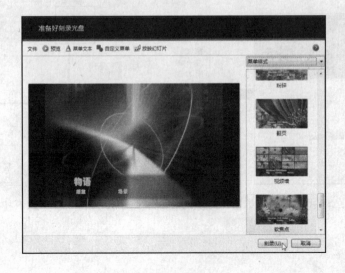

Study 02 使用 Windows Media Player

Windows Media Player 是 Vista 系统自带的媒体播放器。该程序可以进行音频文件和视频文件的播放。下面介绍 Windows Media Player 的操作界面，每个区域的功能如表 8-2 所示。

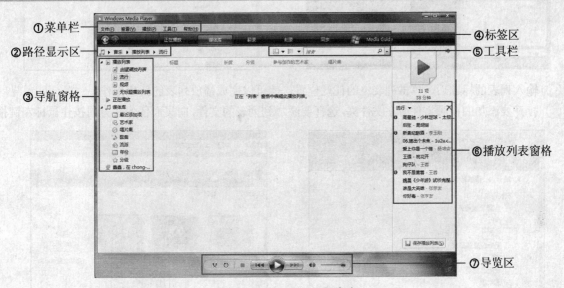

Windows Media Player 程序窗口

① 菜单栏	程序功能的汇总，包括文件、查看、播放、工具、帮助 5 个菜单按钮
② 路径显示区	用于显示当前选中的列表所在路径和名称
③ 导航窗格	用于对用户所要执行的操作进行引导
④ 标签区	相应界面的切换以及选项的设置。单击标签可切换窗口，单击标签下的下拉按钮可打开下拉菜单
⑤ 工具栏	可以设置页面布局、视图以及搜索文件 3 个选项
⑥ 播放列表窗格	用于所选列表的编辑操作
⑦ 导览区	预览文件时，进行文件的播放、停止、后退等操作

Lesson 03 新建一个视频播放列表并为其添加视频素材

Windows Vista · 从入门到精通

将要播放的视频或音频文件在 Windows Media Player 中创建一个播放列表，可以方便用户播放文件，也方便用户循环地播放该文件。

STEP 01 执行"开始>所有程序>Windows Media Player"命令。打开 Windows Media Player 程序窗口。

STEP 02 打开 Windows Media Player 程序窗口后，程序切换到"媒体库"选项卡。选择导航窗格内"播放列表"区域内的"新建播放列表"选项，该文本框内标题就会处于选中状态。

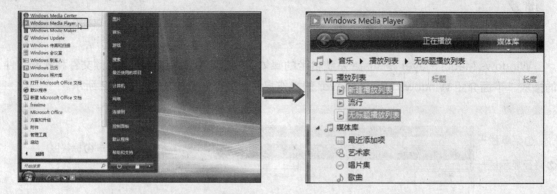

STEP 03 输入列表的标题后，单击列表中的任意位置，就可以完成播放列表的新建操作。

STEP 04 打开要添加的视频文件所在文件夹，选择要添加到列表的文件，向桌面任务栏方向按住鼠标左键拖动。

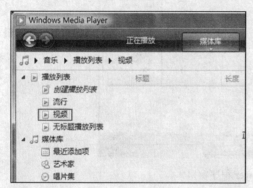 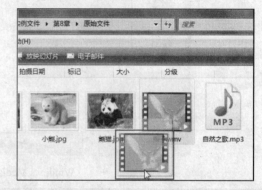

STEP 05 将要添加到列表的素材文件拖动至桌面任务栏中的 Windows Media Player 程序图标上。当前程序窗口就会切换到该程序下。

STEP 06 弹出 Windows Media Player 程序窗口后，继续按住鼠标左键拖动至窗口右侧的播放列表窗格内释放鼠标。

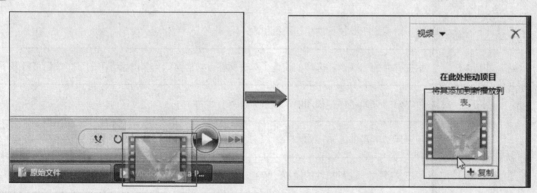

STEP 07 双击播放列表空格中新添加的视频选项。程序就可以播放该视频。

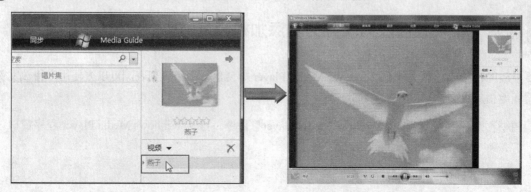

STEP 08 在进行文件的播放时，单击导览区中的"打开重复"按钮，就可以对此文件进行重复播放。取消重复播放时，再次单击"关闭重复"按钮即可。

STEP 09 单击"播放"按钮右侧的"按住可快进"按钮不放，可以快进播放当前的视频文件；需要快退时，则单击"播放"按钮左侧的"按住可快退"按钮不放。

STEP 10 需要停止文件的播放时，单击"暂停"按钮即可。

STEP 11 确定了"视频"播放列表中的内容后，单击播放列表窗格中的"保存播放列表"按钮，就可以完成播放列表的创建操作。

 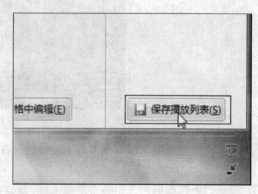

Lesson 04 设置素材的播放速度并更换程序的可视化效果

Windows Vista · 从入门到精通

在使用 Windows Media Player 时，可以对视频或音频文件的播放速度、外观模式、可视化效果等进行设置。

STEP 01 打开 Windows Media Player 程序窗口后，单击工具栏中的"布局"下拉按钮，弹出下拉菜单后，执行"显示经典菜单"命令。

STEP 02 显示出了经典菜单后，执行"查看>增加功能>播放速度设置"命令。

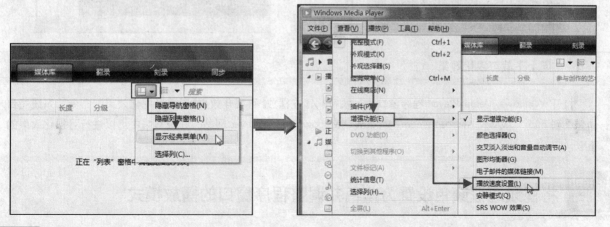

STEP 03 执行了以上操作后，Windows Media Player 程序窗口下方就显示出了"播放速度设置"相关内容。

STEP 04 将鼠标指向"播放速度"标尺，指针变为小手形状，指向"1.2"数值，然后单击鼠标。

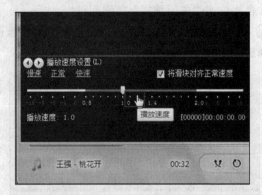

STEP 05 经过以上操作后，选中一个音频或视频文件，单击"播放"按钮，就可以预览到将播放速度设置到1.2的效果。

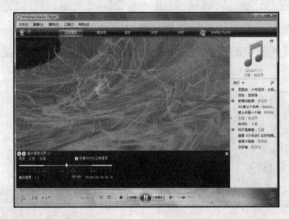

STEP 06 单击"正在播放"标签下方的下拉按钮，在弹出的下拉菜单中依次执行"可视化效果>组乐>蒲公英"命令。

STEP 07 经过以上操作后，选中一个音频文件，然后单击"播放"按钮，就可以看到设置的可视化效果。

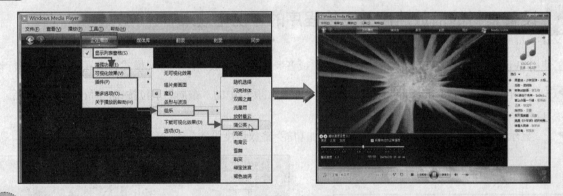

Tip 网上下载可视化效果

> 打开 Windows Media Player 程序窗口后，执行"正在播放>可视化效果>下载可视化效果"命令，系统将自动登录到 http://www.microsoft.com/windows/windowsmedia/player 网站，在该网站中可以进行可视化效果的下载。

Lesson 05 将视频边框颜色设置为蓝色并调整程序窗口的播放模式

Windows Vista · 从入门到精通

Windows Media Player 程序窗口默认的边框颜色为黑色。用户可根据自己的喜好来选择边框的颜色。当用户觉得 Windows Media Player 的程序窗口太大或太小时，可以将它调整为外观模式或全屏模式。

STEP 01 打开 Windows Media Player 程序窗口后，单击"媒体库"标签下方的下拉按钮，弹出下拉菜单后，执行"视频"命令，切换到视频媒体库。

STEP 02 Windows Media Player 会根据用户计算机中的视频文件显示出相应的视频媒体库，双击要播放的视频文件，就可以进行视频的播放。

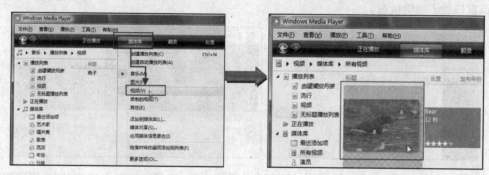

STEP 03 执行"工具>选项"命令。

STEP 04 弹出"选项"对话框后，切换到"性能"选项卡下，单击"DVD 和视频播放"区域内"视频边框颜色"右侧的"更改"按钮。

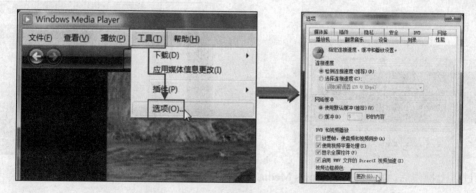

STEP 05 弹出"颜色"对话框后，选择"深蓝色"色标，然后单击"确定"按钮。

STEP 06 返回"选项"对话框后，再次单击"确定"按钮，应用视频边框颜色的更改操作。

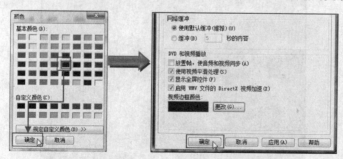

STEP 07 经过以上操作后，返回 Windows Media Player 程序窗口后，就可以看到更改了边框颜色后的效果。

STEP 08 执行"查看>外观模式"命令。

STEP 09 执行了以上操作后，就可以将 Windows Media Player 的程序窗口调整为外观模式。如果不将鼠标指向该窗口，则该窗口处于透明状态。

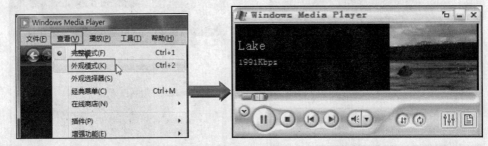

STEP 10 将 Windows Media Player 的视频窗口调整为外观模式后，单击窗口右上角的"切换到完整模式"按钮，进行完整窗口的切换。

STEP 11 返回到完整窗口后，执行"查看>全屏"命令。

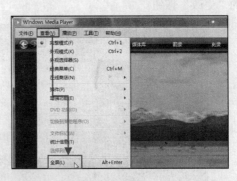

STEP 12 经过以上操作后，就可在 Windows Media Player 程序窗口中全屏查看视频。

Chapter 9

Windows Vista 中的娱乐工具

Windows Vista从入门到精通

本章重点知识

Study 01 Windows Media Center

Study 02 使用和管理Windows照片库

Study 03 Windows Vista自带的新游戏

视频教程路径

Chapter 9\Study 01　Windows Media Center

● Lesson 01　将视觉配色方案设置为"高对比度黑色".swf

● Lesson 02　使用Windows Media Center查看图片.swf

Chapter 9\Study 02　使用和管理Windows照片库

● Lesson 03　导入数码照片.swf

● Lesson 04　使用照片库查看照片.swf

● Lesson 05　按不同方式对照片进行排序和搜索.swf

● Lesson 06　修复照片.swf

● Lesson 07　与计算机中的其他用户共享照片.swf

Chapter 9\Study 03　Windows Vista自带的新游戏

● Lesson 08　轻松点心与国际象棋游戏的玩法.swf

在用户工作之余，可以使用 Windows Media Center 收听广播、查看图片或视频；当用户需要对照片进行简单的处理时，可以使用 Windows Vista 自带的照片库进行处理；而当用户想放松一下时，可以打开 Vista 系统中自带的游戏。

Study

01 Windows Media Center

● Work 1.　Windows Media Center 的设置
● Work 2.　Windows Media Center 的功能介绍

　　通过 Windows Media Center 可以进行查看图片、欣赏音乐、预览录制的电视、玩游戏等操作。在 Windows Media Center 中，用户可以轻松地享受计算机所带来的轻松与方便。

Study 01　Windows Media Center

Work 1　Windows Media Center 的设置

进入 Windows Media Center 程序窗口后，当前窗口中的所有设置，都是系统默认的设置。用户可以对窗口显示或计算机中的程序等内容自行进行设置。其设置内容主要包括如下几个方面。

● 常规

在常规界面下，可以设置的内容包括启动和窗口行为、视觉和声音效果、节目库选项、Windows Media Center 设置、家长控制、自动下载选项、优化的设置。在进行以上的设置后，都需要单击界面左侧的"保存"按钮，程序才会执行相应的设置，否则设置无效。

在"启动和窗口行为"界面下，可以将 Windows Media Center 窗口设置为总显示在最前；显示"不适用于 Windows Media Center"对话框；启动 Windows 时，启动 Windows Media Center；显示任务栏通知。

① 常规设置界面

② 启动和窗口行为

在"视觉和声音效果"界面下，可以设置使用过渡动画；在 Windows Media Center 中导航时播放声音。在"配色方案"区域内，系统默认选择了"Windows Media Center 标准"单选按钮，用户可根据自身需要选择适合的配色方案。在"视频背景色"区域内，用户可通过单击■或■按钮来调整视频背景颜色。

③ 视觉和声音效果

在"节目库选项"界面下，可以设置允许在"节目库"中使用的应用程序。单击"编辑节目库"按钮，可以设置在 Windows Media Center 中显示或隐藏的应用程序。

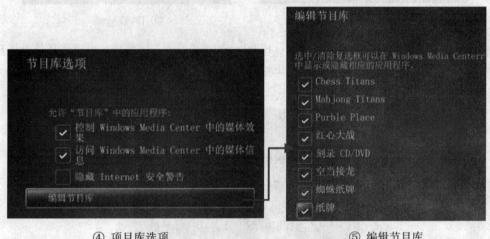

④ 项目库选项　　　　　　　　　　　⑤ 编辑节目库

在"WINDOWS MEDIA CENTER 设置"界面下，可以设置 Internet 连接、设置电视信号、设置扬声器、配置电视或监视器、重新运行设置向导 5 个选项。

⑥ WINDOWS MEDIA CENTER 设置

进入"家长控制"界面前首先要创建访问代码。在"输入新的 4 位数访问代码"文本框内通过单击界面左侧的数字输入代码后，弹出"确认新的访问代码"文本框。再次输入代码，就会进入"家长控制"界面。选择"DVD 分级"选项可进入"DVD 分级"界面，进行电影的阻止或启用设置；选择"更改访问代码"选项，可进行更改访问代码的设置；选择"重新设置家长控制"选项将返回"常规"界面。需要进行家长控制设置时，需要重新操作。

⑦ 家长控制界面创建访问代码

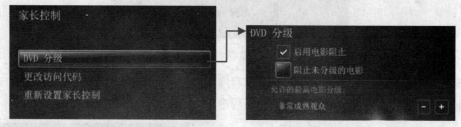

⑧ 进入家长控制界面　　　　　　　　　　⑨ DVD 分级

在"自动下载选项"界面中的"选择媒体信息和 Internet 服务设置"区域内，可以选择是否从 Internet 检索 CD 唱片集画面、DVD 和电影的媒体信息以及 Internet 服务；在"选择指南和其他 Windows Media Center 信息的下载方法"区域内可以选择下载的方式。

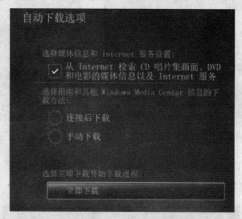

⑩ 自动下载选项

在"WINDOWS MEDIA CENTER 优化"界面中勾选"执行优化"复选项后，会显示出"优化预定时间："项目。用户可自行定义系统优化的时间。

⑪ WINDOWS MEDIA CENTER 优化

● 电视

在"电视"界面下，可以进行电视信号、配置电视或监视器、音频、关闭字幕的设置。在设置电视信号时，需要安装计算机与电视的调谐器，否则无法进行设置。下面介绍另外三个功能的设置。

在"电视"界面中选择"配置电视或监视器"选项，即可进入"显示设备配置"界面。选择"观看视频"选项可以看到系统中自带的视频画面。返回"显示设备配置"界面后，用户可根据界面提示进行显示设备的配置。

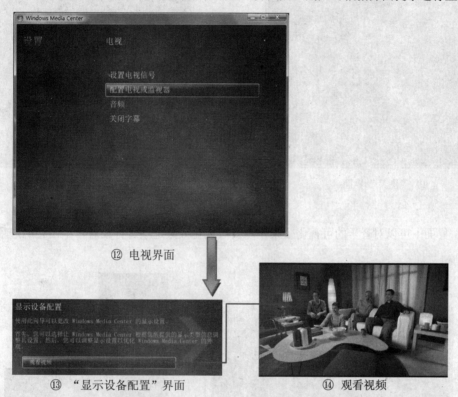

⑫ 电视界面

⑬ "显示设备配置"界面　　　　　　⑭ 观看视频

在"电视音频"界面中可对电视的音频类型进行设置，单击"音频"列表框右侧的 ➕ 按钮，即可将音频设置为SAP，同时按钮变为 ➖。单击该按钮，则音频当前选项变为"立体声"。

⑮ "电视音频"界面

在"电视关闭字幕"界面下，可对字幕显示的形式以及基本字幕进行设置。

⑯ "电视关闭字幕"界面

● 图片

在"图片"界面下，共有 7 个设置选项，包括随机显示图片、显示子文件夹中的图片、显示标题、放映幻灯片时显示歌曲信息、过渡类型、过渡时间，以及幻灯片放映的背景颜色的设置。

⑰ "图片"界面

⑱ 设置图片选项

● 音乐

在"音乐"界面下可以对音乐的可视化效果，以及可视化效果选项进行设置，单击相应选项，即可进入设置界面。

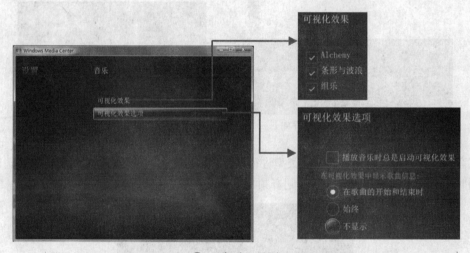

⑲ "音乐"界面

● 媒体库设置

在"媒体库设置"界面中，可以对音乐、图片和视频文件夹进行监视或者停止监视的设置。用户可根据程序的步骤提示进行相应操作。

⑳ "媒体库设置"界面

Lesson 01 将视觉配色方案设置为"高对比度黑色"

Windows Vista·从入门到精通

下面介绍使用 Windows Media Center 将视觉配色方案设置为"高对比度黑色"的操作。

STEP 01 打开 Windows Media Center 程序窗口后,选择"任务"选项。

STEP 02 选择了"任务"选项后,单击该选项左侧的"设置"按钮,进入"设置"界面。

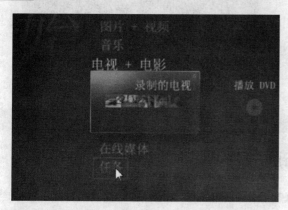 

STEP 03 进入"设置"界面后,选择"常规"选项。

STEP 04 进入"常规"界面后,选择"视觉和声音效果"选项。

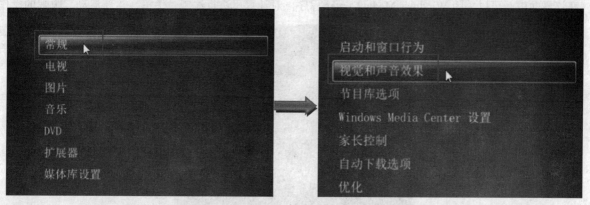

STEP 05 进入"视觉和声音效果"界面后,选中"配色方案"区域内的"高对比度黑色"单选按钮。

STEP 06 单击"视频背景色"列表框右侧的 ■ 按钮。将背景色设置为"80%灰度"。

 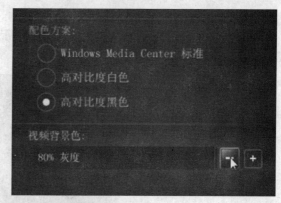

STEP 07 执行了以上操作后,单击"视频和声音效果"界面左侧的"保存"按钮。

STEP 08 经过以上操作后，就完成了将视觉配色方案设置为"高对比度黑色"的操作。

Study 01　Windows Media Center

Work ② Windows Media Center 的功能介绍

通过 Windows Media Center 可以查看图片、欣赏音乐等操作。下面简单介绍任务界面、照片库、音乐库、录制的电视库以及节目库的界面。

● 任务界面

在该界面中，可以关闭 Windows Media Center 程序，对计算机进行注销、关机、重新启动、睡眠的操作。

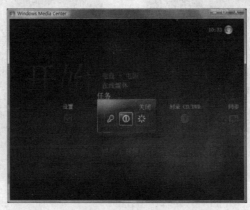

① 任务界面

● 图片+视频界面

在图片库中，将图片按文件夹、标记、拍摄日期进行分类。在查看图片时，可以选择手动查看，也可以选择幻灯片自动播放。

② 图片+视频界面

● 音乐界面

在音乐库中，将计算机中的所有音乐文件按唱片集、艺术家、流派、歌曲等类别进行划分。

③ 音乐界面

● 电视+电影界面

在"录制的电视"界面内，将录制下来的电视按照录制日期和标题两个类别对节目进行了划分。

④ 电视+电影界面

● 在线媒体界面

在节目库内，包含电视、音乐、图片以及游戏等内容。在默认情况下，进入节目库后，显示的是游戏界面，单击即可进入游戏。

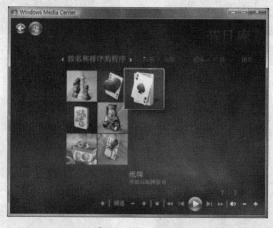

⑤ 在线媒体界面

使用 Windows Media Center 时，可以查看图片、欣赏音乐等，下面介绍查看图片的操作。

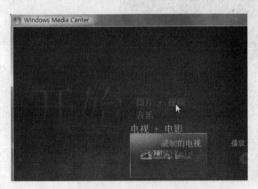

STEP 01 执行"开始>所有程序>Windows Media Center"命令。

STEP 02 进入 Windows Media Center 程序窗口后，选择"图片 + 视频"选项，显示出"图片库"图标后，单击该图标。

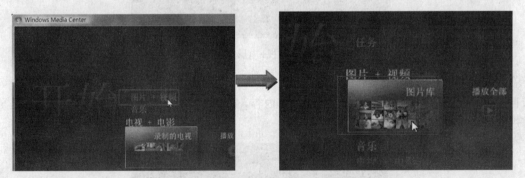

STEP 03 进入"图片库"后，图片默认的显示类型为"文件夹"，选择"标记"选项，打开标记列表后，单击"风景"图标。

STEP 04 选择了要查看的图片列表后，单击"放映幻灯片"按钮，程序会自动将列表内的图片制作为幻灯片，然后进行全屏播放。需要停止播放时，按下 ESC 键即可。

Study 02 使用和管理 Windows 照片库

◆ Work 1. Windows 照片库

照片库是 Windows 程序自带的专门用于照片或图片等图像文件的处理程序。通过该程序，用户可以进行查看、修复照片等操作。

Study 02 使用和管理 Windows 照片库

Work 1 Windows 照片库

在 Windows 照片库中，可以查看计算机图库中的所有图片、视频，对图片进行修复、查看图片资料等操作。在 Windows 照片库中，用户可以轻松地对照片进行查看或编辑。

① Windows 照片库

② 照片修复界面

③ 查看照片信息

④ 将照片旋转 90°

　　当用户在外出时拍摄了很多数码照片时，可以直接将其导入到照片库中，下面介绍在照片库中导入数码照片的操作。

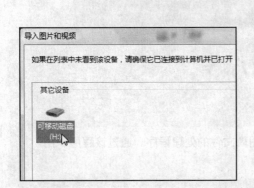

STEP 01 将数码相机数据线连接到计算机后，执行"开始>所有程序>Windows 照片库"命令。

STEP 02 打开"Windows 照片库"程序窗口后，执行"文件>从照相机或扫描仪导入"命令。

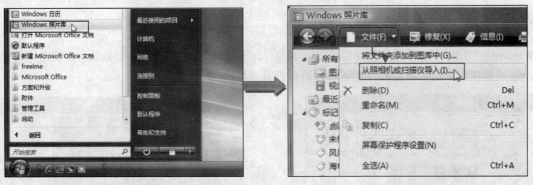

STEP 03 进入"导入图片和视频"界面后，双击"其他设备"区域内的"可移动磁盘（H:）"图标。

STEP 04 进入"正在导入图片和视频"窗口后，在"标记这些图片"文本框内，输入标记的名称，然后单击"导入"按钮。

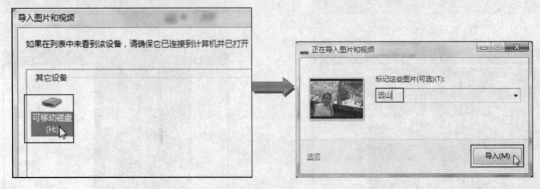

STEP 05 返回"Windows 照片库"窗口中，单击导航窗格中的"最近导入的项"文字链接。

STEP 06 弹出最近导入的项的列表后，单击窗口右侧的"添加标记"文字链接。光标就会定位在文本框内。

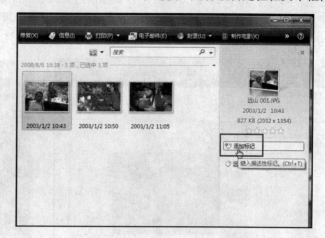

STEP 07 在"添加标记"文本框内输入标记文本后，单击窗口的任意位置，就可以完成导入图片及标记文本的操作。

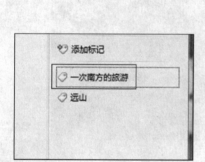

Lesson 04 使用照片库查看照片
Windows Vista · 从入门到精通

在照片库中查看照片或视频等的画面、信息等内容时，可以通过幻灯片的形式查看。下面介绍在照片库中查看照片的操作。

STEP 01 打开 Windows 照片库后，单击导航窗格内"标记"区域内的"海洋"文字链接，打开以海洋为标记的图片。

STEP 02 弹出海洋的图片后，单击"选择缩略图"按钮，弹出下拉菜单后，执行"平铺"命令。

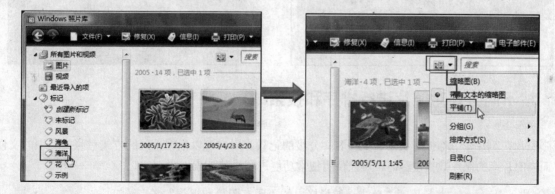

STEP 03 选择了图片的视图方式后，将鼠标指向要查看的图片，将会在图片的右侧显示出该图片的详细信息。

STEP 04 双击该图片后，就可以打开该图片。在 Windows 程序窗口中显示放大了后的该图片。单击窗口下方的"实际大小"按钮。

STEP 05 屏幕会显示出该图片原来的大小，对图片进行查看。

STEP 06 需要放大图片时，将鼠标指向图片，向上转动鼠标滚轮，就可以将图片放大；需要缩小图片大小时，则向下转动滚轮。如果用户的鼠标没有滚轮，则单击窗口下方的 ⊙ 按钮，进行图片大小的调整。

STEP 07 需要将"海洋"图片进行幻灯片放映时，单击程序窗口下方的"放映幻灯片"按钮。

STEP 08 经过以上操作后，程序就开始对标记内的图片以幻灯片方式进行放映。

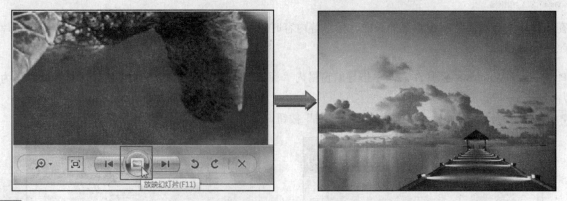

Lesson 05 按不同方式对照片进行排序和搜索

Windows Vista • 从入门到精通

　　每张照片在照片库中都拥有级别、文件名、分级的记载。用户可以根据不同的方式对照片库中的文件进行排序。而当照片库的照片数量过多时，可以使用搜索功能进行快速搜索。

STEP 01 进入 Windows 照片库后，单击导航窗格内的"所有图片和视频"文字链接。

STEP 02 显示出所有图片和视频内容后，单击"选择缩略图"按钮，弹出下拉菜单后，执行"排序方式>分级"命令。

 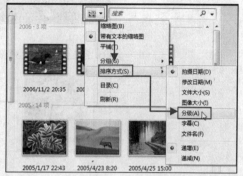

STEP 03 经过以上操作后，预览区内文件会以照片的级别进行显示，在照片的下方显示出照片的级别星数。

STEP 04 单击"选择缩略图"按钮，弹出下拉菜单后，执行"排序方式>字幕"命令。

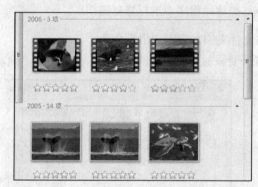 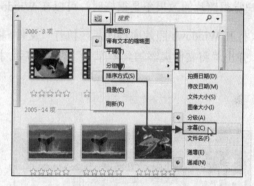

STEP 05 经过以上操作后，预览区内文件会以照片的字幕内容进行显示，在照片的下方显示出照片的字幕名称。

STEP 06 再次单击"选择缩略图"按钮，弹出下拉菜单后，执行"排序方式>文件名"命令。

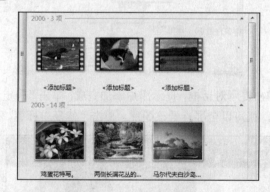 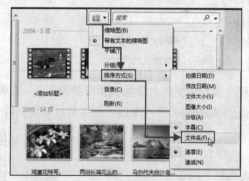

STEP 07 经过以上操作后，预览区内文件会以照片的文件名称进行显示，在照片的下方显示出照片的文件名。

STEP 08 在"选择缩略图"按钮右侧的搜索栏中输入照片的名称，在预览区内马上会显示出相应的照片。

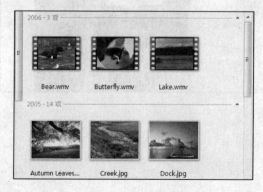 

STEP 09 在搜索栏内输入文件的字幕名称，照片库程序同样也可以搜索到相应文件。

Lesson 06 修复照片

Windows Vista · 从入门到精通

当用户觉得照片的效果不是很好时，可以在 Windows 照片库程序中进行修复操作。

STEP 01 打开 Windows 照片库程序后，执行"文件>将文件夹添加到图库中"命令。

STEP 02 弹出"将文件夹添加到图库中"对话框后，打开要添加到图库中的文件夹，然后单击"确定"按钮。

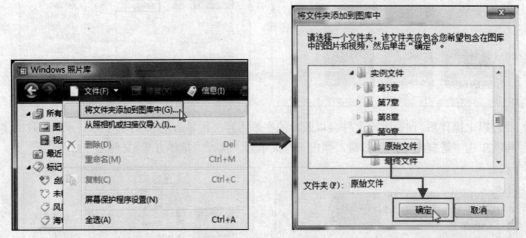

STEP 03 程序执行将文件夹添加到图库的操作后，会弹出提示对话框，提示用户添加完成，单击"确定"按钮。

STEP 04 返回 Windows 照片库后，双击要打开的图片，就可以全屏查看该图片。单击"修复"标签。

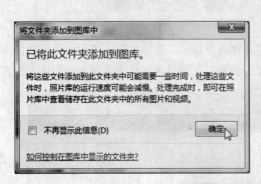

STEP 05 进入"修复"界面后，单击"调整曝光"按钮。

STEP 06 弹出"调整曝光"列表后，向右拖动"亮度"滑块，调整到合适位置后，释放鼠标。再向左拖动"对比度"滑块，调整到合适位置后，释放鼠标。

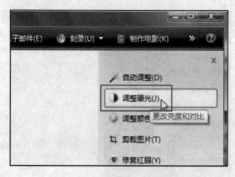 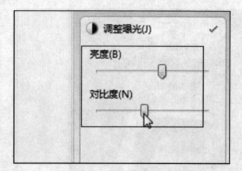

STEP 07 经过以上操作后，就完成了调整图片曝光度的操作。

STEP 08 单击"调整曝光"按钮下方的"调整颜色"按钮。

 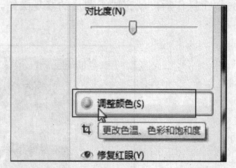

STEP 09 弹出"调整颜色"列表后，向左拖动"色温"滑块，调整到合适位置后，释放鼠标。再向右拖动"饱和度"滑块，调整到合适位置后，释放鼠标。

STEP 10 经过以上操作后，就完成了图片颜色的调整。

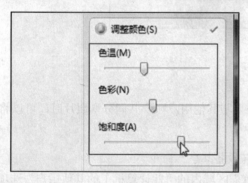 

STEP 11 单击"调整颜色"按钮下方的"剪裁图片"按钮。

STEP 12 弹出了"剪裁图片"列表后，照片中会出现一个剪裁框。单击"比例"下拉列表框右侧的下拉按钮，弹出下拉列表后，选择"A4"选项。

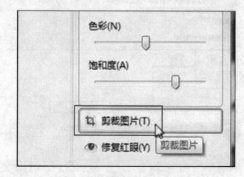 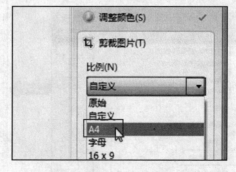

STEP 13 将鼠标指向该剪裁框，指针会变成一个空心十字双箭头形状，拖动鼠标至合适位置。

STEP 14 将剪裁框拖动至合适位置后，单击"剪裁图片"列表框中的"应用"按钮，就完成了裁剪图片的操作。

 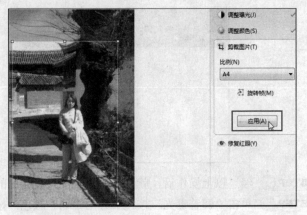

STEP 15 经过以上操作后，就完成了图片的修复操作。后退到 Windows 照片库后，程序会自动对此次操作进行保存。

Lesson 07 与计算机中的其他用户共享照片
Windows Vista·从入门到精通

如果用户的计算机中不止一个用户账户，而用户需要与其他用户账户共同分享照片时，可以将照片的属性设置为与其他用户共享。

STEP 01 打开 Windows 照片库程序后，执行"文件>与设备共享"命令。

STEP 02 弹出"媒体共享"对话框后，选择"共享设置"区域内的"此计算机上的其他用户"选项，然后单击"自定义"按钮。

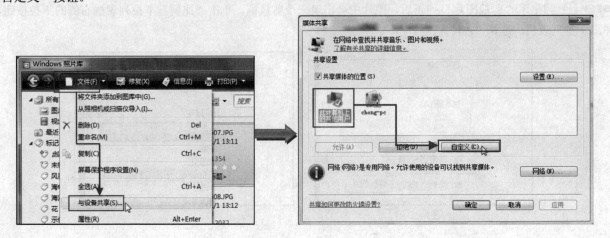

STEP 03 打开"媒体共享—自定义"对话框后，取消勾选"使用默认设置"复选框，然后取消勾选不需要共享的"媒体类型"区域内的"音乐"和"视频"复选框，选中"星级"区域内的"仅限于"单选按钮，最后单击"确定"按钮。

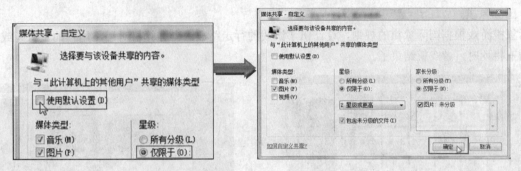

STEP 04 返回到"媒体共享"对话框内，单击"确定"按钮，就完成了与计算机中的其他用户共享图片的操作。

Study

03 Windows Vista 自带的新游戏

在 Windows Vista 中自带了几种小游戏，全新的游戏会让用户耳目一新。

● 轻松点心

在轻松点心游戏中，用户根据游戏程序所提供的蛋糕样式，在一定时间内制作出外形一样的一定数量的蛋糕，制作出的蛋糕数量越多得分越多。

● 小丑商店

在小丑商店游戏中，用户可根据自己的心情为小丑安装五官。程序会根据小丑五官的配合给出分数。

① 轻松点心（Comfy Cakes）　　　　　② 小丑商店（Purble Shop）

● 小丑配对

在小丑配对游戏中，用户每翻对两张一模一样的牌，就会得到一定的分数。最后系统根据所翻看牌的次数和时间给出分数。

● 国际象棋

国际象棋游戏根据国际象棋的规则，设计出了游戏的行走路数。当计算机对手将用户的王将死或者用户将计算机的王将死时，游戏就结束了。

③ 小丑配对（Purble Pairs）

④ 国际象棋（Chess Titans）

● 麻将

麻将游戏与小丑配对游戏类似，但稍微复杂一些。在一幅麻将中，点击了两张一样而且左右两边没有其他牌阻拦的麻将后，就完成了这两个麻将的匹配，游戏程序会给出相应分数。将一幅麻将中的所有牌匹配完成后，程序会根据用户点击的次数和匹配的时间给出总分数。

● 墨球

在墨球游戏中，界面中会出现一个或多个墨球以及相应的球洞。鼠标会变成一个笔的形状，它的作用是改变墨球的前进方向。用户要想尽办法将墨球引进球洞内，以得到分数。

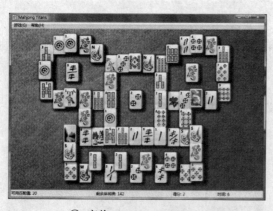

⑤ 麻将（Mahjong Titans）

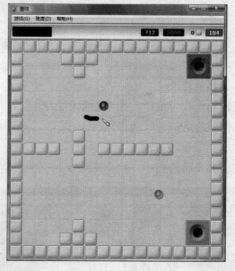

⑥ 墨球

Lesson
08 轻松点心与国际象棋游戏的玩法

Windows Vista · 从入门到精通

Vista 系统下的游戏与 XP 系统下的游戏有很多不一样的地方，Vista 系统增加了很多新的游戏。下面就以新增加的轻松点心和国际象棋为例来介绍 Vista 系统下的游戏。

STEP 01 执行"开始>游戏"命令。

STEP 02 进入"游戏"界面后，可以看到 Vista 系统下的所有游戏内容。双击"Purble Place"图标。

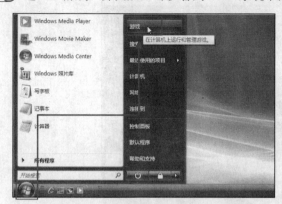 

STEP 03 弹出 Purble Place 对话框后，执行"游戏>Comfy Cakes 新游戏"命令。

STEP 04 进入 Comfy Cakes 游戏界面后，执行"游戏>选项"命令。

 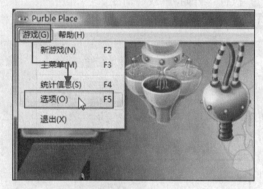

STEP 05 弹出"选项"对话框后，选中"高级"单选按钮。不改变其他设置，单击"确定"按钮。

STEP 06 进入 Comfy Cakes 游戏界面后，根据对话框中"电视"上显示的定单，选择合适的蛋糕盘形状、果酱以及装饰花的形状。

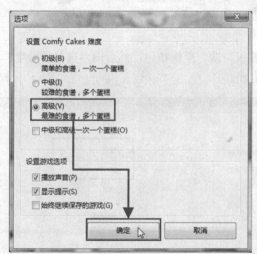 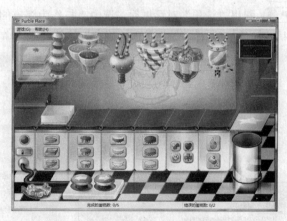

STEP 07 将蛋糕制作完成后，程序会将制作好的蛋糕包装好，然后放入烤箱内。在规定的时间内将一定数量的蛋糕放入烤箱后，用户就赢得了这场游戏。

STEP 08 执行"开始>游戏"命令。

STEP 09 进入"游戏"界面后，双击"Chess Titans"图标。

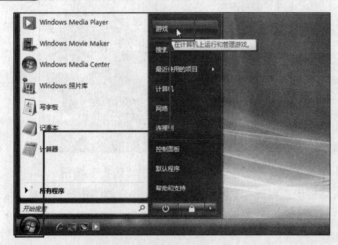

STEP 10 弹出 Chess Titans 游戏窗口后，执行"游戏>选项"命令。

STEP 11 弹出"选项"对话框后，选中"与作为黑方的计算机对决"单选按钮，然后向左拖动"难度"滑块，至"4"时，释放鼠标，最后单击"确定"按钮，进入游戏界面。

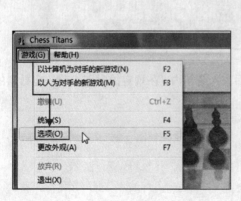

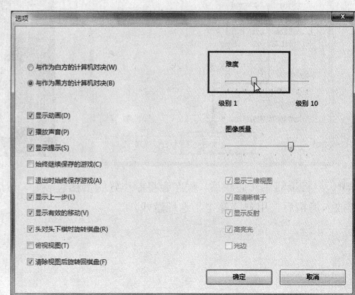

STEP 12 返回到游戏界面中，由于计算机是白方，所以会自动先走出一步棋。用户单击需要走动的棋子，计算机会显示出该棋子能够走动的步数。再单击棋子要移动的位置，就完成了移动棋子的操作。

STEP 13 走出一步后，如果用户觉得步数有错，可执行"游戏>撤销"命令，或按下 Ctrl+Z 组合键，撤销此次操作。

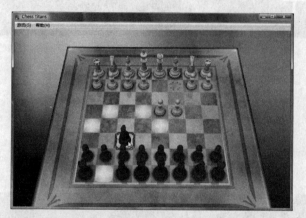
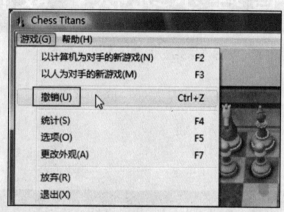

STEP 14 撤销了错误的步数后，用户可继续与计算机进行对决。

STEP 15 当用户的王或用户对手的王被将死后，就会弹出"将死"对话框，询问用户是"结束游戏"还是"返回并重试"。本例中单击"结束游戏"按钮，结束此游戏。

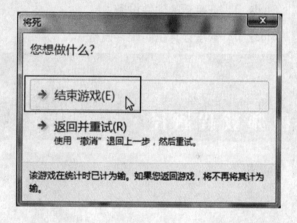

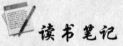
读书笔记

Chapter 10

管理系统软、硬件

Windows Vista从入门到精通

本章重点知识

视频教程路径

DVD

Chapter 10\Study 02 　安装新的硬件设备

● Lesson 02 　安装硬件驱动程序－摄像头驱动程序.swf

Chapter 10\Study 04 　计算机的移动存储设备

● Lesson 04 　移动硬盘的使用.swf

Chapter 10\Study 05 　设置和使用打印机

● Lesson 06 　安装打印机.swf

　　组成计算机的部件有很多，例如显示器、主机、鼠标、键盘等。简单来说，计算机由两部分构成，软件和硬件。本节将绍 Vista 系统下软件和硬件的管理操作。

^Study

01　硬件设备

● Work 1.　主机的基本组成

● Work 2　常见的外部设备

　　计算机的硬件设备主要指计算机主机中的设备、输入设备以及输出设备等。下面就来介绍一下计算机中的常见硬件设备。

Study　01　硬件设备

Work 1　主机的基本组成

　　主机是组成计算机最重要的部分，在进行计算机的操作时，全部由主机进行人与计算机间数据的转换，显示器只是将信息显示出来而已。主机主要包括 CPU、存储器、显卡、机箱等设备。下面介绍组成主机的各部分设备。

● CPU

　　中央处理器是英语"Central Processing Unit"的缩写，它负责处理、运算计算机内部的所有数据。CPU 主要由运算器、控制器、寄存器组和内部总线等构成，是计算机的核心，再配上存储器、输入/输出接口和系统总线组成为完整的 PC。

① AMD 四核 CPU

● 内存储器

　　内存储器即内存，是直接与 CPU 相联系的存储设备。从使用功能上分，有随机存储器（简称 RAM）和只读存储器（简称 ROM）。左图为随机存储器。

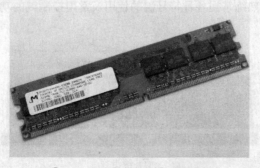

② 512 MB 内存条(随机存储器)

● 外存储器

外存储器又常称为辅助存储器（简称辅存），属于外部设备。CPU 不能像访问内存那样直接访问外存，外存要与 CPU 或 I/O 设备进行数据传输，必须通过内存进行。外存储器有磁带、磁盘和光盘等，其中最常用的是磁盘。磁盘又分为软磁盘和硬磁盘。左图为硬盘图片。

③ 西捷 160GB 硬盘

● 显卡

显卡也叫显示适配器。显卡的作用是在 CPU 的控制下，将主机送来的显示数据转换为视频和同步信号送给显示器。最后再由显示器输出各种各样的图像。

④ 讯景显卡

Study 01　硬件设备

Work ❷　常见的外部设备

计算机的外部设备，除了主机和机箱外，还包括打印机、摄像头、鼠标、键盘、显示器等。下面介绍计算机必备的鼠标、键盘以及显示器这三个外部设备。

● 键盘

键盘的主要作用是向计算机输入程序和数据。根据计算机的类型，键盘分为台式机键盘和笔记本键盘两种。在进行键盘的操作时，用户需要熟练掌握各种符号键的使用及常用控制键的功能，如 CapsLock、Esc、Shift、Alt 和 Ctrl 等的作用。

① 键盘

● 鼠标

鼠标在计算机中的作用主要是执行命令。从鼠标的接口分，有 USB 接口和 PS/2 接口两种。在进行鼠标的操作时，要采用布质的鼠标垫，这样可以让鼠标反应迅速、手感适中。也要注意清洁鼠标垫以及鼠标的内部。

② 鼠标

● 显示器

显示器的主要作用是将计算机要表达的信息显示给用户。显示器根据材料分为显像管(CRT)显示器和液晶(LCD)显示器两种。在使用显示器时，首先要注意防水，其次防止剧烈震动和碰撞，第三要注意一次使用的时间不要太长。

③ 液晶显示器

Study 02 安装新的硬件设备

◆ Work 1. 驱动程序

有些硬件设备不是计算机必需的。当使用时再安装到计算机中。例如 1394 卡，它的作用主要是采集 DV 中的数据。在需要时，用户可以将其安装到主机中。不需要时，也可以将其取下来。

Study 02 安装新的硬件设备

Work 1 驱动程序

驱动程序（Device Driver）全称为"设备驱动程序"，是一种可以使计算机和设备通信的特殊程序，可以说相当于硬件的接口。操作系统只能通过这个接口，才能控制硬件设备的工作。假如某设备的驱动程序未能正确安装，便不能正常工作。一般当操作系统安装完毕后，首先要做的就是安装硬件设备的驱动程序。

硬件设备的驱动程序用来将硬件本身的功能告诉操作系统，完成硬件设备电子信号与操作系统及软件的高级编程语言之间的互相翻译。当操作系统需要使用某个硬件时，例如，让摄像头开始摄像，电脑会首先发送相应指令给声卡驱动程序，声卡驱动程序接收到后，马上将其翻译成显卡才能听懂的电子信号命令，从而让摄像头开始工作。

　　并不是所有的硬件设备都需要安装驱动程序，例如硬盘、显示器、光驱、键盘、鼠标等就不需要安装驱动程序，需要安装驱动器的硬件设备有显卡、声卡、扫描仪、摄像头、Modem 等。不过，不同版本的操作系统对硬件设备的支持也是不同的，一般情况下版本越高所支持的硬件设备也越多。

Lesson 01 安装硬件设备 1394 卡
Windows Vista · 从入门到精通

　　1394 的全称是 IEEE 1394，像 USB 一样，它也是一种接口标准。该卡主要用于采集 DV 机上的录像，它是一种数字转换卡以及视频采集卡。在安装了 1394 卡后，无需再安装驱动设备就可以使用了。下面就以 1394 卡的安装为例介绍硬件的安装过程。

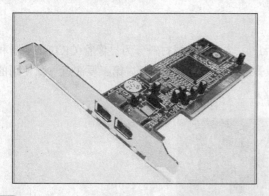
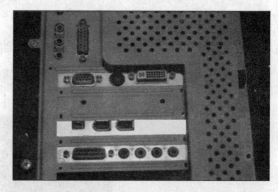

STEP 01 首先做好安装硬件的准备工作。准备好要安装的 1394 卡，以及一把十字镙丝刀。

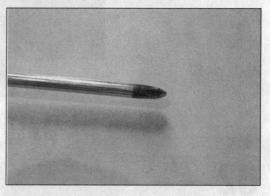

STEP 02 关闭计算机电源，然后将双手全面接触到计算机机箱上，将手上的静电放掉，否则手上带有的静电有可能将主板或者计算机中的其他附件烧坏。

STEP 03 使用十字镙丝刀，取下计算机机箱后盖上的螺丝。

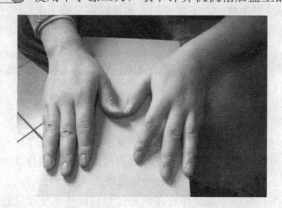
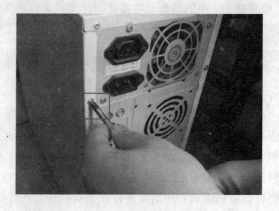

STEP 04 将机箱盖取下，取时一定要小心机箱的毛边有可能划伤手。

STEP 05 取下机箱盖后，就可以看到计算机主板，在主板上寻找空闲的 PCI 插槽。

STEP 06 将 1394 卡插入 PCI 插槽。在插 1394 卡的时候一定要注意双手用力要均匀，否则有可能将主板损坏。

STEP 07 将 1394 卡插入到空槽后，用十字镙丝刀拧紧卡上的固定螺丝，固定好 1394 卡。

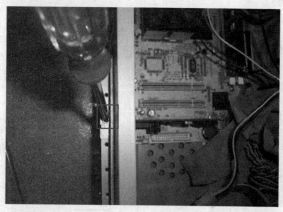

STEP 08 合上机箱盖，并拧紧螺丝，就完成了安装 1394 卡的操作。

Lesson 02 安装硬件驱动程序——摄像头驱动程序

Windows Vista • 从入门到精通

随着计算机的普及，摄像头也走进了普通家庭。下面以安装摄像头驱动程序为例，介绍硬件驱动程序的安装过程。

STEP 01 将摄像头连接到计算机上后，会弹出"发现新硬件"对话框，选择"查找并安装驱动程序软件（推荐）"选项。

STEP 02 打开摄像头驱动程序所在路径，右击安装程序图标，弹出快捷菜单后，执行"以管理员身份运行"命令。

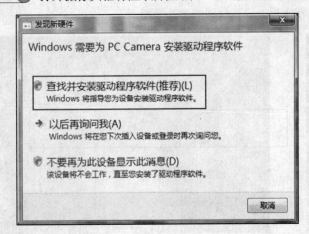 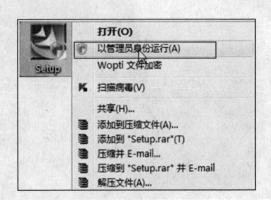

STEP 03 进入摄像头的安装界面。单击"Next"按钮，程序开始执行安装摄像头驱动的操作。

STEP 04 安装完成后，会出现"恭喜您！PC 摄像头驱动程序已经安装成功"界面。单击"Finish"按钮，完成安装。

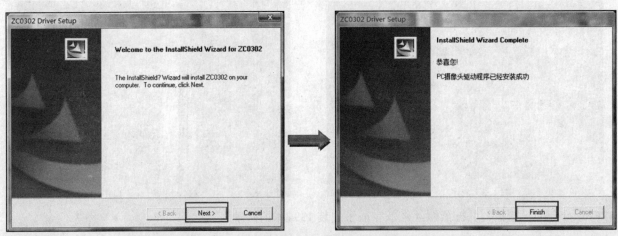

Study 03　管理计算机的硬件设备

- Work 1.　查看 CPU 速度和内存容量
- Work 2.　设备管理器
- Work 3.　查看设备驱动状态
- Work 4.　查看硬件设备
- Work 5.　禁用及启用硬件驱动控制器

计算机中安装了硬件后，还需要用户做好日常的维护和管理工作。

Study 03　管理计算机的硬件设备

Work 1　查看 CPU 速度和内存容量

查看 CPU 的速度和内存容量，可以通过"系统"对话框进行。进入系统桌面后，右击"计算机"图标，弹出快捷菜单后，执行"属性"命令，就可以进入"系统"界面。在"系统"区域内显示了处理器的名称、速度以及计算机的内存容量等信息。

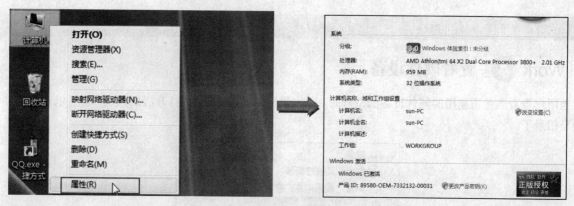

查看计算机属性

Work **2**　设备管理器

Windows 的设备管理器是一种管理工具。通过"设备管理器"窗口可以确定计算机上已安装了哪些设备，并且可以更新设备的驱动程序软件、查看硬件是否正常工作以及修改硬件设置。

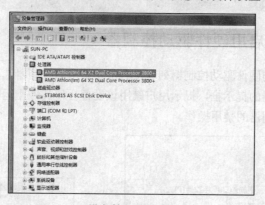

"设备管理器"窗口

Work **3**　查看设备驱动状态

要查看设备驱动的状态时，需要打开驱动器的级联列表。以"磁盘驱动器"为例，单击"磁盘驱动器"前面的⊞按钮，打开级联列表后，右击驱动器选项，弹出快捷菜单后，执行"属性"命令，弹出"ST380815 AS SCSI Disk Device 属性"对话框，切换到各选项卡，就可以查看磁盘驱动器的属性了。

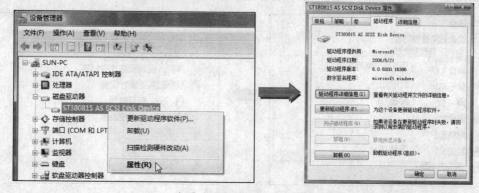

查看"磁盘驱动程序"属性

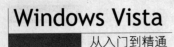

Work **4** 查看硬件设备

当用户查看当前所使用的硬件设备的型号时，单击硬件前面的⊞按钮。打开级联列表，就可以看到硬件设备的型号信息了。

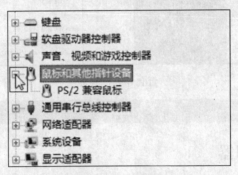

查看计算机硬件设备

Work **5** 禁用及启用硬件驱动控制器

禁用硬件时，打开要禁用的硬件驱动控制器列表，右击要禁用的控制器选项，弹出快捷菜单后，执行"禁用"命令，将会弹出相应控制器的提示框，提示用户禁用该设备会使其停止运行，确实要禁用吗？单击"是"按钮，就可以完成硬件驱动控制器的禁用操作。

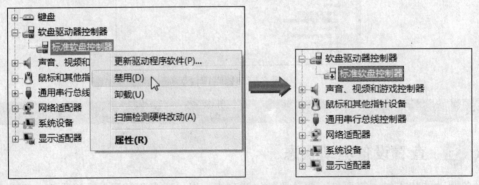

① 禁用硬件驱动器

在启用硬件驱动控制器时，按照类似的操作，右击需要启动的驱动控制器，弹出快捷菜单后，执行"启用"命令，程序自动刷新设备管理器后，就完成了启用驱动控制器的操作。

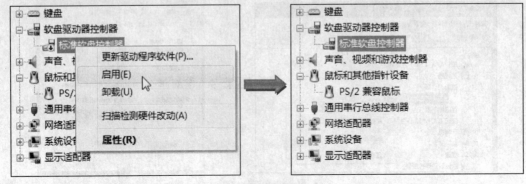

② 启用硬件驱动器

Lesson
03 驱动程序的更新和卸载

Windows Vista · 从入门到精通

　　驱动程序在安装到计算机上后，除了禁用或启用的操作，还可以对其进行更新和卸载的操作。下面就以"标准软盘控制器"为例来介绍更新和卸载驱动程序的操作步骤。

STEP 01 进入 Vista 系统桌面，右击"计算机"图标，弹出快捷菜单后，执行"属性"命令。

STEP 02 进入"系统"界面，单击任务窗格中的"设备管理器"文字链接，就可以打开"设备管理器"窗口。

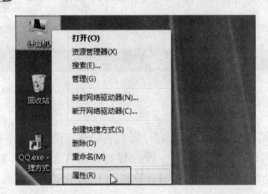 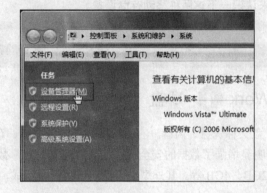

STEP 03 单击"软盘驱动器控制器"选项前面的⊞按钮，打开级联列表后，右击级联列表中的"标准软盘控制器"选项，弹出快捷菜单后，执行"更新驱动程序软件"命令。

STEP 04 弹出"更新驱动程序软件-标准软盘控制器"对话框后，要在用户计算机中查找驱动程序则单击"浏览计算机以查找驱动程序软件"按钮；如果在网上搜索则单击"自动搜索更新的驱动程序软件"按钮。

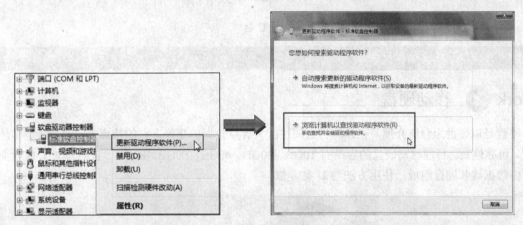

STEP 05 进入"浏览计算机上的驱动程序文件"界面，在"在以下位置搜索驱动程序软件"下拉列表框中显示出了文件搜索的位置，如果用户要更改位置，则单击"浏览"按钮，然后选择路径。这里直接单击"下一步"按钮，程序会自动进行驱动的更新操作。

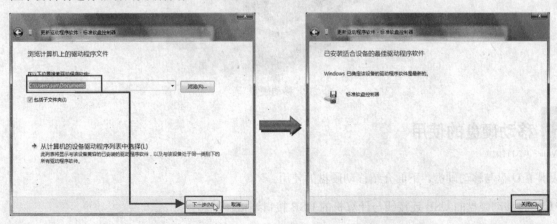

Study
04

计算机的移动存储设备

● Work 1. U盘
● Work 2. 移动硬盘

计算机的移动存储设备比较常用的有 U 盘和移动硬盘，它们都有其各自的优点和不足。下面就来认识一下这两种移动存储设备。

Study 04　计算机的移动存储设备

Work ① U 盘

U 盘又称优盘、闪盘。它的特点是：体型小巧、存储容量大、价格便宜；还具备防磁、防震、防潮等诸多特性，明显增强了数据的安全性；U 盘的性能稳定，数据传输高速高效。一般的 U 盘容量有 256MB、512MB、1GB、2GB、4GB 等。其外型主要由接口和盘身组成，使用时只要插入任何计算机的 USB 接口即可。

① U 盘

Study 04　计算机的移动存储设备

Work ② 移动硬盘

移动硬盘是以硬盘为存储介质，在计算机之间进行大容量数据的交换。它的特点是：容量大、传输速度高、使用方便、可靠性高。目前移动硬盘的容量有 10GB、20GB、40GB、60GB、80GB。它的外型比 U 盘要大得多。移动硬盘由数据线和硬盘组成，使用方法与 U 盘类似。

② 移动硬盘

移动硬盘的使用
Windows Vista · 从入门到精通

认识了 U 盘与移动硬盘，下面介绍移动硬盘的使用。

STEP 01 将移动硬盘的 USB 连接线与计算机的 USB 接口连接在一起。

STEP 02 系统会弹出"自动播放"对话框窗口，显示出磁盘的名称、混合内容、常规选项等内容，单击"关闭"控制按钮。

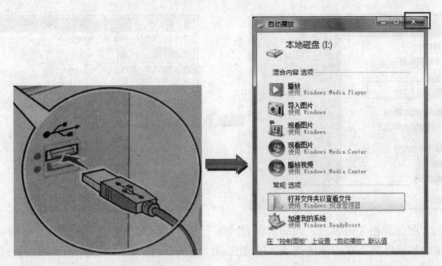

STEP 03 进入"计算机"界面，双击移动硬盘中的"本地磁盘（H:）"图标，打开该磁盘分区。

STEP 04 进入"本地磁盘（H:）"界面后，用户就可以对移动硬盘中的文件进行操作了。

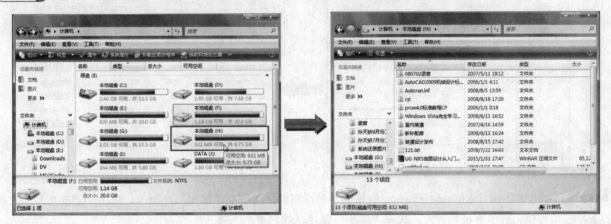

STEP 05 需要移除移动硬盘时，单击系统桌面通知区域内的"删除硬盘"图标，弹出"安全删除USB大容量存储设备"选项，选择该选项，弹出"安全地移除硬件"对话框，单击"确定"按钮，就可以将移动硬盘从计算机中取下来。

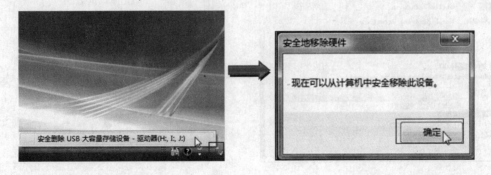

Lesson 05 控制移动存储设备的自动播放
Windows Vista · 从入门到精通

移动存储设备包括U盘、移动硬盘等。将移动存储设备与计算机连接后会自动播放。下面介绍停止移动存储设备自动播放的操作。

STEP 01 进入Vista系统桌面，右击"计算机"图标，弹出快捷菜单后，执行"管理"命令。

STEP 02 打开"计算机管理"窗口，单击"控制台树"窗格中的"服务和应用程序"选项前的三角按钮，弹出级联列表后，选择"服务"选项。

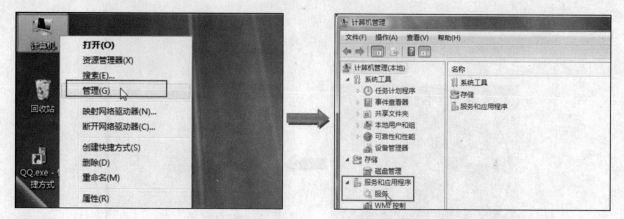

STEP 03 显示出"服务"相关内容后，选择"编辑区"下方的"标准"选项卡，切换到标准视图下。

STEP 04 向下拖动编辑区列表框右侧的滑块，出现 Shell Hardware Detection 选项时，双击该选项，弹出其属性对话框。

STEP 05 弹出"Shell Hardware Detection 的属性"对话框后，切换到"常规"选项卡，单击"启动类型"右侧的下拉三角按钮，弹出下拉列表后，选择"禁用"选项，然后单击"停止"按钮。

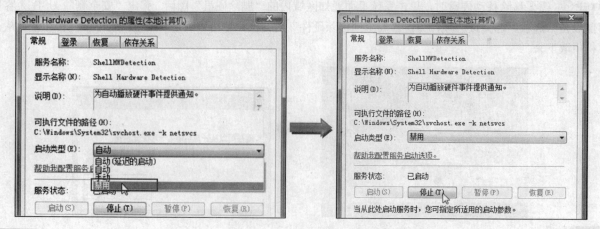

STEP 06 弹出"停止其他服务"对话框，直接单击"是"按钮，程序将弹出"停止"对话框，显示出停止服务的进度。

STEP 07 停止完毕后，返回"Shell Hardware Detection 的属性"对话框，单击"确定"按钮，完成此次操作。

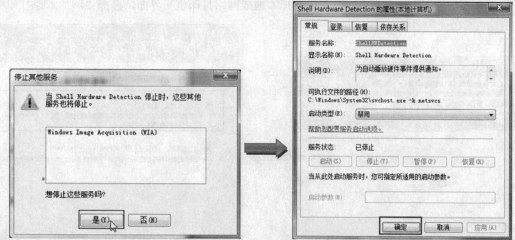

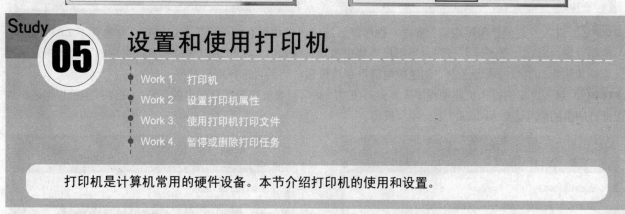

Study 05 设置和使用打印机

- Work 1. 打印机
- Work 2. 设置打印机属性
- Work 3. 使用打印机打印文件
- Work 4. 暂停或删除打印任务

打印机是计算机常用的硬件设备。本节介绍打印机的使用和设置。

Study 05 设置和使用打印机

Work 1 打印机

打印机的类型比较多，从原理和技术来区别可以分为针式打印机、喷墨打印机、激光打印机、热转换打印机等。现在比较常用的是激光打印机和针式打印机。

Lesson 06 安装打印机

Windows Vista · 从入门到精通

连接好打印机的电源线以及与计算机之间的数据线之后，还要安装打印机驱动程序才可以使用。

STEP 01 进入 Vista 系统桌面后，执行"开始>控制面板"命令，进入"控制面板"界面。

STEP 02 进入"控制面板"界面后，单击"硬件和声音"区域中的"打印机"文字链接。

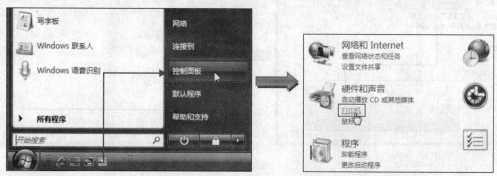

STEP 03 进入"打印机"界面，单击工具栏中的"添加打印机"按钮。

STEP 04 弹出"添加打印机"对话框，进入"选择本地或网络打印机"界面，选择"添加本地打印机"选项。

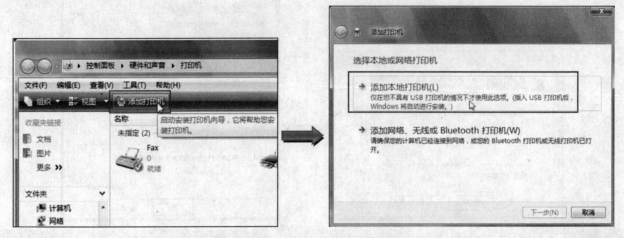

STEP 05 进入"选择打印机端口"界面，程序默认选中"使用现有的端口"单选按钮，并选择了 LPT1 端口。不改变设置，单击"下一步"按钮。当用户需要更改现有端口时，单击端口下拉列表框右侧的下拉按钮，就可以选择其他端口类型，或者选中"创建新端口"单选按钮，然后再选择端口类型。

STEP 06 进入"安装打印机驱动程序"界面，在"厂商"列表框内选择打印机的厂商，在"打印机"列表框内选择打印机的型号，然后单击"下一步"按钮。

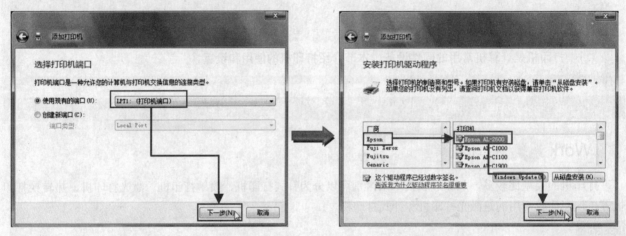

STEP 07 进入"键入打印机名称"界面，系统根据所选择的打印机厂商和型号已生成了一个打印机名称，勾选"设置为默认打印机"复选框，单击"下一步"按钮。程序开始安装打印机，并在界面中显示安装进度。

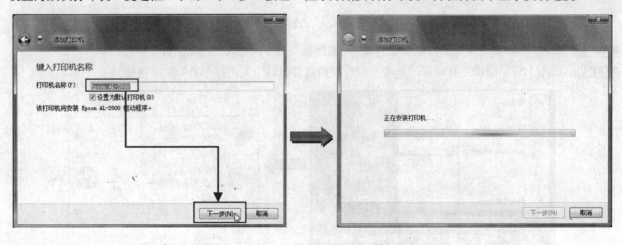

STEP 08 等待几秒钟，打印机驱动程序安装完成后，出现"您已经成功添加 Epson AL-2600"界面。如果用户需要测试，则单击"打印测试页"按钮；如果用户不需要测试，则直接单击"完成"按钮。

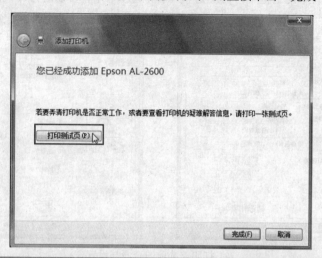

Study 05　设置和使用打印机

Work ② 设置打印机属性

安装了打印机后，打印时默认的纸张大小、来源、类型等的选择用户还不太了解。下面介绍打印机属性的设置操作。

● 以管理员身份查看打印机属性

打开控制面板后，进入"打印机"界面，可以看到所添加的打印机。右击要查看属性的打印机 Epson AL-2600，弹出快捷菜单后，执行"用管理员账户运行>属性"命令。弹出"Epson AL-2600 属性"对话框，切换到不同选项卡下可以查看打印机不同的属性。

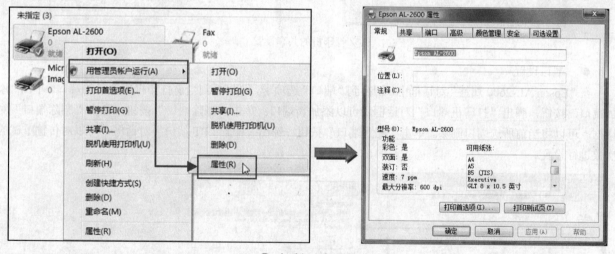

① 查看打印机属性

● 打印首选项

打开"Epson AL-2600 属性"对话框后，切换到"常规"选项卡。单击"打印首选项"按钮，将弹出"Epson AL-2600 打印首选项"对话框。在"基本设置"选项卡下，可以对打印时的纸张大小、方向、来源、类型、颜色、打印布局、份数等进行设置；切换到"高级"选项卡下，可以对缩放选项、打印质量、是否旋转 180 度、逆序打印等进行设置。

● 共享设置

在"Epson AL-2600 属性"对话框中，切换到"共享"选项卡下，可以对打印机的共享进行设置。单击"其他驱动程序"按钮，弹出"其他驱动程序"对话框后，可以对驱动程序的处理器、类型、安装状态进行查看。

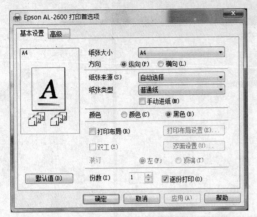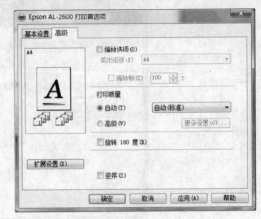

② 打印首选项的查看与设置

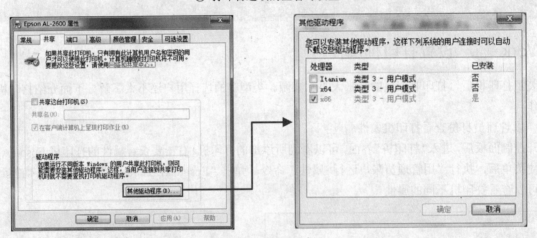

③ 打印机的共享设置

● 端口设置

在"Epson AL-2600 属性"对话框中，切换到"端口"选项卡，可以看到当前打印机所选择的端口。单击"添加端口"按钮，弹出"打印机端口"对话框，可以添加新端口；单击"删除端口"按钮，弹出"删除端口"对话框，可以将当前所选端口删除。单击"配置端口"按钮，弹出"配置 LPT 端口"对话框，可以对传输重试的次数进行设置。

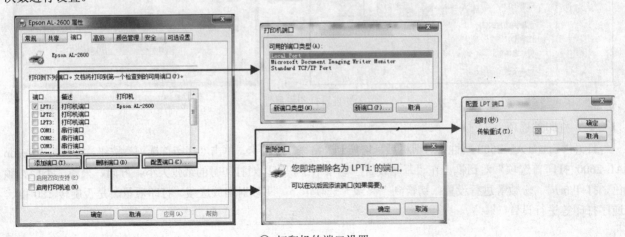

④ 打印机的端口设置

● 高级设置

在"Epson AL-2600 属性"对话框中，切换到"高级"选项卡下，可以对打印机使用时间、优先级、驱动程序、使用后台打印的时间、打印默认值、打印处理器、分隔页进行设置。

⑤ 打印机的高级设置

● 打印机的颜色管理、安全设置、可选设置

在"颜色管理"选项卡下，单击"颜色管理"按钮，弹出"颜色管理"对话框，在该对话框内可以对打印机的颜色进行设置；在"安全"选项卡下，能够添加或删除可以使用此打印机的用户，并能够对用户使用打印机的权限进行设置；在"可选设置"选项卡下，可以对纸张来源、双面打印单元、打印状态页进行设置，对版本信息进行查看。

⑥ 打印机的颜色管理、安全设置、可选设置

Study 05　设置和使用打印机

Work ❸　使用打印机打印文件

安装了打印机后，就可以进行文件的打印操作了。下面介绍通过写字板进行打印文件的操作。

打开要打印的文档后，执行"文件>打印"命令，系统自动执行打印操作。在桌面的通知区域内，显示一个打印机的图标，表示文档正在打印。打印完后，该图标将自动消失。

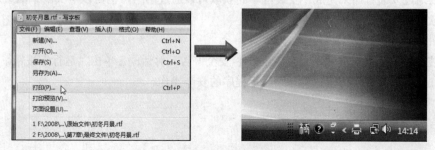

打印文件

Work 4　暂停或删除打印任务

执行过打印命令后，如果用户需要停止文件的打印，或者需要取消打印任务时，可以右击桌面通知区域内的打印机图标，弹出快捷菜单后，执行"打开所有活动打印机"命令，打开"Epson AL-2600"窗口，右击要停止的文件名，弹出快捷菜单后，执行"暂停"命令，就完成了暂停文件打印的操作；需要删除打印任务时，在打开"Epson AL-2600"窗口后，右击要删除的文件，弹出快捷菜单后，执行"取消"命令，就完成了打印任务的删除操作。

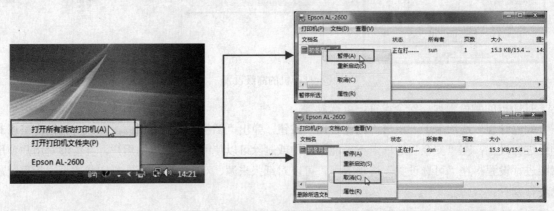

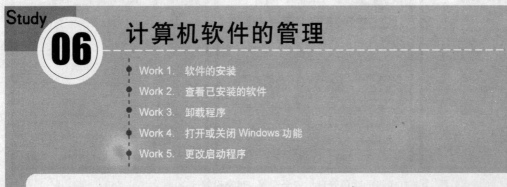

暂停或取消打印任务

Study 06　计算机软件的管理

- Work 1.　软件的安装
- Work 2.　查看已安装的软件
- Work 3.　卸载程序
- Work 4.　打开或关闭 Windows 功能
- Work 5.　更改启动程序

计算机的软件是指计算机的操作系统、程序及文档等内容。程序是能够提供所要求功能和性能的指令或计算机程序集合。

Work 1　软件的安装

安装软件主要通过安装程序来完成。安装程序的获取可以通过网络，也可以购买。下面就以安装 WinRAR 软件为例，介绍软件的安装操作。

● 运行软件安装程序

在程序的安装程序图标上双击，弹出"打开文件-安全警告"对话框，单击"运行"按钮，将弹出"用户账户控制"对话框，单击"允许"按钮，就开始运行程序的安装操作。

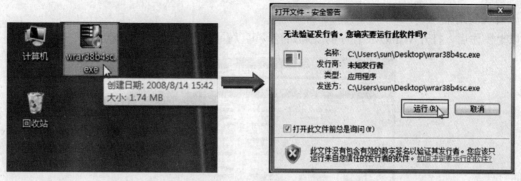

① 运行安装程序

● 选择文件安装路径

打开"WinRAR 3.80 beta4 简体中文版"窗口，在"目标文件夹"下拉列表框中显示了文件安装的默认路径，单击下拉列表框右侧的"浏览"按钮，弹出"浏览文件夹"对话框后，选择程序要安装的路径，然后依次单击对话框中的"确定"按钮，程序开始执行安装操作。

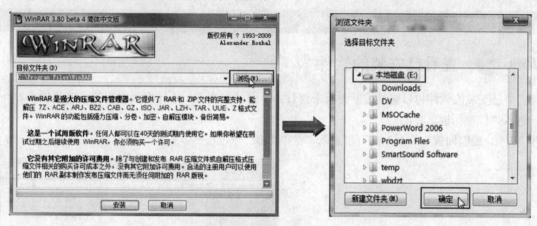

② 选择程序安装位置

● 选择 WinRAR 关联文件

安装完 WinRAR 程序后，弹出"WinRAR 推荐软件"对话框，推荐了超级搜索、广告拦截、隐私保护、修复功能这几个软件。如果用户需要，则勾选"我要安装此工具"复选框，单击"下一步"按钮；不需要则取消勾选该复选框，然后单击"下一步"按钮。进入"WinRAR 简体中文版安装"界面后，不改变其设置，单击"确定"按钮，就完成了 WinRAR 程序的安装。

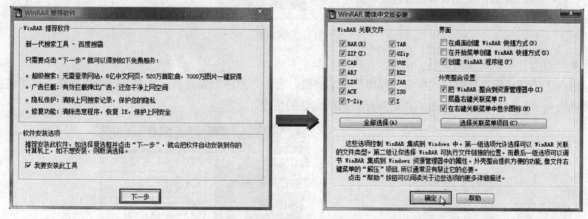

③ 选择 WinRAR 关联文件

● 查看安装结果

经过以上操作后，打开 WinRAR 程序的安装路径，可以看到该软件已经存在其中了。

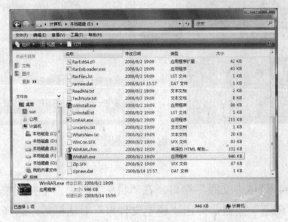

④ 查看安装结果

Study 06　计算机软件的管理

Work ❷　查看已安装的软件

计算机中已安装的软件可以通过控制面板来查看。下面就来查看一下计算机中安装了哪些软件？

● 进入"控制面板"界面

执行"开始>控制面板"命令，就可以进入"控制面板"界面。

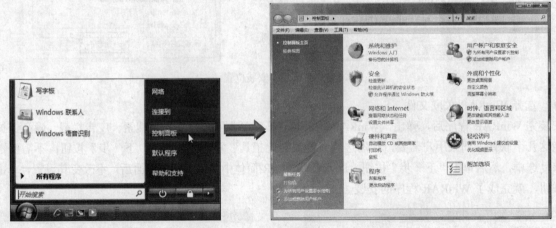

① 打开控制面板

● 查看计算机所安装软件

进入"控制面板"界面后，单击"程序"文字链接，进入"程序"界面后，单击"程序和功能"文字链接，就可以进入"程序和功能"界面，查看到计算机所安装的程序。

② 进入"程序和功能"界面

进入"程序和功能"界面后，在界面的预览区域内，可以看到所安装的程序图标、名称，在界面下方的详细信息栏中显示了程序的总数量、大小等信息。

③ 查看安装软件

Study 06　计算机软件的管理

Work ❸　卸载程序

卸载程序时，可以通过控制面板卸载，也可以通过程序自身所带的卸载程序来进行卸载。下面就以 WinRAR 程序为例，介绍程序的卸载操作。

方法一：通过卸载程序卸载。

打开 WinRAR 的安装路径，双击运行程序中的卸载程序。弹出"卸载 WinRAR"提示对话框后，单击"是"按钮，程序将自动执行文件的卸载操作，卸载完成后，返回 WinRAR 的安装路径可以看到该程序已经不存在了。

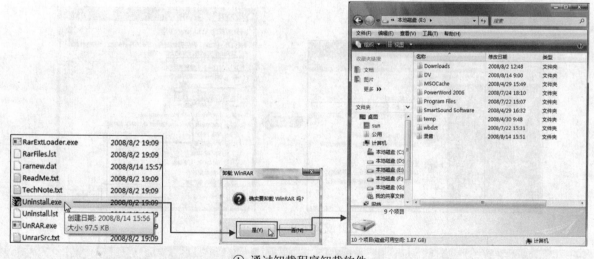

① 通过卸载程序卸载软件

方法二：通过控制面板卸载。

进入"程序和功能"界面后，选中要删除的程序图标 WinRAR，然后单击"卸载"按钮。弹出"卸载 WinRAR"提示对话框后，单击"是"按钮，程序将自动执行文件的卸载操作。卸载完成后，在"程序和功能"界面就看不到 WinRAR 的程序图标了。

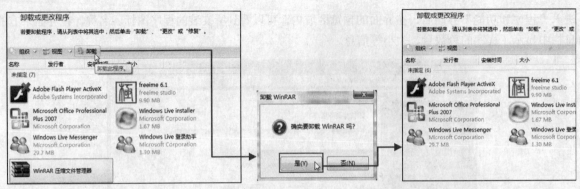

② 通过控制面板卸载软件

Work ④ 打开或关闭 Windows 功能

执行"开始>控制面板"命令,进入"控制面板"界面。单击"程序"图标右侧的"程序"文字链接。

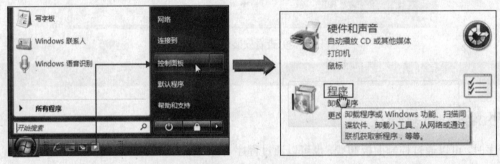

① 进入控制面板

进入"程序"界面后,单击"打开或关闭 Windows 功能"文字链接,打开"Windows 功能"窗口后,可以看到"若要打开一种功能,请选择其复选框,若要关闭一种功能,请清除其复选框。填充的框表示仅打开该功能的一部分"提示文字,按照提示进行操作。

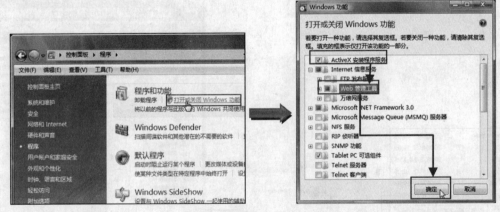

② 打开或关闭 Windows 功能

Work ⑤ 更改启动程序

执行"开始>控制面板"命令,进入"控制面板"界面,单击"程序"图标右侧的"更改启动程序"文字链接。

 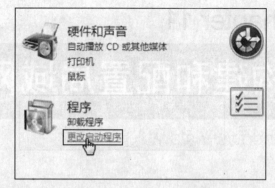

① 进入控制面板

进入"软件资源管理器"界面后，"类别"下拉列表框内已默认地选择了"启动程序"选项。单击选中"分类"列表框内要更改的程序，在"分类"列表框右侧就显示出该程序的详细信息。单击"禁用"按钮，就可以将选中的程序禁用；需要启用程序时，按照类似的方法进行操作即可。

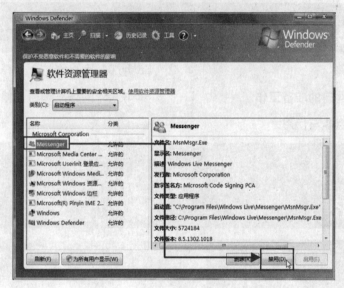

② 更改启动程序

读书笔记

Chapter 11

构建和配置局域网

Windows Vista从入门到精通

视 频 教 程 路 径

DVD

Chapter 11\Study 03　局域网的组建与使用
● Lesson 01　创建网络驱动器的快捷方式.swf

Chapter 11\Study 04　网络维护
● Lesson 02　添加网络位置.swf

Chapter 11\Study 05　网络故障自动修复和维护
● Lesson 03　进行网络故障的自动修复.swf

Chapter 11　构建和配置局域网

　　Internet 是全球性的互联网，是由那些使用公用语言互相通信的计算机连接而成的全球网络。而局域网是某一区域内的，例如一个公司内或者一个家庭中的几台计算机连接而成的网络。本节将介绍局域网的构建和配置操作。

Study

01　初识局域网

　　局域网一般由服务器、用户工作站、传输介质和联网设备这几部分组成。局域网具有传输速度快、支持传输介质类型多、通信处理一般由网卡完成、传输质量好、误码率低等特点。

　　局域网（Local Area Network，简称 LAN)是指在某一区域内由多台计算机连接而成的计算机组。"某一区域"指的是同一办公室、同一建筑物、同一公司或同一学校等，一般是方圆几千米以内。局域网可以实现文件管理、应用软件共享、打印机共享、扫描仪共享、工作组内的日程安排、电子邮件和传真通信服务等功能。局域网包括有线局域网和无线局域网。

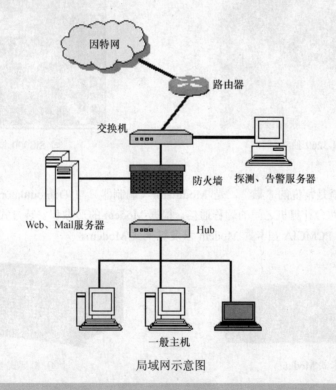

局域网示意图

Study

02　构建局域网前的准备工作

　　● Work 1.　网络所需硬件
　　● Work 2.　连接集线器或路由器

　　下面介绍构建局域网的前期准备工作，首先了解构建网络所需要的硬件。

Work ① 网络所需硬件

在构建局域网前，先介绍所需要的网卡、调制解调器、集线器、交换机、路由器、网线等硬件设备。

● 网卡

网卡也叫"网络适配器"，是工作在数据链路层的网络组件，是局域网中连接计算机和传输介质的接口。它不仅能实现与局域网传输介质之间的物理连接和电信号匹配，还涉及帧的发送与接收、帧的封装与拆封、介质访问控制、数据的编码与解码以及数据缓存的功能。

① 独立网卡

独立网卡是指网卡以独立的板卡存在，使用时，需要插在主板的 AGP 接口上。独立网卡具备单独的显存，不占用系统内存，而且技术上领先于集成网卡，能够提供更好的显示效果和运行性能。

② 集成网卡

集成网卡是将显示芯片集成在主板芯片组中。具有成本低廉、使用方便、集成性比较高的优点。拥有较高的实用性，能满足日常大部分应用的需求。

① 金浪 KN-3269 独立网卡

② SiS900 集成网卡

● 调制解调器

调制解调器(Modem)就是常说的"猫"，是 Modulator（调制器）与 Demodulator（解调器）两个英文单词的简称，其主要用于实现两台计算机之间的远程通信。根据 Modem 的形态和安装方式，可以分为四类：外置式 Modem、内置式 Modem、PCMCIA 插卡式 Modem 以及机架式 Modem。

③ 插卡式 Modem

④ 机架式 Modem

⑤ 外置式 Modem

⑥ 内置式 Modem

● 集线器

集线器（Hub）就是"中心"的意思，它的主要功能是对接收到的信号进行再生，整形放大，以扩大网络的传输距离，同时把所有节点集中在以它为中心的节点上。它和双绞线等传输介质一样，是一种不需任何软件支持或只需很少管理软件管理的硬件设备，被广泛应用到各种场合。

● 交换机

交换机（Switching）是一种在通信系统中完成信息交换功能的设备。它拥有一条很高带宽的背部总线和内部交换矩阵，所有的端口都挂接在这条背部总线上。控制电路收到数据包以后，处理端口会查找内存中的地址对照表以确定目的 MAC（网卡的硬件地址）的 NIC（网卡）挂接在哪个端口上，通过内部交换矩阵迅速将数据包传送到目的端口。

⑦ USB 集线器

⑧ 交换机

● 路由器

路由器（Router）是互联网的主要节点设备。路由器通过路由决定数据的转发。转发策略称为路由选择（Routing），这也是路由器名称的由来。路由器主要有两个用途，一个作用是连通不同的网络；另一个作用是选择信息传送的线路。

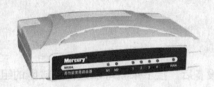
⑨ 路由器

● 网线

要连接局域网，网线是必不可少的。在局域网中常见的网线主要有双绞线、同轴电缆、光缆 3 种。

① 双绞线

双绞线由许多对线组成的数据传输线。它的特点是价格便宜，所以被广泛应用，比如日常生活中常见的电话线等。它的主要作用是用来和 RJ-45 水晶头相连。

② 同轴电缆

同轴电缆由一层层的绝缘线包裹着中央铜导体的电缆线。它的特点是抗干扰能力好，传输数据稳定，价格也便宜。同样被广泛使用，如闭路电视线等。它的主要作用是用来和 BNC 头相连。

③ 光缆

光缆是目前最先进的网线。但是它的价格较贵，在家用场合很少使用。光缆是由许多根细如发丝的玻璃纤维外加绝缘套组成。由于靠光波传送，它的特点就是抗电磁干扰性极好、保密性强、速度快、传输容量大等。

⑩ 双铰线

⑪ 同轴电缆

⑫ 光缆

Work 2 连接集线器或路由器

在连接集线器或路由器等转换器时，主要是将网线、USB 接口线等与它们的相应接口相连接。下面就以连接集线器为例介绍连接集线器或路由器的操作。

准备好 USB 延长线以及集线器后，将各 USB 线与集线器上相应的接口连接后，再与计算机网线接口连接，就完成了集线器与计算机的连接操作。

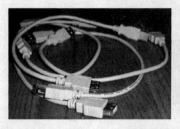 

① USB 延长线

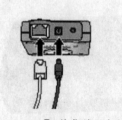 

② 将集线器与计算机连接

Study 03 局域网的组建与使用

- Work 1. 设置无线路由器和访问点
- Work 2. 更改局域网和计算机名称
- Work 3. 共享网络资源
- Work 4. 浏览共享资源

了解了局域网所需的硬件设备后，接下来就可以进行局域网的组建。本节介绍局域网的组建与使用操作。

Work 1 设置无线路由器和访问点

将安装网络所需要的硬件设备准备好后，接下来对所建立的网络协议、网络名称等内容进行设置。

● 进入"网络和共享中心"界面

进入 Vista 系统桌面后，执行"开始>网络"命令，进入"网络"界面后，单击工具栏中的"网络和共享中心"按钮。

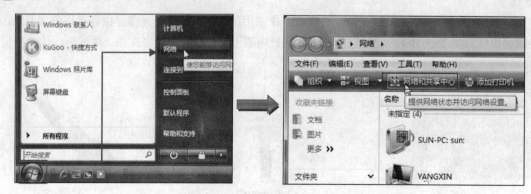

① 进入"网络和共享中心"界面

● 打开"本地连接 属性"对话框

进入"网络和共享中心"界面后，单击任务窗格中的"管理网络连接"文字链接。进入"网络连接"界面后，右击"本地连接 2"图标，弹出快捷菜单后，执行"属性"命令。

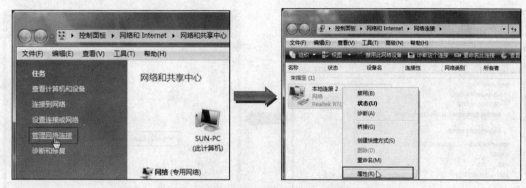

② 打开"本地连接 属性"对话框

● 设置网络项目属性

经过以上操作后，弹出"本地连接 2 属性"对话框。双击"此连接使用下列项目"区域内的"Internter 协议版本 4（TCP/IPv4）"选项，弹出"Internter 协议版本 4（TCP/IPv4）属性"对话框，切换到"常规"选项卡，选中"自动获得 IP 地址"和"自动获得 DNS 服务器地址"单选按钮，然后单击"确定"按钮。

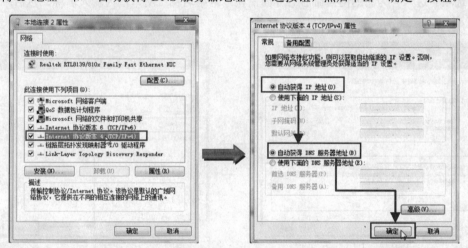

③ 打开并设置 Internet 协议版本 4（TCP/IPv4）属性

● 设置连接或网络

返回"网络和共享中心"界面，单击任务窗格中的"设置连接或网络"文字链接。打开"设置连接或网络"窗口后，选择"设置无线路由器和访问点"选项，然后单击"下一步"按钮。

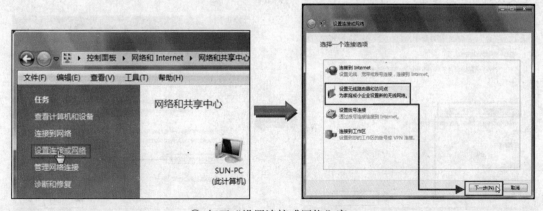

④ 打开"设置连接或网络"窗口

● 检测网络硬件和设置

进入"设置家庭或小型企业网络"界面，不做任何设置，单击"下一步"按钮。程序开始检测网络硬件和设置，在界面中显示出检测进度。

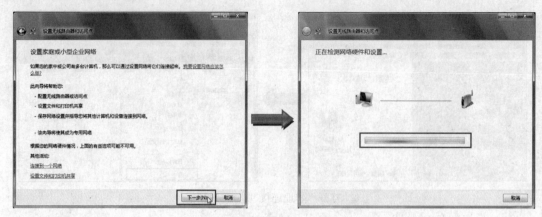

⑤ 检测网络硬件和设置

● 创建无线网络设置的网络名称

进入"Windows 已检测到网络硬件，但不能自动配置它"界面后，单击"创建无线网络设置并保存到 USB 闪存驱动器"选项。进入"为您的网络命名"界面，在"网络名称"文本框内输入名称，然后单击"下一步"按钮。

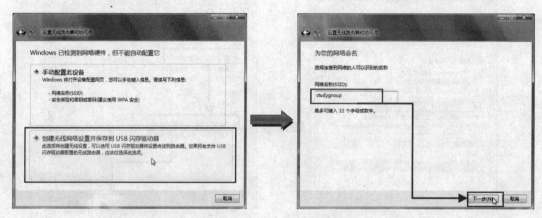

⑥ 创建无线网络设置的网络名称

● 设置网络密码和文件共享

进入"用密码使网络更加安全"界面后，"密码"文本框内显示出程序默认的密码，并处于选中状态，直接输入需要设置的密码，然后单击"下一步"按钮。进入"选择文件和打印机共享选项"界面，选中"保留我当前的自定义设置"单选按钮，然后单击"下一步"按钮。

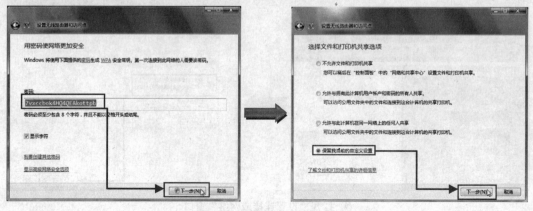

⑦ 设置网络密码文件共享

● 将创建的网络添加到 USB 闪存驱动器中

进入"将 USB 闪存驱动器插入此计算机"界面后，在"将设置保存到"下拉列表框内显示出 USB 闪存驱动器的名称，然后单击"下一步"按钮。进入"要添加设备或计算机，请执行下列步骤"界面，在该界面中显示了要添加其他设备或计算机的操作步骤。如果用户需要添加其他设备或计算机，可以按照提示进行操作。

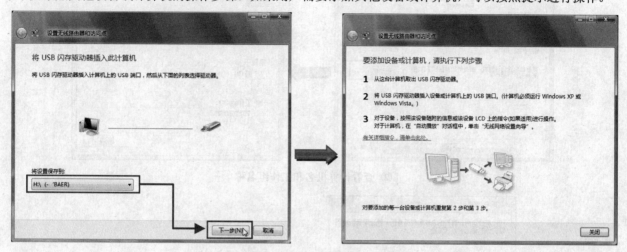

⑧ 将设置保存到 USB 闪存驱动器中

Study 03　局域网的组建与使用

Work ❷　更改局域网和计算机名称

● 进入"系统"界面

当用户需要更改局域网的名称和局域网中计算机的名称时，可以在登录到 Vista 系统桌面后，右击"计算机"图标，弹出快捷菜单后，执行"属性"命令。进入"系统"界面后，单击任务窗格中的"系统保护"文字链接。弹出"用户账户控制"对话框后，单击"继续"按钮。

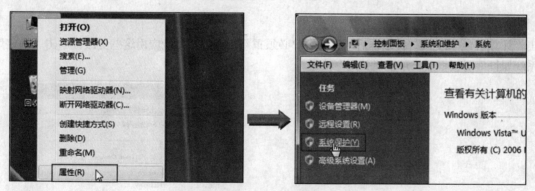

① 进入"系统"界面

● 设置系统属性

弹出"系统属性"对话框后，切换到"计算机名"选项卡，单击"更改"按钮。弹出"计算机名/域更改"对话框，可以看到现在计算机的名称以及局域网工作组的名称。

● 更改计算机名和工作组

在"计算机名"文本框内输入要设置的计算机名称，然后在"工作组"文本框内再输入要设置的工作组名称，单击"继续"按钮。弹出"计算机名/域更改"提示框，显示为"欢迎加入 STUDY 工作组"，单击"确定"按钮。

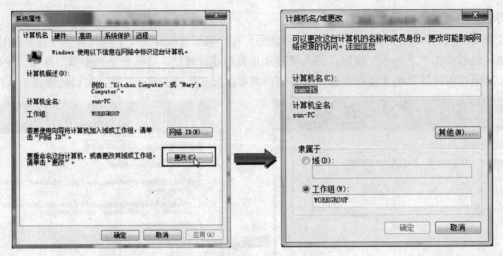

② 查看计算机名和工作组名称

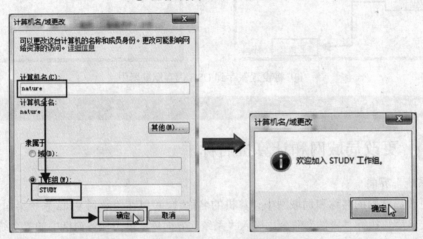

③ 更改计算机和工作组名称

● 返回"系统属性"对话框

弹出"计算机名/域更改"提示框后，提示用户必须重新启动计算才能应用这些更改。单击"确定"按钮。返回"系统属性"对话框后，单击"关闭"按钮。

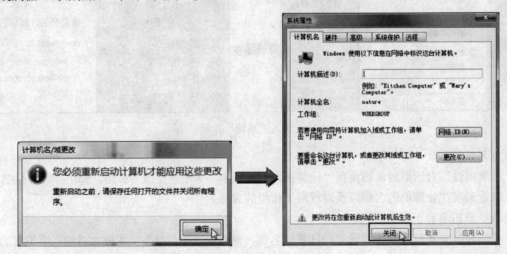

④ 返回"系统属性"对话框

● 重新启动计算机

关闭"系统属性"对话框后，弹出 Microsoft Windows 提示对话框。单击"立即重新启动"按钮，重新启动计算机。

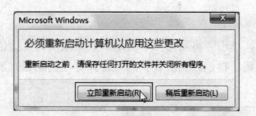

⑤ 重新启动计算机

Work ③　共享网络资源

设置了局域网后，为了使局域网上的共享资源能更丰富，还需要对计算机中的文件夹进行共享。下面介绍文件夹的共享操作。

● 打开共享文件夹的属性对话框

打开要共享的文件夹保存路径，右击"录音"文件夹，弹出快捷菜单后，执行"属性"命令。弹出"录音 属性"对话框后，单击"高级共享"区域内的"高级共享"按钮。

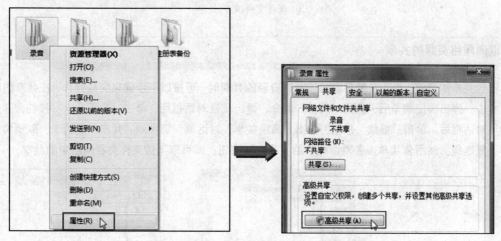

① 打开要设置共享文件夹的属性对话框

● 设置文件夹的共享及权限

弹出"用户账户控制"对话框后，单击"继续"按钮。弹出"高级共享"对话框，勾选"共享此文件夹"复选框，然后单击"注释"文本框下方的"权限"按钮。弹出"录音 的权限"对话框后，勾选"Everyone 的权限"列表框内"读取"和"更改"后面的"允许"复选框，然后单击"应用"按钮和"确定"按钮。

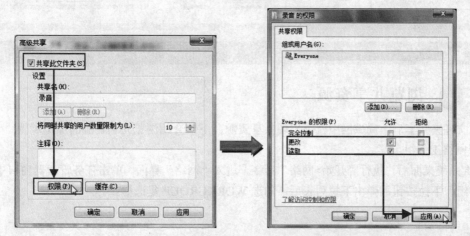

② 设置文件夹的共享和访问权限

● 查看文件夹的共享

返回"高级共享"对话框中，单击"将同时共享的用户数量限制为"数值框右侧的调节按钮，将数值设置为"10"，然后单击"确定"按钮。再返回到所设置的文件夹存在的路径，就可以看到将文件夹设置了共享后的效果。

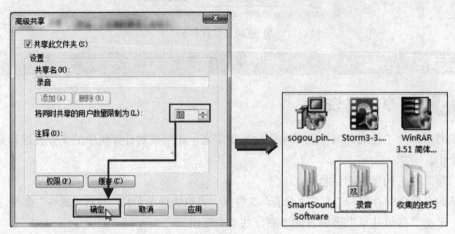

③ 查看文件夹的共享

Tip 取消网络资源的共享

对于已经共享的资源，当用户需要取消该网络资源的共享时，可按以下步骤来完成操作。在共享的网络资源文件夹上右击，弹出快捷菜单后，执行"属性"命令。弹出属性对话框后，单击"高级共享"按钮。弹出"用户账户控制"对话框后，单击"继续"按钮。弹出"高级共享"对话框，切换到"共享"选项卡，取消勾选"共享此文件夹"复选框。然后依次单击各对话框中的"确定"按钮，即可取消该文件夹在网络中的共享。

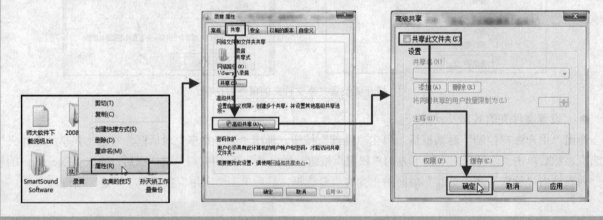

Study 03 局域网的组建与使用

Work ④ 浏览共享资源

将文件或文件夹共享后，局域网中就会出现共享资源。下面介绍浏览共享资源的操作步骤。

● 选择网络工作组

进入 Vista 系统桌面后，执行"开始>网络"命令，进入"网络"界面。单击任务管理器窗口中"预览区域"上方的"工作组"下拉按钮，弹出下拉列表后，勾选 WORKGROUP 复选框。

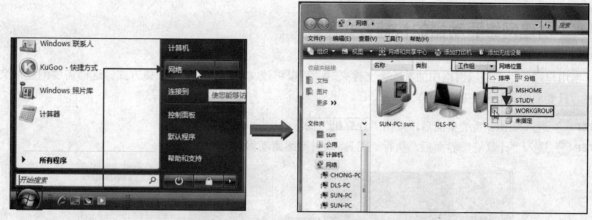

① 选择网络工作组

- 打开工作组内的共享文件夹

进入 WORKGROUP 工作组后，双击该工作组中的计算机 DLS-PC。打开该计算机的共享资源后，双击要查看的"应用软件"文件夹。

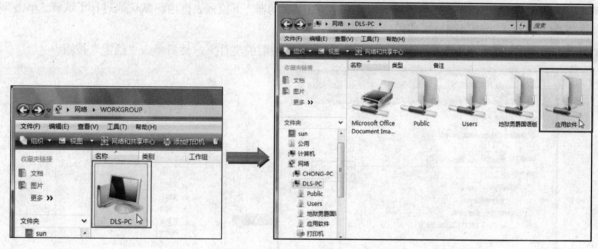

② 打开工作组内的共享文件夹

- 查看网络资源

经过以上操作后，就可以打开网络工作组内计算机上的共享资源，进行查看或使用。

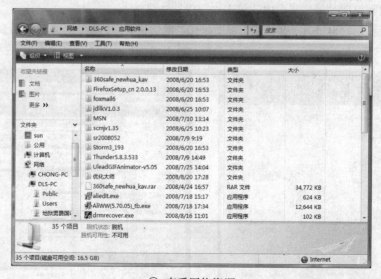

③ 查看网络资源

创建网络驱动器的快捷方式

Windows Vista • 从入门到精通

    当用户经常用到局域网络中的某一个文件夹时，可以将该文件夹创建一个快捷方式。这样需要浏览该文件夹时，只要双击计算机中的快捷方式即可。

STEP 01 进入 Vista 系统桌面后，双击"计算机"图标。

STEP 02 进入"计算机"界面后，执行"工具>映射网络驱动器"命令。

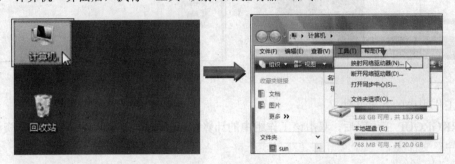

STEP 03 进入"映射网络驱动器"界面后，可以看到在"驱动器"下拉列表框内已默认地进行了选择。单击"文件夹"下拉列表框右侧的"浏览"按钮。

STEP 04 弹出"浏览文件夹"对话框后，选择网络中需要映射的文件夹，然后单击"确定"按钮。

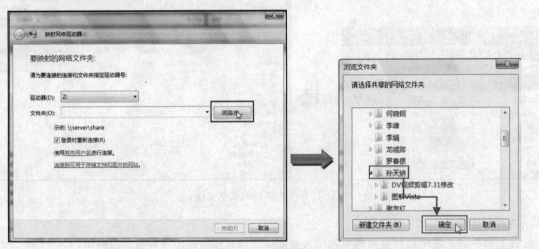

STEP 05 返回"映射网络驱动器"界面中，单击"完成"按钮。

STEP 06 经过以上操作后，再进入"计算机"界面，在"网络位置"区域内，就可以看到所创建的网络驱动器的快捷方式。

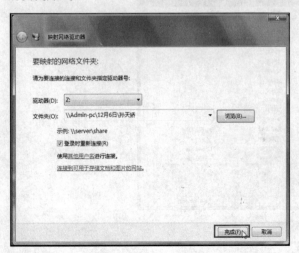
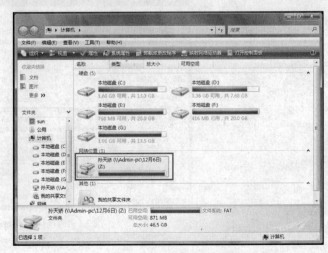

创建了网络驱动器的快捷方式后，当用户不需要使用该快捷方式时，就可以断开驱动器。进入"计算机"界面后，执行"工具>断开网络驱动器"命令。弹出"断开网络驱动器"对话框后，选中要断开的网络驱动器。然后单击"确定"按钮，返回到"计算机"界面中，就可以看到映射的网络驱动器已经不存在了。

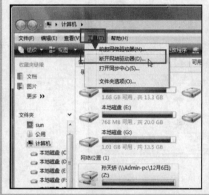 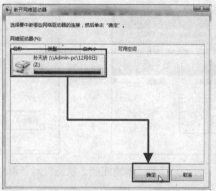 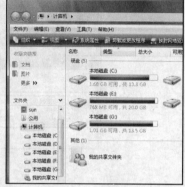

Study 04 网络维护

● Work 1. 配置网络协议
● Work 2. 设置网络位置
● Work 3. 测试网络状态

进行了局域网的安装以及资源的共享后，接下来还需要进行网络的维护。下面介绍配置网络协议、设置网络位置等操作。

Study 04 网络维护

Work 1 配置网络协议

网络协议是网络上所有设备（网络服务器、计算机及交换机、路由器、防火墙等）之间通信规则的集合。它定义了通信时信息必须采用的格式和这些格式的意义。下面介绍配置网络协议的操作。

● 进入"网络和共享中心"界面

进入系统桌面后，单击桌面任务栏中的"当前网络连接"图标，弹出"当前连接到:"对话框后，选择"网络"选项。进入"网络和共享中心"界面，单击任务窗格中的"管理网络连接"文字链接。

① 进入"网络和共享中心"界面

● 打开"本地连接状态"对话框

进入"网络连接"界面后，双击"本地连接 2"图标。弹出"本地连接 2 状态"对话框后，单击"属性"按钮，弹出"用户账户控制"对话框后，单击"继续"按钮。

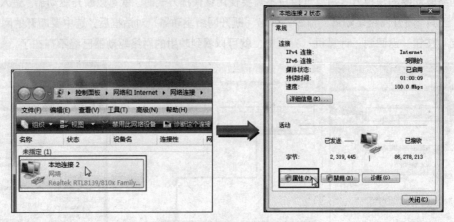

② 打开"本地连接 2 状态"对话框

● 安装网络协议

弹出"本地连接 2 属性"对话框后，勾选"此连接使用下列项目"列表框中的"Microsoft 网络客户端"复选框，然后单击"安装"按钮。弹出"选择网络功能类型"对话框后，勾选"单击要安装的网络功能类型"列表框中的"协议"复选框，然后单击"添加"按钮。

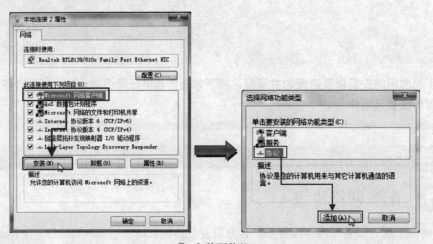

③ 安装网络议

● 选择网络协议

弹出"选择网络协议"对话框后，选择"网络协议"列表框内的"可靠的多播协议"选项。然后单击"确定"按钮，即可完成网络协议的安装。

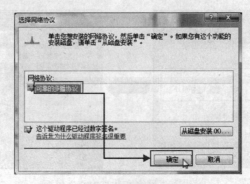

④ 选择网络协议

Work ❷ 设置网络位置

Vista 系统的网络位置有家庭、办公室和公共场所 3 种。选择了网络位置可以帮助用户确保始终将计算机设置为适当的安全级别。其中"公用"选项，表示该网络用于"公共场所"的网络设置；"专用"选项，则表示该网络对于"家庭"或"办公"的网络设置。下面介绍设置网络位置的操作步骤。

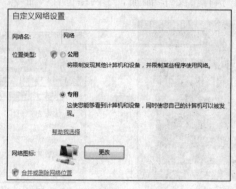

① 设置网络位置界面

● 进入"网络和共享中心"界面

进入 Vista 系统桌面后，双击桌面任务栏中的"当前网络连接"图标，弹出"当前连接到："对话框后，选择"网络"选项。进入"网络和共享中心"界面，单击"网络和共享"区域内的"自定义"文字链接。

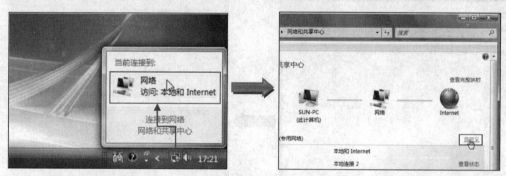

② 进入"网络和共享中心"界面　　　　　③ 单击"管理网络连接"链接

● 设置网络位置

进入"自定义网络位置"界面后，可以看到网络的名称、位置类型等内容。用户可以在该界面中进行相应的设置，单击"下一步"按钮，进入"成功地设置网络设置"界面后，单击"关闭"按钮。

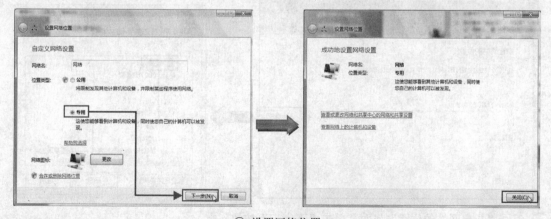

④ 设置网络位置

　　每个 Vista 系统默认地添加了一个网络位置，如果用户还需要其他的网络位置，可以再添加一个网络位置。下面介绍添加网络位置的操作方法。

STEP 01 执行"开始>计算机"命令，进入"计算机"界面。

STEP 02 进入"计算机"界面后，执行"文件>添加一个网络位置"命令。

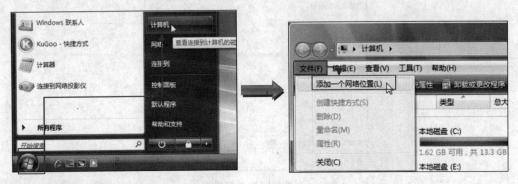

STEP 03 进入"欢迎使用添加网络位置向导"界面后，单击"下一步"按钮。

STEP 04 进入"您想在哪儿创建这个网络位置?"界面后，单击 "下一步"按钮。

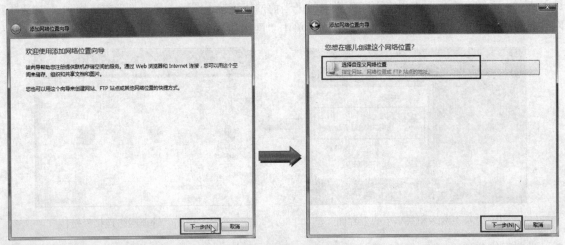

STEP 05 进入"指定网站的位置"界面后，单击"Internet 或网络地址"下拉列表框右侧的"浏览"按钮。

STEP 06 弹出"浏览文件夹"对话框，选择要发布文件的网络文件夹后，单击"确定"按钮。

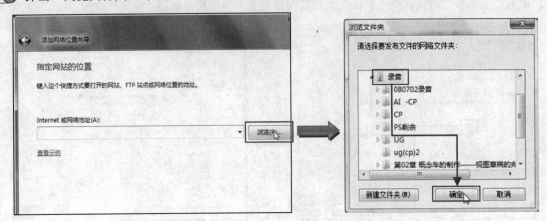

STEP 07 返回"指定网站的位置"界面，单击"下一步"按钮。

STEP 08 进入"这个网络位置的名称是什么?"界面后,在"请键入该网络位置的名称"文本框内输入网络名称,然后单击"下一步"按钮。

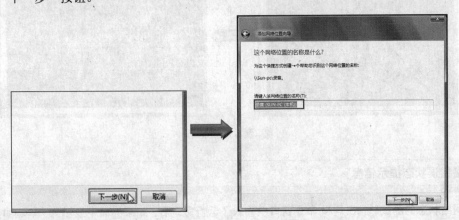

STEP 09 进入"正在完成添加网络位置向导"界面,单击"完成"按钮。

STEP 10 经过以上操作后,再进入"网络"界面,打开用户的计算机,就可以看到所添加的网络位置。

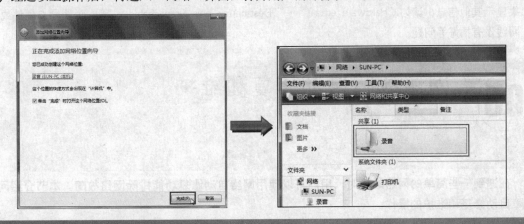

Study 04　网络维护

Work 3　测试网络状态

用户的计算机连网后,可以通过"运行"程序来查看网络的状态、速度等信息。下面介绍测试网络状态的操作。

● 弹出"运行"对话框

执行"开始>所有程序>附件>运行"命令,弹出"运行"对话框后,在"打开"文本框内输入"command"。然后单击"确定"按钮。

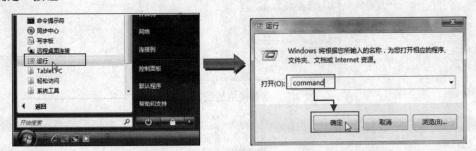

① 弹出"运行"对话框

● 查看网络状态

弹出 DOS 命令窗口后,输入"ping"后,再输入要测试的网址,以 www.163.com 为例,然后按下 Enter 键。在该命令的下方就会显示出网络当前的状态,界面中显示出网络的发送数据为 4;被接收数据为 4;丢失数据为 0。

② 查看网络状态

Study
05　网络故障自动修复和维护

● Work 1.　网络故障自动修复
● Work 2.　网络常见故障的维护

　　在遇到一些简单的网络故障时，用户可以使用网络自动修复功能排除网络故障。本节介绍网络故障自动修复和维护的操作。

Study 05　网络故障自动修复和维护

Work ❶　网络故障自动修复

　　用户在执行了网络诊断命令后，会弹出 "Windows 网络诊断" 对话框，选择 "重置网络适配器" 选项，就可以对网络的故障进行自动修复，几秒钟后，故障修复完成，界面中就会显示出 "问题已解决" 的提示。

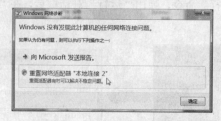

① 重置网络适配器

② 自动修复网络　　　　　　　　③ 网络修复完成

Lesson 03 进行网络故障的自动修复

Windows Vista • 从入门到精通

当用户需要对网络进行自动修复时，可以按以下步骤来完成操作。

STEP 01 进入 Vista 系统桌面后，单击桌面任务栏中的"当前网络连接"图标，弹出"当前网络连接"对话框后，选择"网络"选项。

STEP 02 进入"网络和共享中心"界面，单击任务窗格中的"管理网络连接"文字链接。

STEP 03 进入"网络连接"界面后，右击要修复的"本地连接 2"图标，弹出快捷菜单后，执行"状态"命令。

STEP 04 弹出"本地连接 2 状态"对话框后，可以看到网络的连接、活动等状态，单击"诊断"按钮。

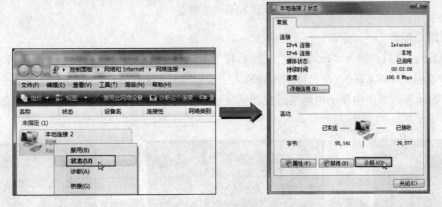

STEP 05 弹出"Windows 网络诊断"对话框后，选择"重置网络适配器'本地连接 2'"选项。

STEP 06 弹出"Windows 网络诊断"对话框，显示出"正在修复"的进度。

STEP 07 网络故障修复完成后，就会在"Windows 网络诊断"对话框内显示出"问题已解决"等相关内容。单击"关闭"按钮，即可完成网络自动故障修复的操作。

Work ❷　网络常见故障的维护

出现网络故障的原因主要有 3 个方面，即协议、网络适配器和网络线路。当用户的网络出现故障时，用户可以首先检查一下这 3 个方面是否有错。一旦发现错误，用户就可以使用网络的自动修复功能进行网络的修复。

● 检查网络协议

打开 DOS 命令窗口后，输入"ping 127.0.0.1"，然后按下 Enter 键，在该命令的下方就会显示出网络协议当前的状态。界面中显示出网络协议的发送数据为 4；被接收数据为 4；丢失数据为 0，此状态下表示网络协议正常。如果协议有错，界面中会显示出"Request timed out"、"Reply from 210.26.144.130: bytes=32 time=10ms TTL=125"等内容。

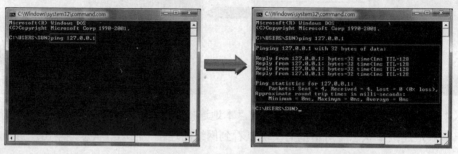

① 检查网络协议

● 检查网络适配器

打开 DOS 命令窗口后，输入"ipconfig"，然后按下 Enter 键，在该命令的下方就会显示本机的 IP 地址等信息，本机的 IP 为 192.168.1.100。在光标闪烁处输入"ping 192.168.1.100"，然后按下 Enter 键，就可以看到网络适配器当前的状态，界面中显示出网络适配器的发送数据为 4；被接收数据为 4；丢失数据为 0。此状态表示适配器正常。

② 检查网络适配器状态

● 检查网络线路

打开 DOS 命令窗口后，输入"ping 192.168.1.3"，然后按下 Enter 键，在该命令的下方就会显示出网络线路的状态。

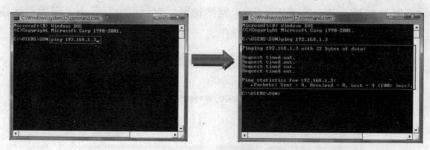

③ 检查网络线路

Chapter 12

Internet 连接与网上冲浪

Windows Vista从入门到精通

本章重点知识

Study 01 了解Internet

Study 02 常见的上网方式

Study 03 IE 7.0浏览器

Study 04 使用电子邮件

视频教程路径

DVD

Chapter 12\Study 02　常见的上网方式
- Lesson 01　拨号上网.swf

Chapter 12\Study 03　IE 7.0浏览器
- Lesson 02　浏览网页.swf
- Lesson 03　收藏资料.swf
- Lesson 04　保存网页.swf
- Lesson 05　下载文件.swf
- Lesson 06　管理浏览器的网上行为.swf
- Lesson 07　查看浏览器的历史记录.swf
- Lesson 08　设置浏览器初始主页.swf
- Lesson 09　使用代理服务器浏览网页.swf
- Lesson 10　提高网页下载速度.swf
- Lesson 11　优化浏览器选项卡.swf
- Lesson 12　搜索网页.swf
- Lesson 13　搜索图片.swf
- Lesson 14　音乐的搜索与下载.swf
- Lesson 15　网上地图的搜索与使用.swf

Chapter 12\Study 04　使用电子邮件
- Lesson 16　撰写并发送电子邮件.swf
- Lesson 17　读取并回复电子邮件.swf
- Lesson 18　管理邮箱.swf

网络已成为现代社会必不可少的办公工具，如果读者还不知道 Internet 的连接方式，以及如何在网上冲浪，那么一定要对本章所讲知识点进行学习。本章将为读者介绍一个全新的 Internet 世界。

Study 01　了解 Internet

Internet（国际互联网）是一个由各种不同类型和规模、独立运行和管理的计算机网络组成的全球范围内的庞大的计算机网络。组成 Internet 的计算机网络包括局域网（LAN）、城域网（MAN）以及大规模的广域网（WAN）等。这些网络通过普通电话线、高速专用线路、卫星、微波和光缆等通讯线路把不同国家的大学、公司、科研机构以及军事及政府等组织的网络联系起来。从某种意义上来说 Internet 是全世界最大的图书馆，它为人们提供了巨大的并且不断增长的信息资源和服务工具宝库。用户可以利用 Internet 所提供的各种工具获得信息资源。

Study 02　常见的上网方式

> ● Work 1　ADSL 拨号连接上网

在当今的电子信息化社会里，可选择的上网方式也在不断地更新中。目前比较常用的上网方式有以下几种。

- **56K Modem 上网**

虽然现在宽带很流行，但对于很多没有开通宽带的城市郊区或小乡镇用户而言，56K Modem 依然是其上网时的首选。56K Modem 是将计算机通过电话线连接到另一台计算机或一个计算机网络的设备。它的作用是将计算机的数字信号转换为能够依靠电话线路传输的模拟信号，通过网络传递到另外的计算机或服务器；对于接受到的模拟信号，则由它再解调为数字信号，以便计算机能够识别。

- **ISDN 上网**

与 56K Modem 相比，ISDN 具有以下几个优点：一是它实现了端到端的数字连接，而 Modem 在两个端点间传输数据时必须要经过 D/A 和 A/D 转换；二是 ISDN 可实现双向对称通信，并且最高速度可达到 64Kbit/s 或 128Kbit/s，而 56K Modem 属不对称传输；三是 ISDN 可实现包括语音、数据、图像等综合性业务的传输，而 56K Modem 却无法实现；四是 ISDN 可以实现一条普通电话线上连接的两部终端同时使用，可以边上网边打电话、边上网边发传真或者两部计算机同时上网、两部电话同时通话等。

- **DSL 上网**

ADSL 宽带上网是目前各城镇上网接入的主流，ADSL 其实是 DSL 的一种。数字用户线 DSL（Digital Subscriber Line）是一种不断发展的高速上网宽带接入技术，该技术采用较先进的数字编码技术和调制解调技术在常规的电话线上传送宽带信号。目前已经比较成熟并且投入使用的数字用户线方案有 ADSL、HDSL、SDSL 和 VDSL（ADSL 的快速版本）等。这些方案都是通过一对调制解调器来实现的，其中一个调制解调器放置在电信局，另一个调制解调器放置在用户一端。

- **小区宽带上网**

小区宽带上网常采用 FTTx 光纤+局域网（LAN）接入和 ADSL 局域网接入两种方案。FTTx 光纤+局域网（LAN）接入是一种利用光纤加五类网线方式实现的宽带接入方案。它以千兆光纤连接到小区中心交换机，中心交换机和楼道交换机以百兆光纤或五类网络线相连，然后再用网线连接到各用户的计算机上。FTTx 光纤+局域网接入用户上网速率最高可达 10Mbit/s，其网络可扩展性强，投资规模较小。另有光纤到办公室、光纤到户、光纤到桌面等多种接入方式可满足不同用户的需求。其主要运营商包括长城宽带、中国电信等。

Work ❶ ADSL 拨号连接上网

认识了上网所需要的硬件设备后，将它们都连接到计算机上以后，还要再进行网络信号的连接，才能进行上网的操作。下面介绍使用 ADSL 拨号连接上网的操作。

Lesson 01 拨号上网

Windows Vista · 从入门到精通

ADSL 是目前众多 DSL 技术中较为成熟的一种，其带宽较大、连接简单、投资较小，因此发展很快。

STEP 01 执行"开始>控制面板"命令，进入"控制面板"界面。

STEP 02 进入"控制面板"界面后，单击"网络和共享中心"图标。

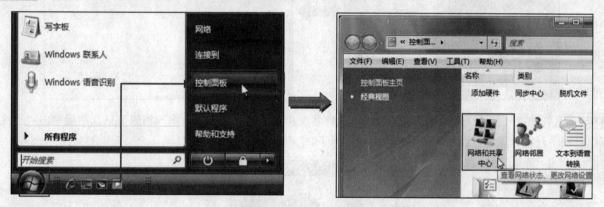

STEP 03 进入"网络和共享中心"界面后，单击任务窗格中的"设置连接或网络"文字链接。

STEP 04 进入"设置连接或网络"界面后，选择"设置拨号连接"选项，然后单击对话框右下角的"下一步"按钮。

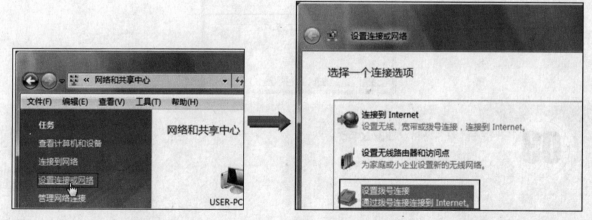

STEP 05 进入"键入您的 Internet 服务提供商（ISP）提供的信息"界面后，在"拨打电话号码"、"用户名"、"密码"、"连接名称"文本框中，输入相应的内容，然后单击"创建"按钮。

STEP 06 此时，计算机开始进行 Internet 的连接。连接完成后，界面中显示"若要下一次连接到 Internet，请单击「开始」按钮，单击'连接到'，然后单击刚创建的连接"信息。单击"关闭"按钮，就完成了创建 ADSL 的操作。

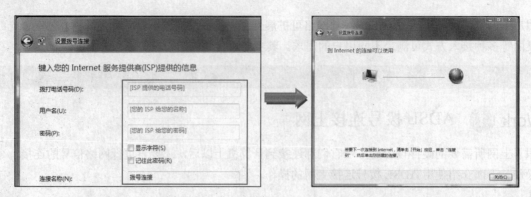

STEP 07 返回"网络和共享中心"界面，单击任务窗格中的"管理网络连接"文字链接。

STEP 08 进入"网络连接"界面后，右击刚刚创建的"ADSL"图标，弹出快捷菜单后，执行"连接"命令。

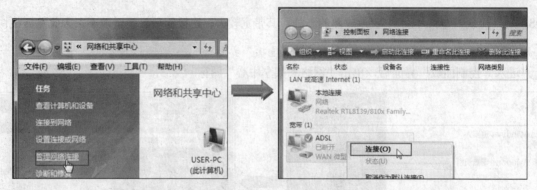

STEP 09 弹出"连接 ADSL"对话框后，在"用户名"和"密码"文本框内输入相应信息，然后单击"连接"按钮。程序开始自动进行连接，接下来就可以上网了。

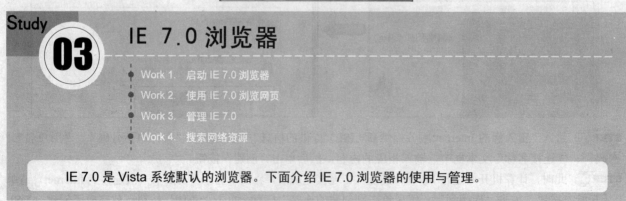

Study

03

IE 7.0 浏览器

- Work 1. 启动 IE 7.0 浏览器
- Work 2. 使用 IE 7.0 浏览网页
- Work 3. 管理 IE 7.0
- Work 4. 搜索网络资源

IE 7.0 是 Vista 系统默认的浏览器。下面介绍 IE 7.0 浏览器的使用与管理。

IE 浏览器 7.0（Internet Explorer 7）是 IE 浏览器的最新版本，IE 浏览器于 2006 年下半年正式发布，对易用性、安全性和开发平台三个方面进行了重要改进。

Work ❶　启动 IE 7.0 浏览器

进入 Vista 系统桌面后，单击"快速启动栏"区域内的 IE 7.0 启动图标，就可以打开 IE 7.0 浏览器。浏览器所打开的是程序当前所设置的主页网址。

启动 IE 7.0 浏览器

Work ❷　使用 IE 7.0 浏览网页

使用 IE 7.0 浏览器时，可以进行网页的浏览、查找、收藏资料、保存网页、下载文件等操作。下面介绍 IE 7.0 的界面及各区域内的作用。

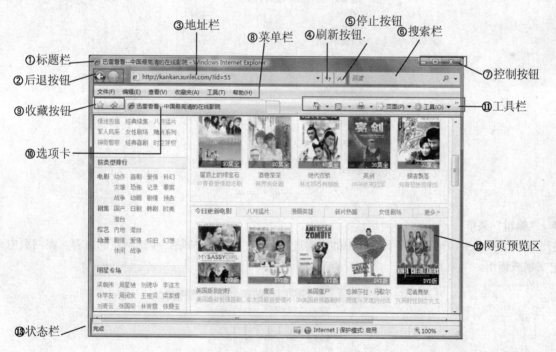

① IE 7.0 界面

① 标题栏 　　迅雷看看--中国最高清的在线影院 - Windows Internet Explorer

用于显示当前所打开网页的名称、当前浏览器的名称。

② 后退/前进按钮

用于查看当前网页的上一级页面、返回了网页的上一级页面后，"前进"按钮将处于可用状态、单击"前

"进"按钮，可以返回到已打开的前一级网页。

③ 地址栏 ⟮http://kankan.xunlei.com/?id=55⟯

可以输入需要打开的网页地址。通过地址栏，可以打开网页。

④ 刷新按钮 ⟮↻⟯

当某些网站打不开时或者打开比较慢时，单击"刷新"按钮，可以刷新内存里的数据，重新打开该网站。

⑤ 停止按钮 ⟮×⟯

停止网页的打开或刷新操作。

⑥ 搜索栏 ⟮百度 ○⟯

输入需要搜索的内容后，单击 ○ 按钮，在网页预览区内就会显示出搜索后的结果。

⑦ 控制按钮 ⟮— □ X⟯

包括最小化、最大化/还原、关闭 3 个按钮，用于控制 IE 窗口的当前状态。

⑧ 菜单栏 ⟮文件(F) 编辑(E) 查看(V) 收藏夹(A) 工具(T) 帮助(H)⟯

菜单栏中包括文件、编辑、查看、收藏夹、工具以及帮助 6 个菜单，单击菜单，可以打开其下拉菜单，对网页进行相应设置。

● "文件"菜单

在"文件"菜单中，可以新建选项卡、打开新的浏览器窗口、打开特定网页、将网页另存为、关闭选项卡、设置网页页面、打印、预览网页、通过电子邮件发送当前网页或网址、将网页信息导入计算机中、查看网页属性、脱机工作以及退出浏览器程序。

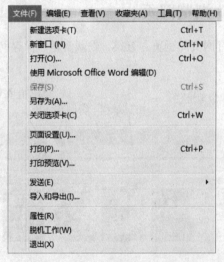

② "文件"菜单

● "编辑"菜单

在"编辑"菜单中，可以对网页中选中的内容进行剪切、复制、粘贴，全选网页的内容，在网页中查找某个特定文字或词组。

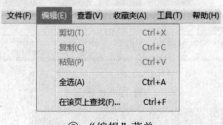

③ "编辑"菜单

● "查看"菜单

在"查看"菜单中，可以查看浏览器窗口中的工具栏、状态栏、浏览器栏，还可以进行主页与当前页的转换、停止网页的打开或刷新操作、对网页进行刷新、设置网页内文字大小、更改页面当前的语言文字、查看网页源文件、网页隐私策略的设置、全屏显示当前网页。

④ "查看"菜单

● "收藏夹"菜单

在"收藏夹"菜单中，可以添加网页到收藏夹、整理收藏夹、查看已收藏到收藏夹内的网站。

⑤ "收藏夹"菜单

● "工具"菜单

在"工具"菜单中，可以删除浏览的历史记录、弹出窗口阻止程序、仿冒网站的筛选、加载项的启用或禁用、对计算机的 Update 功能进行设置以及打开"Internet 选项"对话框。

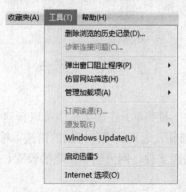

⑥ "工具"菜单

- "帮助"菜单

在"帮助"菜单中，可以打开 Windows 系统中的帮助和支持窗口对 Internet Explorer 进行了解、打开 Internet Explorer 教程、联机支持、发送反馈意见、查看 Internet Explorer 版本信息。

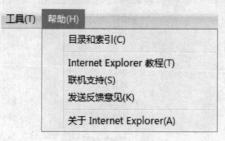

⑦ "帮助"菜单

⑨ 收藏按钮

包括收藏中心和添加到收藏夹两个按钮。用于网页的收藏以及打开收藏的网页的操作。

⑩ 网页选项卡

显示浏览器中所打开的多个网页。选择相应的选项卡后，可以切换到该网页下。

⑪ 工具栏

包括主页、打印、页面、工具几个常用按钮。单击各按钮右侧的下拉按钮，可以打开相应的下拉菜单，下面介绍各个工具按钮的功能。

- 主页

单击该按钮右侧的下拉按钮，弹出下拉菜单。在该菜单中可以看到当前 IE 浏览器的主页，更改、添加或删除主页。

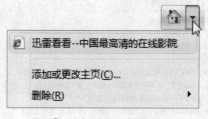

⑧ "主页"下拉菜单

- 打印

单击该按钮右侧的下拉按钮，弹出下拉菜单。在该菜单中可以打印当前网页、预览当前网页，并在打印时对网页的页面进行设置。

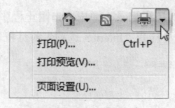

⑨ "打印"下拉菜单

- 页面

单击该按钮右侧的下拉按钮，弹出下拉菜单。在该菜单中可以新建 IE 浏览器窗口、对网页内所选中的文本进行粘贴/复制、将网页另存、用电子邮件发送页面或此网站的链接、缩放当前页面比例、调整文字大小、更改页面当前的语言文字、查看当前网页的源文件、网页隐私策略的设置。

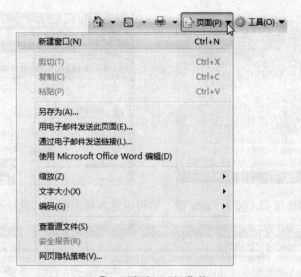

⑩ "页面"下拉菜单

● 工具

单击该按钮右侧的下拉按钮，弹出下拉菜单。在该菜单中可以删除浏览过的历史记录、设置特定的网站在打开时弹出窗口阻止程序、仿冒网站的筛选、加载项的启用或禁用、将当前网页设置为脱机、对计算机的 Update 功能进行设置、对所打开的网页进行全屏显示、浏览器窗口中菜单栏的显示、设置工具栏内当前使用的工具、打开"Internet 选项"对话框对 IE 浏览器进行一系列的设置。

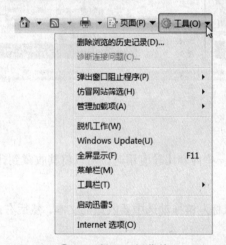

⑪ "工具"下拉菜单

⑫ 网页预览区

用于显示所打开的网页具体内容，并可以在预览区内进行操作。

⑬ 状态栏

显示网页当前的状态，包括安全性、保护模式的状态、缩放比例的级别等内容。

Lesson
02 浏览网页
Windows Vista · 从入门到精通

IE 浏览器的功能有很多，下面介绍最基本的操作——浏览网页。

STEP 01 进入 Vista 系统桌面后，单击快速启动栏内的 IE 7.0 启动图标，就可以打开浏览器窗口。

STEP 02 进入浏览器窗口后，可以看到程序所打开的默认网页。在地址栏内输入需要打开的网站地址。

STEP 03 输入了完整的网站地址后，按下 Enter 键，就可以进入相应网站，进行网页的查看。

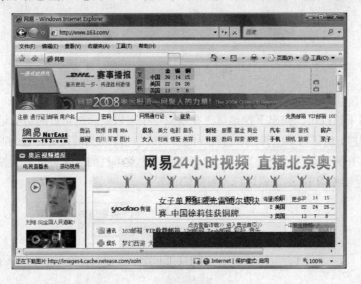

Lesson 03 收藏资料

当用户觉得所打开的网页中的一些内容比较有用时，可以将其收藏到计算机中。下面介绍将网页中的资料收藏到计算机中的操作。

STEP 01 打开一个网页后，按住鼠标左键拖动选中要收藏的文本。然后右击鼠标，弹出快捷菜单后，执行"复制"命令。

STEP 02 打开系统中的文档文件，在文档的编辑区内右击鼠标，弹出快捷菜单后，执行"粘贴"命令。

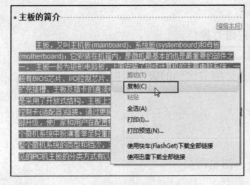 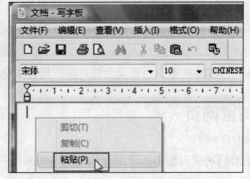

STEP 03 经过以上操作后，就可以将网页上的资料粘贴到文档中。用户将文档进行保存后，就完成了收藏网上资料的操作。

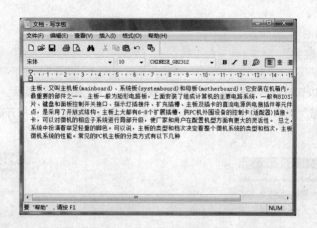

Tip 复制和粘贴的快捷键

当用户要复制文件资料时，选中文本内容后，按下 Ctrl+C 组合键，可以完成文件的复制，按下 Ctrl+V 组合键，就可以完成文件的粘贴操作。

Lesson 04 保存网页

Windows Vista • 从入门到精通

当用户觉得所打开的网页比较有用时，并且在以后的工作中还会遇到，为了方便下次查看，用户可以将该网页保存到计算机中，下次查看时直接打开即可。

STEP 01 打开需要保存的网页后，单击"工具"按钮右侧的下拉按钮，弹出下拉菜单后，执行"菜单栏"命令，就可以在浏览器窗口中显示出菜单栏。

STEP 02 添加了菜单后，执行"文件>另存为"命令。

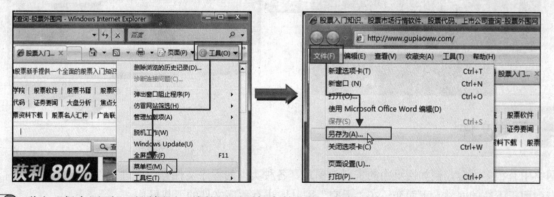

STEP 03 弹出"保存网页"对话框后，选择网页要保存的位置，然后单击"保存"按钮。系统开始进行网页的保存操作，并弹出"保存网页"提示窗口，显示出网页保存的进度。

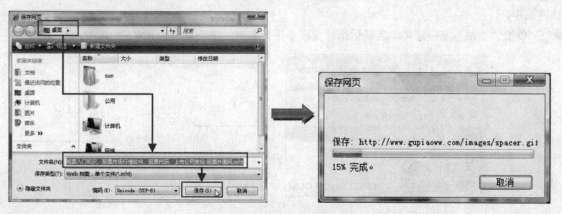

将网页添加到收藏夹

在收藏网页时，也可以选择将需要的网页收藏在收藏夹中，打开需要的网页后，执行"收藏夹>添加到收藏夹"命令。弹出"添加收藏"对话框后，单击"添加"按钮，经过以上操作后，打开收藏夹，就可以看到所收藏的网页。

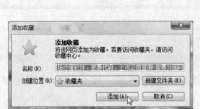

STEP 04 网页保存完毕后，"保存网页"对话框会自动关闭，返回网页的保存位置，可以看到该网页已经保存在内了。

STEP 05 双击该图标，就可以打开该网站。

Lesson
05 下载文件

Windows Vista · 从入门到精通

网络中有很多内容，例如网页中的资料、图片、各种类型的程序文件等。要进行程序文件的下载时，可以通过专门用于下载的网站。下面介绍在"天空"网站中进行程序文件的下载操作。

STEP 01 打开 IE 浏览器窗口后，在地址栏内输入天空网站地址"http:/www.skycn.com/"。然后按下 Enter 键，进入该网站中。

STEP 02 单击"主站"文字链接。当鼠标指针变成小手形状时，单击鼠标。

STEP 03 进入"天空"网站主站后,单击"分类"文字链接。

STEP 04 单击"分类"文字链接后,会打开一个新的网页,显示出分类后的所有软件。向下拖动窗口右侧的滑块,查看网页的内容。单击"多媒体类"区域内的"视频处理"文字链接。

STEP 05 程序再次弹出一个网页,显示出视频处理类的所有软件,并按时间顺序进行排列。选择"按人气排序"选项卡。

STEP 06 程序将视频处理软件按人气进行排序后,将鼠标指向排在第一位的视频处理软件,当鼠标变成小手形状时,单击鼠标。

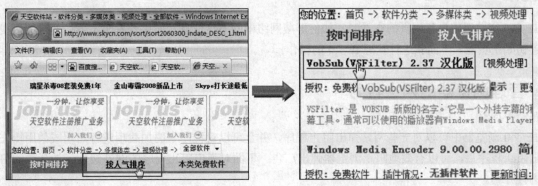

STEP 07 弹出文件下载界面后,向下拖动窗口右侧的滑块,至下载地址链接区域,在相应的网络用户下载点区域内,单击显示为中的下载地址文字链接。

STEP 08 弹出"文件下载"对话框后,单击"保存"按钮。将程序文件保存在计算机中。

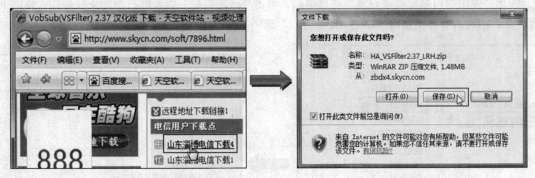

STEP 09 弹出"另存为"对话框后,选择程序文件要保存的位置,在"文件名"文本框内输入文件的名称,然后单击"保存"按钮。

STEP 10 程序开始进行文件的下载操作。在下载进度窗口中显示文件下载的进度。下载完成后，关闭下载进度窗口，完成文件的下载操作。

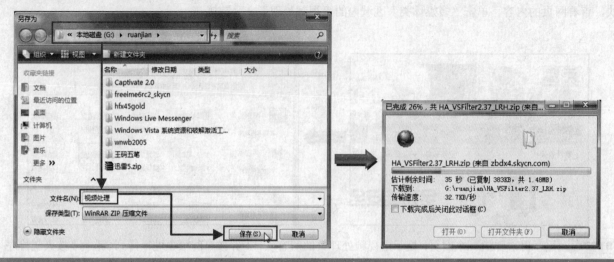

Work 3　管理 IE 7.0

在 IE 7.0 浏览器中进行网页的查看时，如何屏蔽网络中的不良信息？如果查看浏览器访问过的历史记录、如何设置初始主页呢？下面就进行管理 IE 7.0 的操作。

Lesson 06　管理浏览器的网上行为

Windows Vista · 从入门到精通

在 IE 7.0 浏览器中可以对一些网站弹出阻止程序，并且可以对程序中的加载项进行启用或禁用操作。例如设置弹出阻止程序后，可以有效地阻止浏览器弹出广告。下面对弹出阻止程序的网站级别、加载项的启用或禁用操作进行介绍。

STEP 01 打开 IE 浏览器后，单击"工具"下拉按钮，弹出下拉菜单后，执行"弹出窗口阻止程序>弹出窗口阻止程序设置"命令。

STEP 02 弹出"弹出窗口阻止程序设置"对话框后，单击"筛选级别"列表框右侧的下拉按钮，弹出下拉列表后，选择"高：阻止所有弹出窗口（Ctrl+Alt 覆盖）"选项。

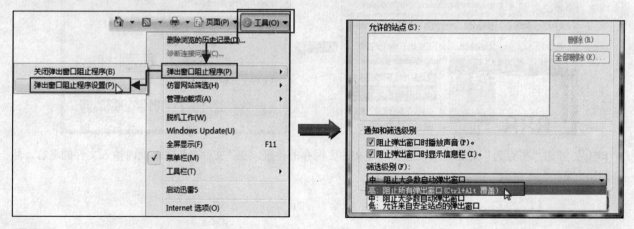

STEP 03 在"要允许的网站地址"文本框内，输入允许打开的网站地址，输入完毕后，单击"添加"按钮。

STEP 04 按照同样的方法，将所有允许的站点全部添加完成后，单击对话框中的"关闭"按钮。就完成了弹出窗口阻止程序的设置。

STEP 05 返回 IE 浏览器窗口后，单击"工具"下拉按钮。弹出下拉菜单后，执行"管理加载项>启用或禁用加载项"命令。

STEP 06 弹出"管理加载项"对话框后，单击"显示"下拉列表框右侧的下拉按钮，弹出下拉列表后，选择"不请求许可即可运行的加载项"选项。

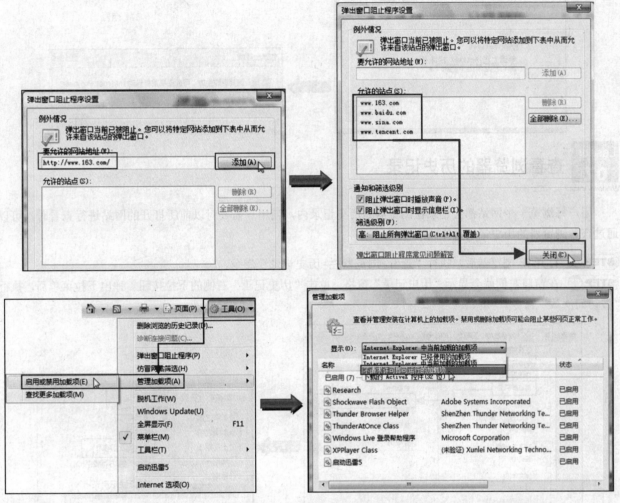

STEP 07 "加载项"列表框内显示出相应内容后，选择要管理的加载项，然后选中"设置"区域内的"禁用"单选按钮。

STEP 08 经过以上操作后，向下拖动"加载项"列表框右侧的滑块，可以看到刚刚所禁用的加载项，已被分离到"已停用"区域。

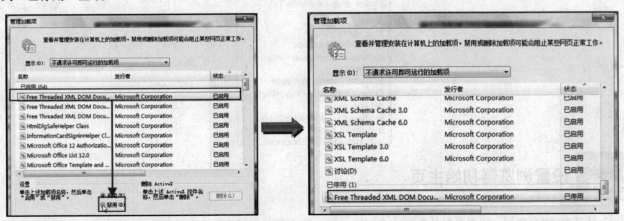

STEP 09 单击"管理加载项"对话框右下角的"确定"按钮。

STEP 10 弹出"管理加载项"提示对话框，提示用户"若要更改生效，可能需要重新启动 Internet Explorer"，单击"确定"按钮。

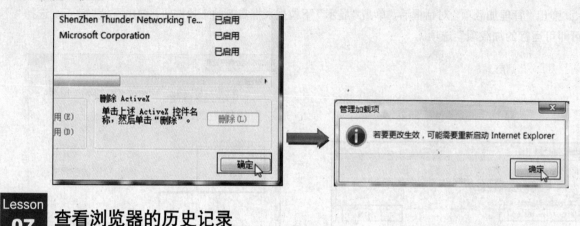

Lesson 07 查看浏览器的历史记录
Windows Vista · 从入门到精通

　　用户每浏览一个网站都会记录在浏览器的历史记录内，当用户需要对以前所打开的网站进行查看时，可以通过查看浏览器的历史记录来完成。

STEP 01 打开 IE 浏览器后，执行"查看>浏览器栏>历史记录"命令。

STEP 02 在窗口左侧就会显示"历史记录"窗格。单击"历史记录"右侧的下拉按钮。弹出下拉菜单后，执行"按访问次数"命令。

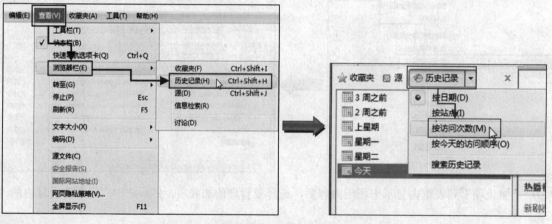

STEP 03 经过以上操作后，在"历史记录"窗格中就会按照查看次数，显示出所打开过的网页的记录。

Lesson 08 设置浏览器初始主页
Windows Vista · 从入门到精通

　　打开 IE 浏览器后，程序会默认打开一个网页，这个网页就是浏览器的初始主页。用户可以通过设置改变初始主页的网址。

STEP 01 打开需要保存的网页后，执行"工具>Internet 选项"命令。

STEP 02 弹出"Internet 选项"对话框后，切换到"常规"选项卡，可以看到在"主页"文本框内的主页地址。

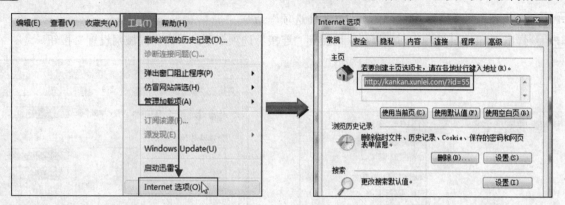

STEP 03 在"主页"文本框内直接输入需要设置为主页的网站地址，然后单击"确定"按钮。

STEP 04 关闭当前浏览器，再打开浏览器后，窗口中就会打开新设置为主页的网站。

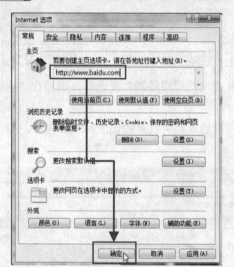

Tip 在打开的网页中设置浏览器的主页

　　打开要设置为主页的网页后，单击该网页中的"设置首页"文字链接即可。以"百度"网站为例，打开该网页后，单击"搜索框"下方的"把百度设为首页"文字链接，就可以将百度设置为浏览器的主页。

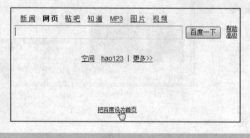

Lesson 09 使用代理服务器浏览网页

Windows Vista · 从入门到精通

　　代理服务器是介于浏览器和 Web 服务器之间的一台服务器。当通过代理服务器上网浏览时，浏览器不是直接到 Web 服务器去取回网页，而是向代理服务器发出请求，由代理服务器来取回浏览器所需要的信息并传送给浏览器。

由于中国的 IP 地址比较紧张，通过代理服务器，可以节约一些 IP 地址，同时也提高了系统的安全性。另外，使用代理服务器，可以提高网络速度。下面就详细介绍代理服务器的应用。

STEP 01 打开 IE 浏览器后，执行"工具>Internet 选项"命令。

STEP 02 弹出"Internet 选项"对话框后，切换到"连接"选项卡下。单击"局域网设置"按钮。

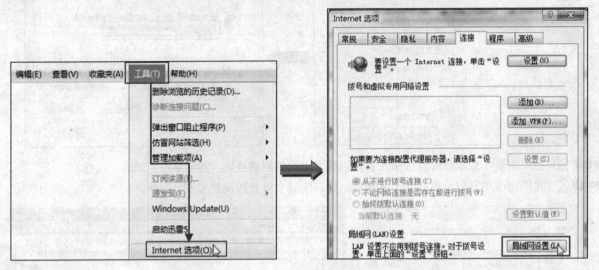

STEP 03 弹出"局域网（LAN）设置"对话框后，勾选"为 LAN 使用代理服务器"复选框。然后在"地址"文本框内输入代理地址。最后单击"确定"按钮。

STEP 04 经过以上操作后，关闭 IE 浏览器，再重新打开它，就可以进入到所设置的代理网站的界面，用户可以通过代理网站进行操作。

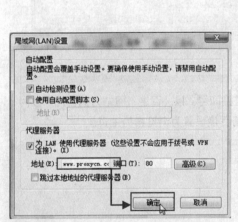

Lesson
10 提高网页下载速度

Windows Vista · 从入门到精通

想提高网页的下载速度，就要对 IE 的启动程序进行优化，尽量简化功能，减少 IE 的负担。

STEP 01 打开 IE 浏览器后，执行"工具>Internet 选项"命令。

STEP 02 弹出"Internet 选项"对话框，切换到"高级"选项卡下。向下拖动"设置"列表框右侧的滑块，显示出"多媒体"区域后，取消勾选"启用自动图像大小调整"复选框。

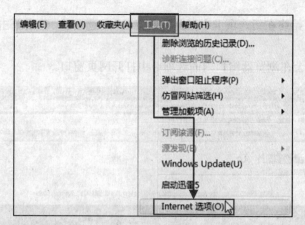
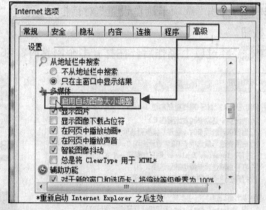

STEP 03 按照同样的方法，取消勾选"浏览"区域内的"下载完成后发出通知"复选框。

STEP 04 经过以上操作后，单击对话框下方的"确定"按钮，就完成了优化 IE 启动程序的操作。

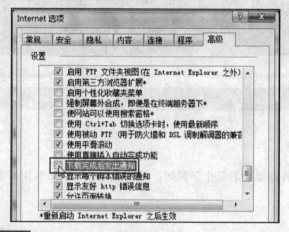
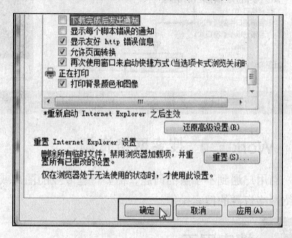

Lesson 11 优化浏览器选项卡

Windows Vista • 从入门到精通

IE 7.0 浏览器新添加了使用选项卡浏览网页的功能。在默认的情况下，用户要在选项卡中打开一个新网页时，需要右击要打开的网页，弹出快捷菜单后，执行"在新选项卡中打开"命令。下面介绍将新网页设置为默认在选项卡中打开的操作方法。

STEP 01 打开 IE 浏览器后，执行"工具>Internet 选项"命令。

STEP 02 弹出"Internet 选项"对话框，切换到"常规"选项卡，单击"选项卡"区域内的"设置"按钮。

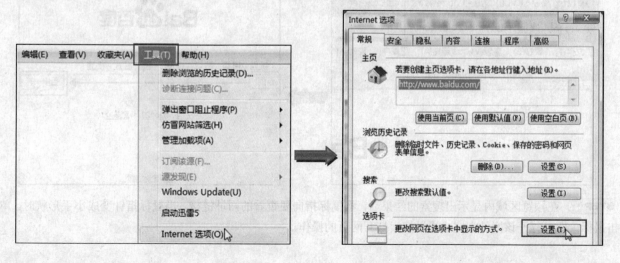

STEP 03 弹出"选项卡浏览设置"对话框后，选中"始终在新选项卡中打开弹出窗口"单选按钮，然后单击"确定"按钮。

STEP 04 经过以上操作后，在打开多个网站时，都会在浏览器窗口内的选项卡中打开网页窗口。

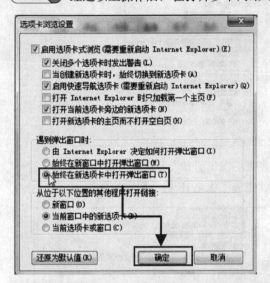

Study 03　IE 7.0浏览器

Work ④　搜索网络资源

当用户遇到不了解的问题、需要一些专业的图片或者需要查看某个新闻时，都可以通过网络来解决。本节介绍网络资源的搜索操作。

Lesson 12　搜索网页

Windows Vista · 从入门到精通

目前专业的搜索网站有百度、Google 等。当用户需要搜索某些内容时，可以在搜索网站中完成操作。下面以百度网站为例，介绍网页搜索的操作过程。

STEP 01 打开 IE 浏览器后，在地址栏中输入"百度"的网站地址，然后按下 Enter 键，打开百度网站。

STEP 02 进入百度网站后，网页自动切换到"网页"界面下，在搜索栏内输入要搜索的网页内容，然后单击"百度一下"按钮。

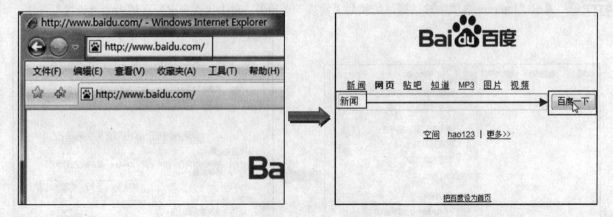

STEP 03 在预览区域内显示出搜索的结果后，将鼠标指向要查看的网址链接，当鼠标指针变成小手形状时，单击鼠标，即可打开该网站，完成通过搜索打开网页的操作。

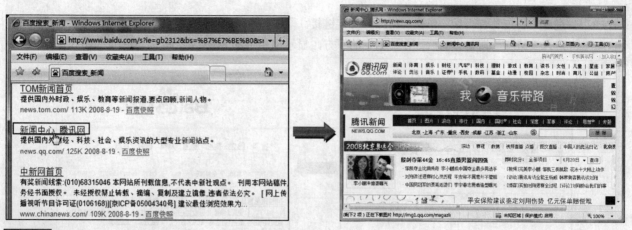

Lesson 13 搜索图片

Windows Vista · 从入门到精通

当用户需要搜索某种类型的图片时，可以使用百度提供的图片搜索功能轻松完成。

STEP 01 进入"百度"首页后，单击"图片"文字链接。

STEP 02 进入"图片"搜索界面后，在搜索栏内输入要搜索图片的主题文字，然后单击"百度一下"按钮。

STEP 03 在预览区域内显示出搜索的结果后，将鼠标指向要查看图片，当鼠标指针变成小手形状时，单击鼠标，即可打开该图片的放大网页，完成通过搜索功能搜索图片的操作。

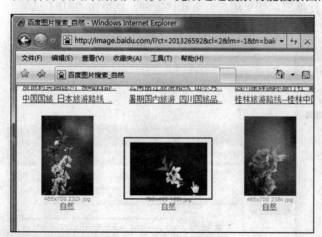

Lesson 14 音乐的搜索与下载

Windows Vista · 从入门到精通

音乐可以放松人的心情，当工作得很累时，可以听一听轻松的音乐来缓解一下。下面介绍搜索与下载音乐的操作方法。

STEP 01 进入"百度"首页后，单击"MP3"文字链接。

STEP 02 进入"MP3"搜索界面后，在搜索栏的下方，显示出相关的 MP3 文字链接，单击"MP3 排行榜"文字链接。

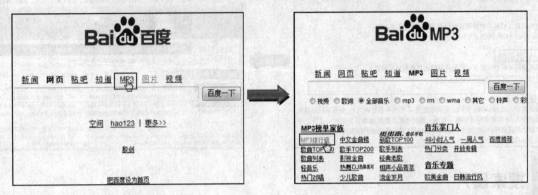

STEP 03 打开"百度 MP3 排行榜"网页后，向下拖动窗口右侧的滑块，显示出"摇滚金曲榜"界面后，单击要打开的歌曲名称"海阔天空"文字链接。

STEP 04 弹出"百度 MP3 搜索_海阔天空"网页后，选择要试听的歌曲，然后单击该歌曲后面的"试听"文字链接。

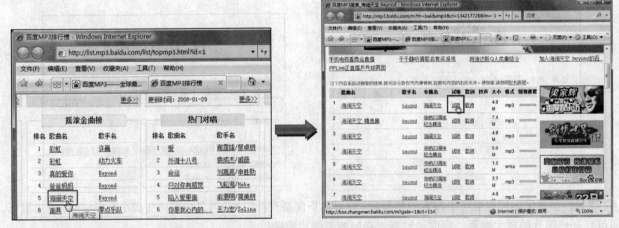

STEP 05 弹出"MP3 试听"网页，并且对所选歌曲进行播放。如果用户要下载该歌曲，则单击"MP3 试听"网页中"歌曲试听"上方的"歌曲出处"后的文字链接。

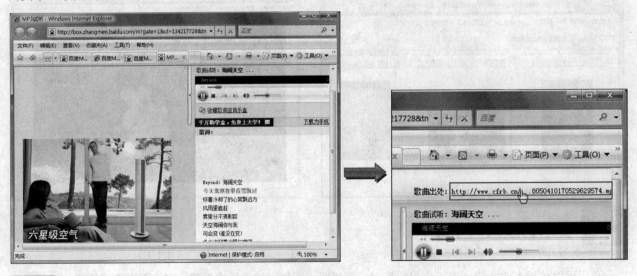

STEP 06 弹出"文件下载"对话框，单击"保存"按钮。

STEP 07 弹出"另存为"对话框，选择文件的保存位置后，在"文件名"文本框内输入文件的名称，然后单击"保存"按钮，就可以对该首 MP3 歌曲进行下载。

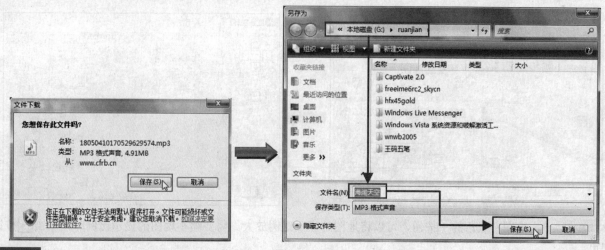

Lesson
15 网上地图的搜索与使用

Windows Vista • 从入门到精通

当用户想对某个城市的地图进行查看时，可以在网上查看电子地图。下面介绍搜索网上地图的操作方法。

STEP 01 进入"百度"首页后，单击"更多"文字链接。
STEP 02 进入"更多"界面后，单击"地图"文字链接。

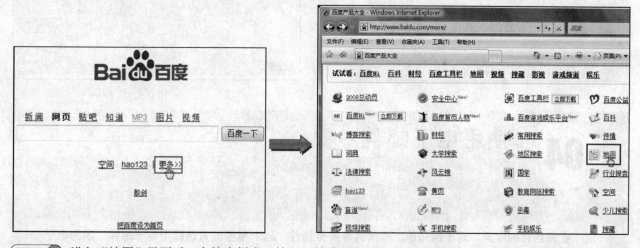

STEP 03 进入"地图"界面后，在搜索栏内，输入要搜索的位置"北京 海淀"。然后单击"百度一下"按钮。在预览界面内，就会显示出所查找地区的地图。

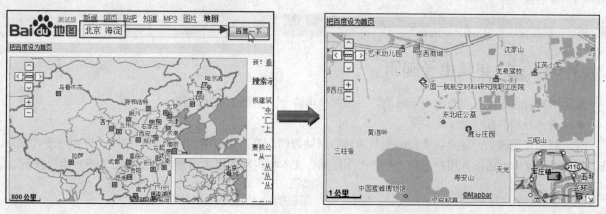

STEP 04 拖动地图右下角的"海淀区缩略图"区域内的蓝色方框，至需要查看的具体位置后，就可以在大地图中查看到该地区的详细地图。

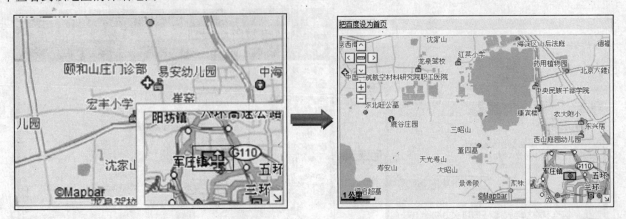

STEP 05 单击地图左上角的⊞按钮，可以将地图的显示比例放大。需要缩小地图的显示比例时，单击⊟按钮即可。

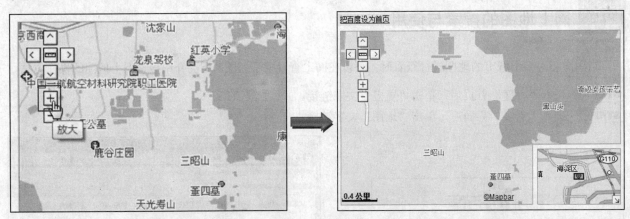

^{Study}
04 使用电子邮件

● Work 1. 申请电子邮箱
● Work 2. 登录电子邮箱

　　在网络化的今天，对于通知单、邀请函等商务信件，越来越多的人选择用电子邮件。因为电子邮件具有的传输速度快、成本低等优点。下面介绍电子邮件的使用。

Study 04 　使用电子邮件

Work 1 申请电子邮箱

如果用户目前还没有免费的电子邮箱，下面就来申请一个免费的电子邮箱。

● 进入注册界面

进入邮箱申请网站，这里以"126 免费邮箱"网站为例。单击网页中的"注册"按钮，进入注册界面后，在"用户名"文本框内输入用户名称，在"出生日期"文本框内输入出生日期，然后单击"下一步"按钮。

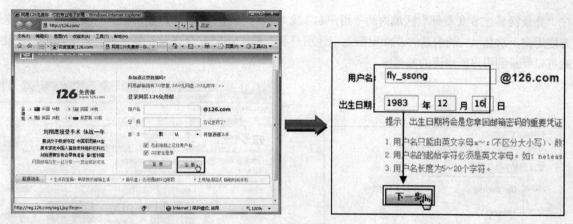

① 进入注册界面

● 输入邮箱申请资料

在"设置密码"和"密码保护设置"区域内输入相关内容。然后拖动网页右侧的滑块，向下查看网页下面的内容。然后在"个人资料"区域输入相关信息。按照同样的方法，在"注册确认"区域内的"请填入右图中的字符"文本框内，输入文本框右侧的字符。然后单击"我接受下面的条款，并创建账号"按钮。

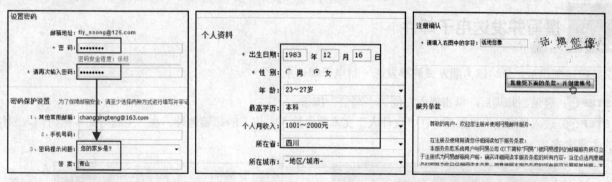

② 输入邮箱申请资料

● 邮箱申请成功

经过以上操作后，会弹出"网易 126 免费邮申请成功"界面。在该界面中显示出邮箱的地址、密码提示问题等内容。要进入邮箱则单击"进入邮箱"文字链接，不进入邮箱关闭该网页即可。

③ 邮箱申请成功

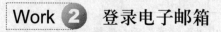
Study 04   使用电子邮件

Work ② 登录电子邮箱

申请了邮箱后，用户需要登录到自己的邮箱中。打开申请邮箱时的网址，在此打开网易 126 免费邮网页。

然后在"登录网易 126 免费邮"区域内的"用户名"文本框内输入用户名称,在"密码"文本框内输入密码。为了方便用户下次登录,再勾选"在此电脑上记住用户名"和"SSL 安全登录"复选框。最后单击"登录"按钮,就可以登录到用户所申请的邮箱中。

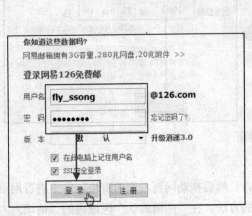

① 输入邮箱用户名和密码

② 登录邮箱

Lesson 16 撰写并发送电子邮件
Windows Vista · 从入门到精通

登录邮箱后,就可以为朋友或同事发送一封电子邮件了。

STEP 01 登录到邮箱后,单击界面左侧的"写信"按钮。

STEP 02 进入"写信"界面后,在"收件人"文本框内输入收信人的邮箱地址,在"主题"文本框内输入邮件的主题文本。

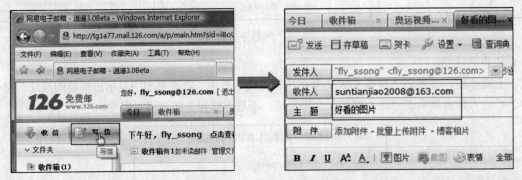

STEP 03 选择"写信"界面右侧的"信纸"选项卡,打开"信纸"列表,选择信纸的样式"浪漫海滩"背景。

STEP 04 单击信件编辑区域上方工具栏内的"字体颜色"下拉按钮,弹出下拉列表后,单击"湖蓝色"选项,将字体颜色设置为该色。

 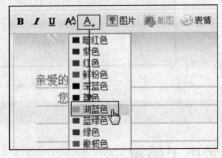

STEP 05 在信件正文区中输入邮件内容后,单击"表情"按钮,弹出"表情库"后,选择"YEAH"表情,就可以将该表情插入到信件中。

STEP 06 单击"附件"按钮或该按钮右侧的"添加附件"文字链接。

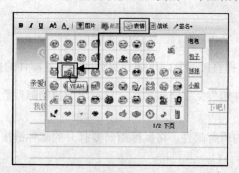 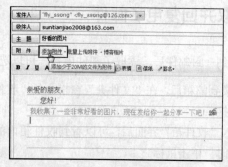

STEP 07 弹出"选择文件"对话框后，选择要发送的文件所在路径，然后选择要发送的文件，最后单击"打开"按钮。返回到发送界面后，可以看到该文件已添加到了附件区域。

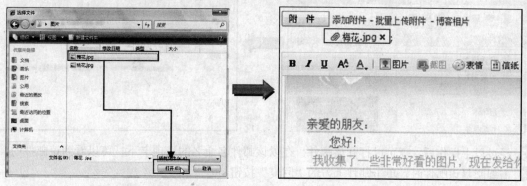

STEP 08 按照同样的方法，将需要的附件全部添加到邮件中。然后单击"写信"界面上方的"发送"按钮。

STEP 09 稍等片刻后，就会弹出"邮件发送成功"界面，告知用户相关信息，用户可返回到"收件箱"内继续进行邮箱的操作。

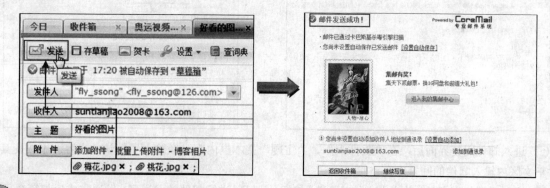

Tip 定时发信

　　用户要定时发送信件时，进入"写信"界面后，单击"设置"下拉按钮，弹出下拉菜单后，执行"定时发信"命令，显示"定时设置"设置栏后，选择要发送信件的具体时间。然后输入收件人的地址、信件主题等内容，最后单击"发送"，弹出"定时发信保存成功"提示框，单击"确定"按钮，"定时发信"界面中就会显示出此封定时发信的编号、时间等信息。

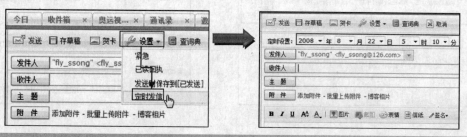

Lesson
17 读取并回复电子邮件

Windows Vista · 从入门到精通

　　当用户收到一封邮件后，读取了邮件内容，可以选择直接回复。下面介绍读取与回复邮件的操作方法。

STEP 01 登录到邮箱后，在"文件夹"窗格中的"收件箱"文字链接后面，显示出当前的邮件数量，单击"收件箱"文字链接。

STEP 02 进入"收件箱"界面后，可以看到收件箱内的所有邮件。将鼠标指向要打开的邮件链接，当鼠标指针变成小手形状时，单击鼠标。

STEP 03 经过以上操作后，就可以打开该邮件。在以该邮件名命名的选项卡下，可以看到该邮件的具体内容。

STEP 04 需要回复该邮件时，单击邮件上方的"回复"按钮。

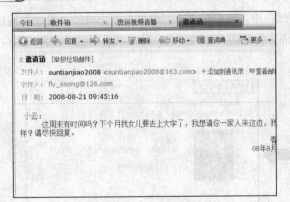 

STEP 05 进入邮件回复界面后，在"收件人"、"主题"文本框内都已经输入了默认的内容。不改变其内容，在信件正文区内输入邮件的回复内容。

STEP 06 输入了回复内容后，单击上方的"发送"按钮，就可以进行邮件的发送了。发送完成后邮箱会显示"邮件发送成功"界面。

Tip 转发邮件

转发邮件时，打开要转发的邮件，然后单击邮件界面上方的"转发"按钮，进入"转发"界面后，输入收件人地址，再进行简单的编辑，就可以发送了。

Tip 发送贺卡

发送贺卡时，进入"写信"界面，单击上方的"贺卡"按钮。打开"贺卡"选项卡后，选择要发送的贺卡，进入贺卡发送界面后，输入收件人地址、主题文字。然后单击"随机祝福语"按钮，选择适合的祝福语。最后单击"发给"列表框上方的"发送"按钮，就可以完成贺卡的发送。

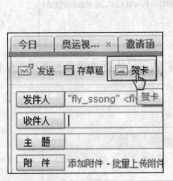

Lesson 18 管理邮箱
Windows Vista · 从入门到精通

使用邮箱后，也许每天会接收或发送很多邮件，这就需要用户对自己的邮箱进行管理。下面介绍邮件的删除、移动、标记，通讯录的添加、编辑等管理操作。

STEP 01 登录到邮箱后，单击"文件夹"窗格右侧的"添加文件夹"按钮。

STEP 02 弹出"新建文件夹"对话框后，在"请输入文件夹名称"文本框内输入文件夹名称，然后单击"确定"按钮。

STEP 03 返回邮箱界面，在"文件夹"窗格中，可以看到新建立的"同学"文件夹。

STEP 04 单击"收件箱"文字链接，进入收件箱，勾选要移动的邮件前面的复选框。

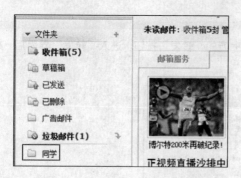

STEP 05 单击"移动"下拉按钮，弹出下拉菜单后，执行"同学"命令。

STEP 06 经过以上操作后，就完成了邮件的移动操作，在"发件箱"内就看不到该邮件了。

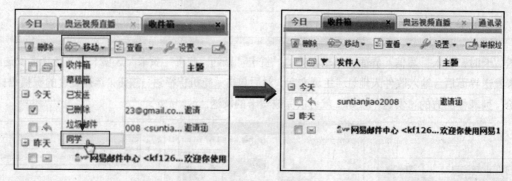

STEP 07 勾选要进行标记的邮件，然后单击"设置"下拉按钮，弹出下拉菜单后，执行"设置标签>亲友邮件"命令。

STEP 08 经过以上操作后，就可以将所选的邮件标记为亲友邮件。

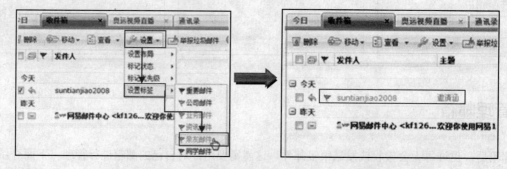

STEP 09 查看邮件时，如果想将该邮箱地址添加到通讯录中，则单击"发件人"地址后面的"添加到通讯录"文字链接。

STEP 10 弹出"添加联系人"对话框，在"姓名"和"电子邮箱"文本框已默认填写了相关的信息。需要编辑时，选中相应文本框中的内容后，直接输入即可。单击"所属组"下拉列表框右侧的下拉按钮，弹出下拉列表后，选择要分的组，然后单击"确定"按钮即可。

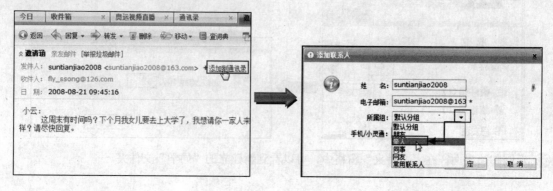

STEP 11 添加联系人完毕后，会弹出"系统提示"对话框，显示"添加成功"信息，单击"确定"按钮。

STEP 12 返回邮箱界面，单击"文件夹"窗格中的"通讯录"文件夹。

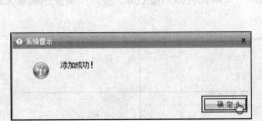

STEP 13 进入"通讯录"界面后，选择"亲人"选项，可以看到刚刚所添加的联系人，单击该联系人的邮箱地址文字链接，查看邮箱持有人的详细资料。

STEP 14 打开详细资料后，单击"编辑"按钮。

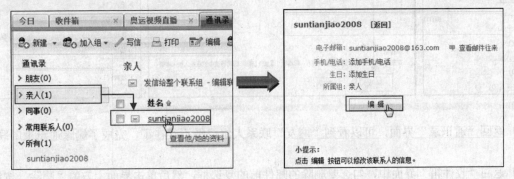

STEP 15 进入"编辑联系人"界面后，在"姓名"、"电子邮箱"、"手机/电话"等文本框内，输入相应内容，然后单击"快速保存"按钮。

STEP 16 返回到详细资料界面，可以看到邮箱地址持有人的详细资料已有所变化。

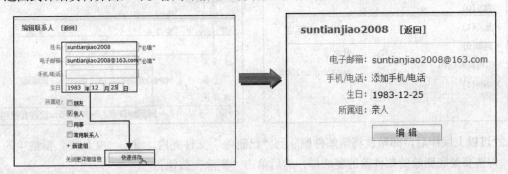

STEP 17 选择"通讯录"内用不到的通讯人组"网友"，然后单击"通讯录"界面内的"删除联系组"文字链接。

STEP 18 弹出"系统提示"对话框，询问用户"是否彻底删除此联系组?"，单击"确定"按钮。

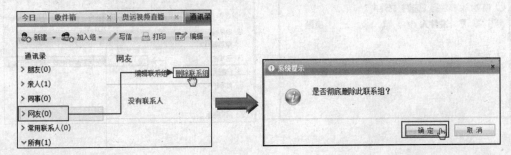

Tip 新建联系人组

　　需要新建联系人组时，打开"通讯录"文件夹，然后单击"新建"下拉按钮，弹出下拉菜单后，执行"联系组"命令。进入"新建联系人"界面后，在"联系组名称"文本框内输入组名称，移除不需要的联系人邮箱地址，然后单击"确定"按钮，即可完成联系人组的新建。

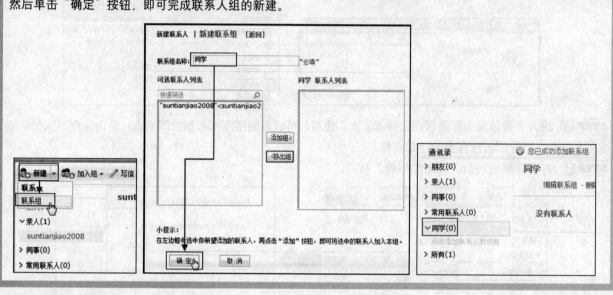

STEP 19 返回"通讯录"界面，可以看到"网友"联系人组已经不存在了，完成了删除通讯录中联系人组的操作。

STEP 20 返回"收件箱"界面中，勾选要删除的邮件前的复选框，然后单击界面上方的"删除"按钮。

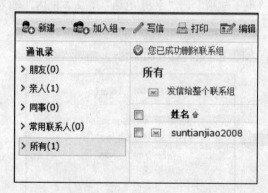

STEP 21 经过以上操作后，邮箱就将该邮件删除到"已删除"文件夹内，单击"文件夹"窗格中的"已删除"文字链接，勾选要彻底删除的邮件前的复选框，然后单击"删除"按钮。

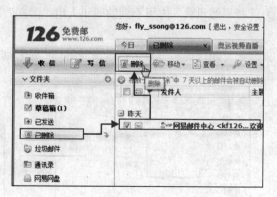

STEP 22 弹出"系统提示"对话框，提示用户"如果删除，这些邮件将无法恢复。您确定吗？"，单击"确定"按钮，完成将该邮件彻底删除的操作。

Tip 设置邮箱主题颜色

登录邮箱后，单击界面上方的"换肤"文字链接，进入"换肤"界面后，选中"淡雅紫"单选按钮，然后单击"确定"按钮，就可以更改邮箱的主题颜色风格了。

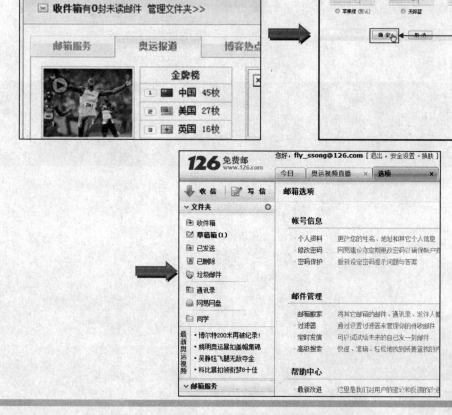

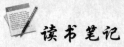 读书笔记

Chapter 13

资源共享与远程管理

Windows Vista从入门到精通

本章重点知识

Study 01 设置和管理网络共享

Study 02 使用脱机文件夹

Study 03 使用局域网打印机

Study 04 Windows会议室

Study 05 使用远程协助

Study 06 使用远程桌面

视频教程路径

DVD

Chapter 13\Study 01 设置和管理网络共享

- Lesson 01 查看与设置网络连接.swf
- Lesson 02 公用文件夹共享.swf
- Lesson 03 共享本地资源中的任意文件夹.swf
- Lesson 04 更改工作组.swf
- Lesson 05 更改与取消文件夹共享.swf

Chapter 13\Study 02 使用脱机文件夹

- Lesson 06 启用脱机文件夹.swf
- Lesson 07 同步脱机文件.swf

Chapter 13\Study 03 使用局域网打印机

- Lesson 08 添加共享打印机.swf

Chapter 13\Study 04 Windows会议室

- Lesson 09 创建一个新会议.swf

Chapter 13 资源共享与远程管理

计算机网络是利用通信线路将地理位置分散的、具有独立功能的计算机连接起来，按某种协议进行数据通信，以实现资源共享的信息系统。现在互联网已经进入千家万户，使用网络获取信息已经是一项必不可少的技能，本章将介绍共享与远程管理的相关知识点。

Study

01 设置和管理网络共享

● Work 1. 了解共享文件夹
● Work 2. 设置共享和发现
● Work 3. 访问共享资源
● Work 4. 查看共享状态

通过网络获取信息，首先要正确地设置网络连接。要使计算机接入互联网，并且能查看计算机的联网状态。本节将从查看网络连接开始，逐步介绍设置网络连接、共享和发现以及共享文件的操作。

Study 01 设置和管理网络共享

Work 1 了解共享文件夹

可以通过几种不同的方式共享文件和文件夹。Windows 中最常用的共享文件方式是直接通过计算机共享。Windows 提供了通过此方式共享文件夹的方法：通过计算机上的任何文件夹或公用文件夹共享文件。使用哪种方法取决于要保存共享文件夹的位置，要与哪些用户共享，以及对文件的控制程度。

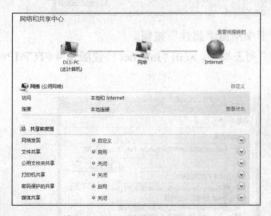

① "网络和共享中心"界面

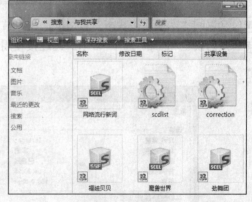

② 显示共享的文件

Lesson

01 查看与设置网络连接

Windows Vista · 从入门到精通

"网络连接"文件夹存储了所有网络连接。网络连接是一个信息集，使计算机能够连接到 Internet、局域网或其他计算机。当在计算机中安装网络适配器时，Windows 会在"网络连接"文件夹中创建其连接。"本地连接"是针对以太网网络适配器创建的。"无线网络连接"是针对无线网络适配器创建的。拥有网络连接之后，可以设置网络、Internet 连接或者虚拟专用网络(VPN)连接。

STEP 01 单击桌面右下角的"网络"图标 ，会弹出"当前连接到"对话框，单击"网络和共享中心"文字链接。

STEP 02 进入"网络和共享中心"界面，在"网络"区域中单击"查看状态"文字链接。

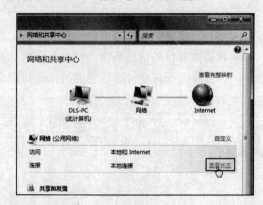

STEP 03 弹出"本地连接状态"对话框，在"连接"区域中单击"详细信息"按钮。

STEP 04 弹出"网络连接详细信息"对话框，在其中显示网络连接的详细信息，确认后单击"关闭"按钮。

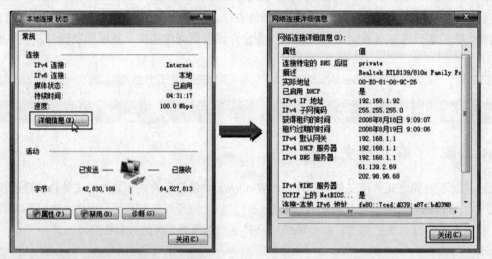

STEP 05 返回"本地连接状态"对话框，在"常规"选项卡中单击"属性"按钮。

STEP 06 切换至"网络"选项卡，在"此连接使用下列项目"列表框中，双击"Internet 协议版本 4（TCP/IPv4）"选项。

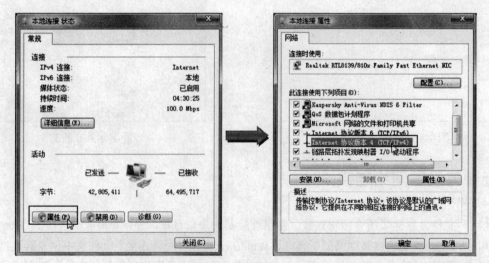

STEP 07 弹出"Internet 协议版本(TCP/IPv4)属性"对话框，选中"自动获得 IP 地址"，以及"自动获得 DNS 服务器地址"单选按钮，完毕后单击"确定"按钮。

STEP 08 返回"本地连接属性"对话框，确认后单击"确定"按钮。

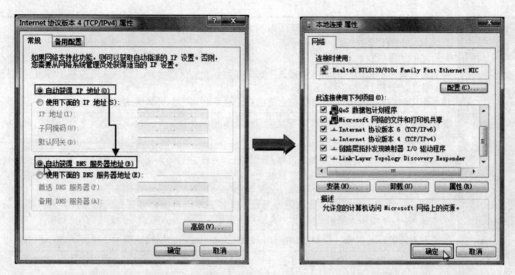

STEP 09 返回 "本地连接状态" 对话框, 确认后单击 "诊断" 按钮。弹出 "Windows 网络诊断" 对话框, 确认信息后单击 "确定" 按钮。

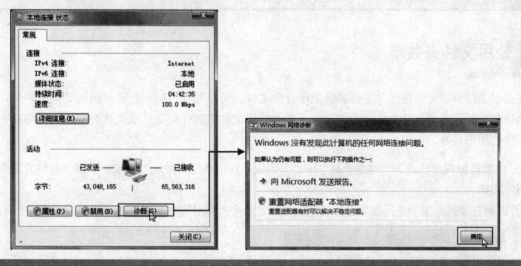

Study 01　设置和管理网络共享

Work 2　设置共享和发现

在设置文件的共享和访问之前, 首先要设置计算机的共享和发现。其中包括: 网络发现、文件共享、公用文件夹共享、打印机共享、密码保护的共享以及媒体共享共 6 种。用户在操作时可以根据自己的需求进行选择。

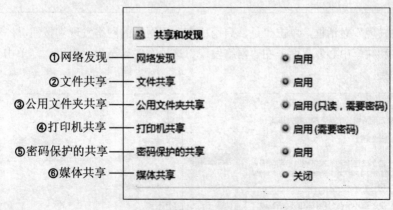

设置计算机的共享和发现

① 网络发现	网络发现是一种网络设置，可以用于以下方面： 影响网络上的其他计算机和设备是否从您的计算机上"可见"，以及网络上的其他计算机是否可以"看到"您的计算机。 影响您是否可以访问网络中其他计算机上的共享设备和文件，以及使用网络上其他计算机用户是否可以访问您的计算机上的共享设备和文件。 根据连接到的网络位置，帮助提供合适的安全级别和对您的计算机的访问权限
② 文件共享	文件共享打开时，网络上的用户可以访问此计算机的共享文件。需要注意的是，计算机睡眠时，用户无法访问这台计算机上的共享文件
③ 公用文件夹共享	Windows 中只有一个公用文件夹，具有计算机用户账户的用户都可共享此文件夹。公用文件夹中不包含任何文件，但包含若干子文件夹，有助于用户管理共享的文件。这些文件夹大多数都是通过内容类型进行管理，包括公用文档、公用下载、公用音乐、公用图片、公用视频等。 一般来说，用户可以将歌曲复制到公用音乐文件夹中，将图片复制到公用图片文件夹等，甚至可以将 Internet Explorer 收藏夹复制到公用收藏夹文件夹中，使其他人能访问用户的 Web 链接
④ 打印机共享	如果已启用打印机共享，则具备网络访问功能的用户可以连接和使用与该计算机连接的打印机
⑤ 密码保护的共享	如果已启用密码保护，则只有具备此计算机的用户账户和密码的用户才可以访问共享文件，例如连接到此计算机的打印以及"公用"文件夹等。若要使其他用户具有访问权限，必须关闭密码保护
⑥ 媒体共享	如果已启用媒体共享，则网络上的用户和设备可以访问此计算机上的共享音乐、图片和视频。而此计算机也可以在网络上找到这几种类型的共享文件

Lesson 02 公用文件夹共享

Windows Vista · 从入门到精通

通过公用文件夹，可方便地共享计算机上保存的文件。可以与使用同一台计算机的其他用户和同一网络中使用其他计算机的用户共享此文件夹中的文件。放入公用文件夹的任何文件或文件夹都将自动与具有访问公用文件夹权限的用户共享。

STEP 01 按照前面的方法进入"网络和共享中心"界面，在"共享和发现"区域中单击"网络发现"选项右侧的"关闭"按钮。

STEP 02 此时在"网络发现"区域中展开了相关选项，选中"启用网络发现"单选按钮，再单击"应用"按钮。

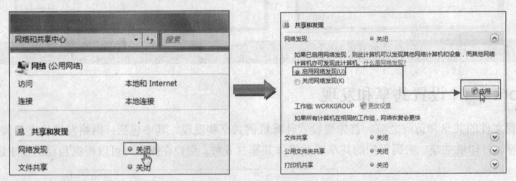

STEP 03 弹出"网络发现"对话框，单击"是，启用所有公用网络的网络发现"按钮。

STEP 04 返回"网络和共享中心"界面，在"网络发现"选项右侧显示为"启用"，单击"公用文件夹共享"选项右侧的"关闭"按钮。

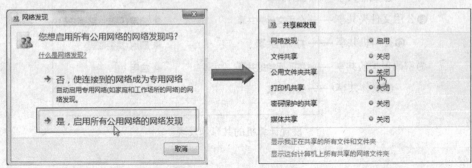

STEP 05 此时展开了"公用文件夹共享"区域，选中"启用共享，以便能够访问网络的任何人都可以打开文件"单选按钮，再单击"应用"按钮。弹出"网络发现和文件共享"对话框，单击"是，启用所有公用网络的网络发现和文件共享"按钮。

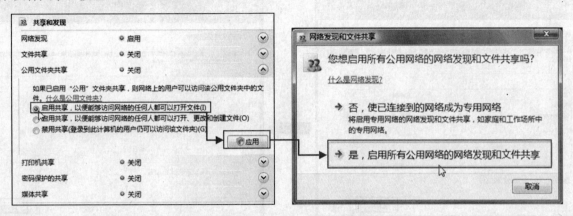

STEP 06 此时在"文件共享"和"公用文件夹共享"选项右侧已经显示为启用了。

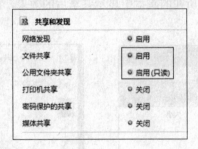

Lesson
03
共享本地资源中的任意文件夹
Windows Vista · 从入门到精通

在工作和生活中，用户往往需要互相之间传送文件，比如公司员工之间相互传送工作资料，在家庭中传送影音资料等。如果双方计算机都处于联网状态，则可以设置文件的共享来传送文件。

STEP 01 打开需要共享文件夹所在的磁盘，并将其选中，例如选中"应用软件"文件夹，在工具栏中单击"共享"按钮。

STEP 02 弹出"文件共享"对话框，在"选择要与其共享的用户"下拉列表框中选择"Everyone（这个列表中的所有用户）"选项，完毕后单击"添加"按钮。

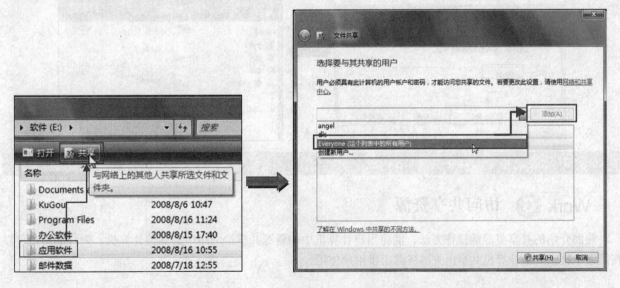

STEP 03 在其下拉列表框中显示添加的共享用户，完毕后单击"共享"按钮。

STEP 04 进入"您的文件夹已共享"界面，在其列表框中显示用户共享的文件夹，确认后单击"完成"按钮。

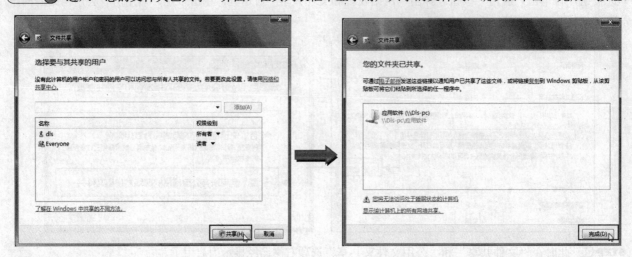

STEP 05 经过操作后，在共享文件夹所在的磁盘中显示共享后的效果，在该文件夹图标中添加了图标🎎。

STEP 06 执行"开始>运行"命令。

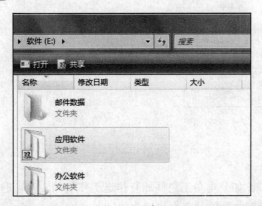

STEP 07 弹出"运行"对话框，在"打开"文本框中输入需要查看共享的计算机名称，例如自己的名称\\dls-pc，完毕后单击"确定"按钮。

STEP 08 经过操作后，会自动打开自己的计算机 dls-pc 的共享窗口。

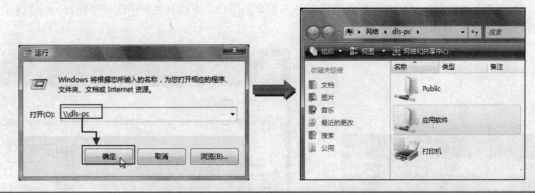

Study 01　设置和管理网络共享

Work 3　访问共享资源

　　前面介绍的共享资源的操作方法，能将用户计算机中的资源共享给网络中的其他计算机。同样的用户可以在网络中搜索其他计算机共享出来的资源，供用户使用。

① 执行"开始>网络"命令

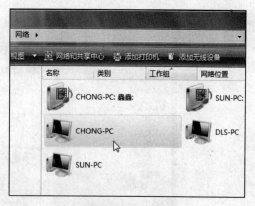

② 选择共享的用户

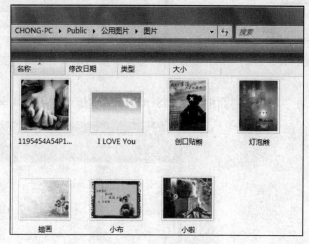

③ 查看对方共享的文件

Lesson 04 更改工作组

Windows Vista · 从入门到精通

在 Vista 系统中，如果计算机之间的工作组不相同，无法在"网络"界面中查看对方共享的资源。因此用户需要更改工作组才能进行相关的操作。

STEP 01 进入"网络和共享中心"界面，在"共享和发现"区域中展开"网络发现"区域，单击"更改设置"文字链接。

STEP 02 弹出"系统属性"对话框，切换至"计算机名"选项卡，单击"更改"按钮。

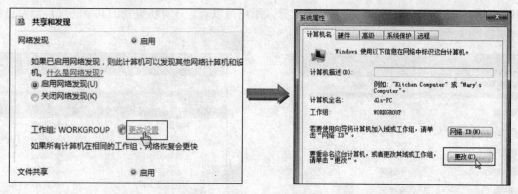

STEP 03 打开"计算机名/域更改"对话框，选中"工作组"单选按钮，在其文本框中输入更改的组名 MSHOME，然后单击"确定"按钮。

STEP 04 弹出"计算机名/域更改"对话框，确认后单击"确定"按钮。

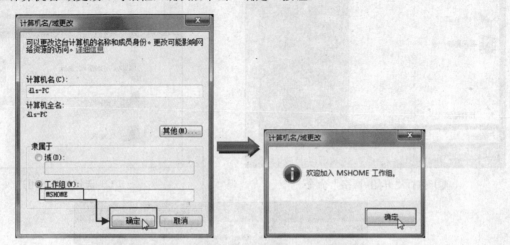

STEP 05 弹出"计算机名/域更改"对话框，并提示用户必须重新启动计算机才能应用这些更改，单击"确定"按钮。

STEP 06 经过以上操作后，在"网络"界面中显示 MSHOME 工作组中的所有共享计算机。

Work ④　查看共享状态

网络和共享中心提供了有关网络的实时状态信息，用户可以查看计算机设置的共享选项，以及已经共享的文件和文件夹。

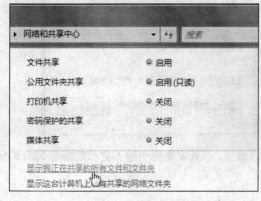

① 打开正在共享的文件

② 显示共享文件

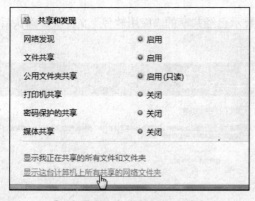

③ 查看所有共享的网络文件夹

④ 显示所有共享的网络文件夹

Lesson
05 更改与取消文件夹共享
Windows Vista · 从入门到精通

当文件夹共享后，用户可以更改共享权限或者停止共享文件夹。下面将介绍这两种操作方法。

STEP 01 打开需要共享的文件夹，并将其选中，例如"应用软件"文件夹。在工具栏中单击"共享"按钮。

STEP 02 打开"文件共享"对话框，进入"这个文件夹已被共享"界面中，选择"更改共享权限"选项。

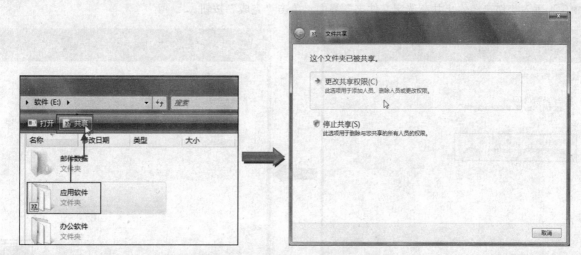

STEP 03 进入"选择要与其共享的用户"界面，在其下拉列表框中选择"Guest"选项，再单击"添加"按钮。

STEP 04 此时在下面的"名称"列表框中显示添加的"Guest"选项，右击"名称"列表框中的"Everyone"选项，在弹出的快捷菜单中执行"删除"命令。

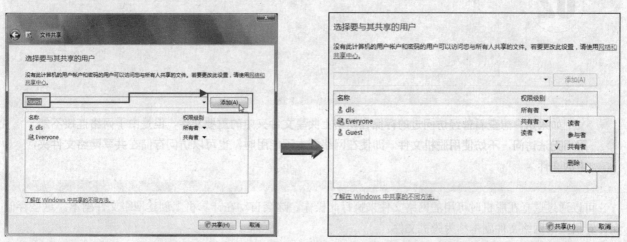

STEP 05 经过操作后，可以看到列表框中的"Everyone"选项已经被删除了，确认后单击"共享"按钮。

STEP 06 进入"您的文件夹已共享"界面，此时在列表框中显示已经共享的"应用软件"文件夹。确认后单击"完成"按钮，即可完成更改共享的用户。

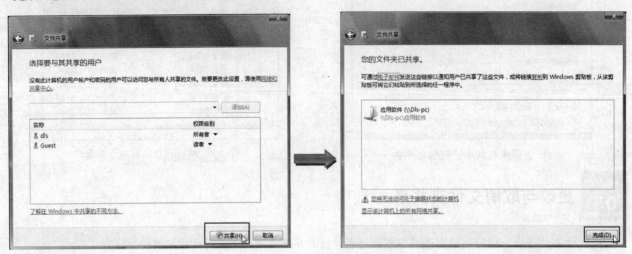

STEP 07 在前面"这个文件夹已被共享"界面中，如果用户选择"停止共享"选项，表示删除与您共享的所有人员的权限。

STEP 08 进入"您已经停止共享选定文件夹"界面，单击"完成"按钮。

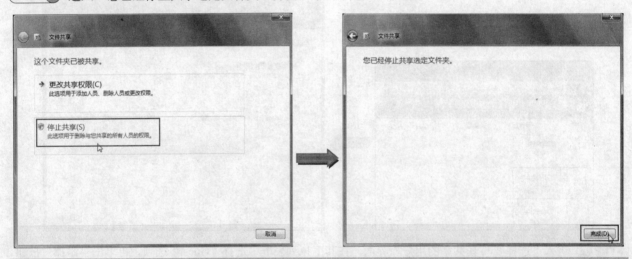

Study

02 使用脱机文件夹

- Work 1. 脱机文件夹的优点
- Work 2. 设置与访问脱机文件
- Work 3. 设定同步计划任务
- Work 4. 禁用脱机文件夹

　　如果用户想查看曾经访问过的存储在网络上共享文件夹中的重要文件，但是由于网络连接不能用而无法访问，不妨使用脱机文件。即使在网络副本不能用时，也可以访问存储在共享网络文件夹中的文件。

　　可以通过选择在脱机时可用的网络文件来执行此操作。这会自动在计算机上创建网络文件副本。这些存储在计算机上的网络文件副本称为脱机文件。

Work ① 脱机文件夹的优点

使用脱机文件对于使用共享网络文件夹中存储文件的用户有如下优点。

● 保护用户计算机不出现网络问题。使用脱机文件时，不管是网络关闭还是所访问的网络文件夹不能用，都没有关系。Windows 会自动访问存储在计算机上的脱机文件，而不是访问网络文件夹中的文件，且用户可以继续进行处理而不被中断。

● 离开网络时使用文件。当网络断开连接时，通常会失去访问存储在网络上文件的能力。但是使用脱机文件，即使网络断开连接，仍可使用设置为脱机可用的所有网络文件副本。这在携带移动 PC 旅行时特别有用。

● 与网络文件轻松同步。任何时候用户想和网络文件夹中的最新版本的文件同步，只需单击一个按钮，脱机文件就可以执行此操作。

● 在连接较慢网络时增强效率。连接到较慢的网络时，使用共享网络文件夹中的文件效率很低，而且很慢。通过用户随时轻松地切换到使用网络文件的脱机副本，可使用户免除了此烦恼。

Lesson 06 启用脱机文件夹

Windows Vista · 从入门到精通

如果要使用网络文件夹中的文件，可以启用脱机文件，重新获得网络连接之后继续工作，硬盘上的文件副本会立即与网络副本同步。

STEP 01 执行"开始>控制面板"命令。

STEP 02 进入"控制面板"界面，单击"网络和 Internet"文字链接。

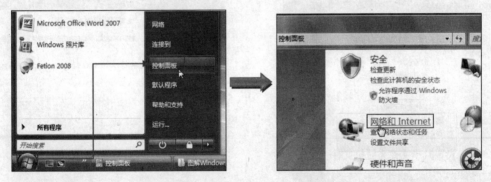

STEP 03 进入"网络和 Internet"界面，单击"启用脱机文件"文字链接。

STEP 04 弹出"脱机文件"对话框，在"常规"选项卡中单击"启用脱机文件"按钮。

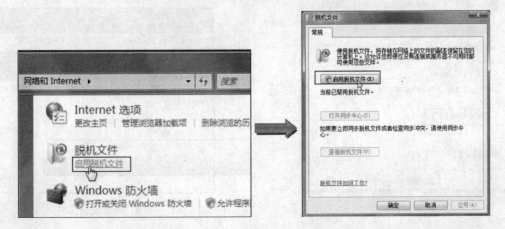

STEP 05 此时显示脱机文件已经启用，但尚未处于活动状态，单击"确定"按钮。

STEP 06 弹出"脱机文件"对话框，提示用户"必须先重新启动计算机，新设置才能生效"，确认后单击"是"按钮。

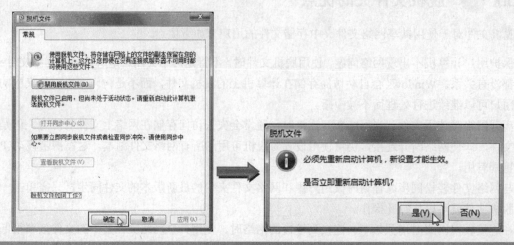

Study 02　使用脱机文件夹

Work ② 设置与访问脱机文件

在其他用户共享的文件夹中，用户可以设置访问脱机文件，这样不管对方是否在线，都可以使用该文件夹，只需要右击需要脱机的文件夹，在弹出的快捷菜单中执行"始终脱机可用"命令，完成后还可以查看脱机文件。

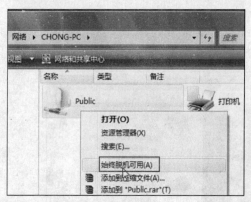

① 设置共享文件为脱机文件

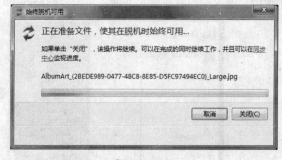

② 正在脱机

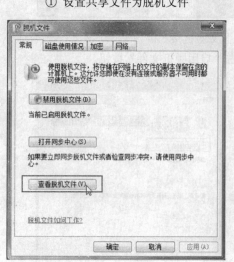

③ 查看脱机文件

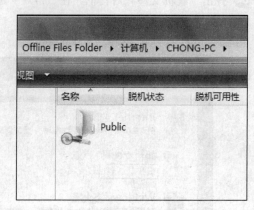

④ 显示脱机文件

Work ❸ 设定同步计划任务

用户可以对脱机后的文件进行同步计划操作。只需要在"同步中心"界面中单击"计划"按钮，在弹出的"脱机文件同步计划"对话框中进行设置。用户可以设置在登录计算机、计算机空闲时间超过某个时间段、锁定Windows等多种计划条件。

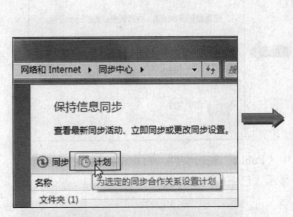

① 打开"同步计划"对话框

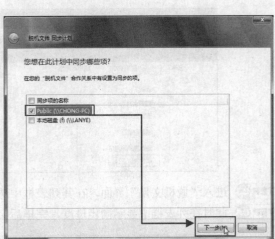

② 设置脱机文件

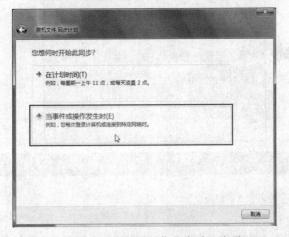

③ 选择"当事件或操作发生时"选项

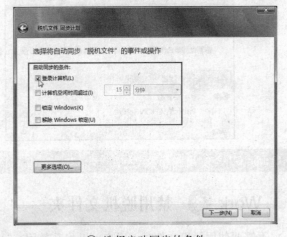

④ 选择启动同步的条件

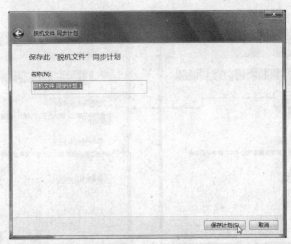

⑤ 设置脱机文件名称并保存计划

Lesson 07 同步脱机文件

除了在设置同步计划外，用户可以手动设置同步脱机文件。并且在"脱机文件"界面中查看设置的结果。

STEP 01 右击设置了脱机的"**Public**"文件夹，在弹出的快捷菜单中执行"同步"命令。

STEP 02 进入"同步中心"界面，双击"脱机文件"文件夹。

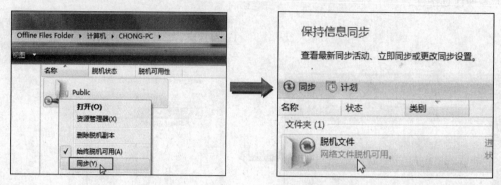

STEP 03 进入"脱机文件"界面，在其列表框中选中"**Public**"脱机文件，再单击"同步"按钮。

STEP 04 此时在列表框中显示同步进度，完毕后会显示"已完成同步"提示文字。

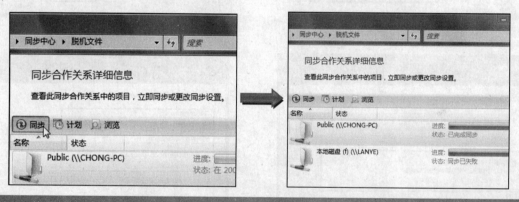

Study 02　使用脱机文件夹

Work 4　禁用脱机文件夹

不需要使用脱机文件时，用户可以将其禁用，这样就不会将存储在网络上的文件副本保留在自己的计算机上了。

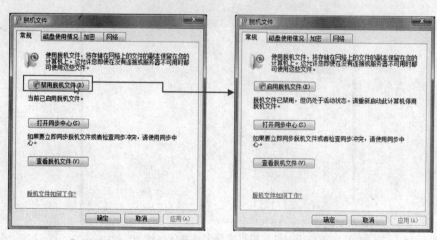

① 禁用脱机文件　　　　　② 脱机文件已禁用

Study 03 使用局域网打印机

Work 1 共享打印机

现在无论是在公司或者是在政府部门，基本都实现了无纸化办公，几乎所有的通知以及文件都可以电子文档的方式发送。但有时用户还是需要将电子文档打印成纸质文档。本节将介绍如何设置共享打印机和添加共享打印机的操作方法。

Study 03 使用局域网打印机

Work 1 共享打印机

如果将计算机连接到打印机，则可以与同一网络内的任何人共享该打印机。无论打印机是什么类型，只要它已安装在计算机上，并用通用串行总线(USB)电缆或其他类型的打印机电缆连接即可。如果能在网络中找到设置有共享打印机的计算机，就可以使用该打印机进行打印。

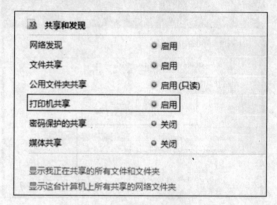

① 启用打印机共享

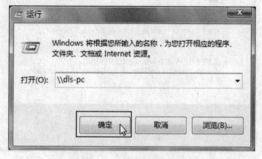

② 打开共享的用户

③ 双击"打印机"选项

④ 使用打印机

Lesson 08 添加共享打印机

Windows Vista · 从入门到精通

首先，请确保用户知道要添加的打印机型号。若要查找打印机型号，可检查打印机的机身，也可与打印机所有者或网络管理员联系。

STEP 01 按照前面的方法进入"控制面板"界面，单击"硬件和声音"区域中的"打印机"文字链接。

STEP 02 进入"打印机"界面，在工具栏中单击"添加打印机"按钮，即可启动安装打印机向导。

STEP 03 弹出"添加打印机"对话框，进入"选择本地或网络打印机"界面，选择"添加网络、无线或 Bluetooth 打印机"选项。

STEP 04 进入"正在搜索可用的打印机"界面，在列表框中选择需要添加的打印机，例如选择"打印机于 Yangxin"选项，再单击"下一步"按钮。

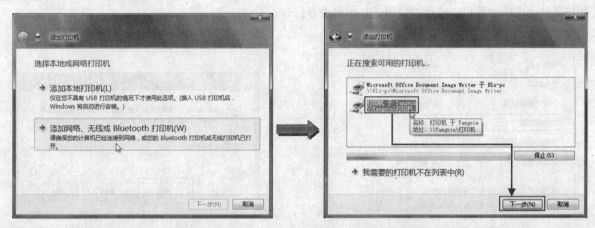

STEP 05 弹出"Windows 打印机安装"对话框，显示"正在连接到打印机于 Yangxin"文字以及连接进度。

STEP 06 弹出"打印机"对话框，提示用户需要安装该打印机的驱动程序，单击"安装驱动程序"按钮。

STEP 07 进入"键入打印机名称"界面，保留默认值后单击"下一步"按钮。

STEP 08 进入"您已经成功添加 HP 2500C Series PCL5Ce 于 Yangxin"界面，确认后单击"完成"按钮。

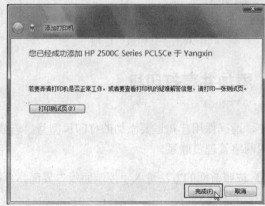

Windows 会议室

- Work 1. 初识 Windows 会议室
- Work 2. 设置网络邻居
- Work 3. 联合处理和共享文档

Windows 会议室使用对等技术，并在无法找到现有网络时自动设置临时网络。因此用户可以在会议室或没有网络的地点使用它。可以加入他人设置的会议，也可以开始一个新会议，并邀请他人加入。

Study 04　Windows 会议室

Work ① 初识 Windows 会议室

使用 Windows 会议室可以与他人共享文档、程序或桌面。其优点是：可以与其他会议参加者共享桌面或任何程序；可以和其他会议参加者分发并共同编辑文档；可以向其他参加者传递便笺；可以连接到网络投影仪来演示文档。

Study 04　Windows 会议室

Work ② 设置网络邻居

如果用户是第一次打开 Windows 会议室，则系统会提示启用某些服务并登录到"网络邻居"。

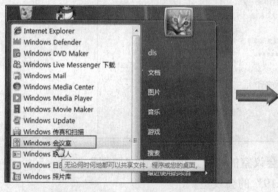

① 在"开始"菜单中启动"Windows 会议室"　　　　② 确认设置 Windows 会议室

③ 设置"网络邻居"　　　　　　　　　　　　　④ 确认设置

Windows Vista
从入门到精通

Lesson 09 创建一个新会议

Windows Vista · 从入门到精通

在了解 Windows 会议室后，用户便可以创建一个新会议，并且设置会议室的选项。

STEP 01 执行"开始>所有程序>Windows 会议室"命令，打开"Windows 会议室"窗口，选择"开始新会议"选项。

STEP 02 选择"开始新会议"界面，在"会议名称"文本框中输入新的名称，例如 dls2008.8.19，在"密码"文本框中输入新的密码，再选择"选项"选项。

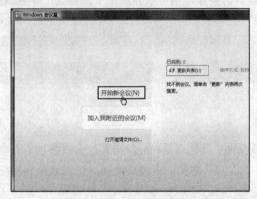 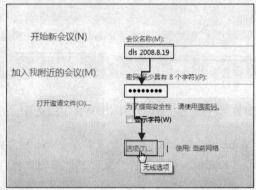

STEP 03 弹出"选项"对话框，在"可见性设置"区域中选中"允许网络邻居看见此会议"单选按钮，再单击"确定"按钮。

STEP 04 返回"Windows 会议室"窗口，单击"创建会议"按钮。

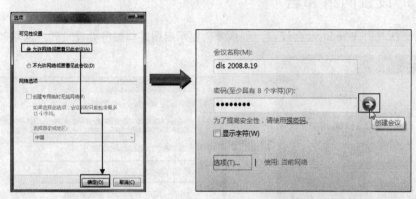

STEP 05 显示创建会议的进度条，如果用户需要停止创建会议室的操作，可以单击"取消"按钮。

STEP 06 经过以上操作后，用户便创建了名为"dls2008.8.19"的会议室。

 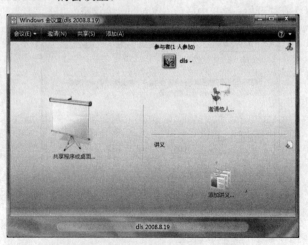

Windows Vista

Lesson 10 邀请其他用户加入现有会议

Windows Vista · 从入门到精通

创建完毕后，用户可以邀请其他用户加入会议室，条件是必须联机用户同时也登录在 Windows 会议室中。

STEP 01 在创建的"Windows 会议室"窗口中，单击工具栏中的"邀请"按钮。

STEP 02 弹出"邀请他人"对话框，在列表框中勾选需要被邀请人员的复选框，然后单击"发送邀请"按钮。

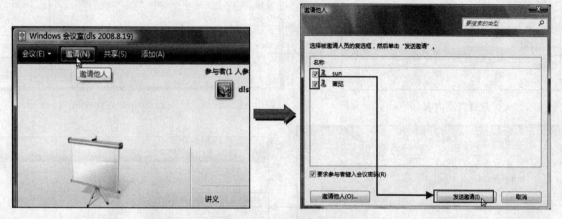

STEP 03 当对方接受邀请后，会在"Windows 会议室"窗口中显示出来。

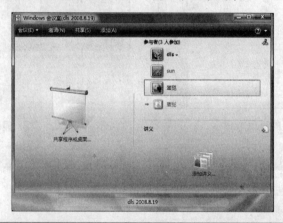

Study 04 Windows 会议室

Work 3 联合处理和共享文档

使用 Windows 会议室，用户可以与 Internet、本地网络或无线临时网络上的其他人员合作并共享文档、程序或桌面。如果网络不存在，Windows 会议室会自动创建一个网络。

① 选择共享会话   ② 确认共享

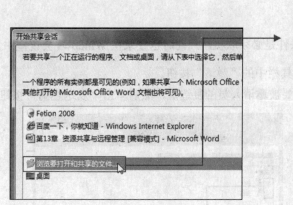

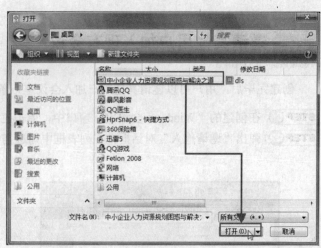

③ 选择共享内容　　　　　　　　④ 打开共享程序

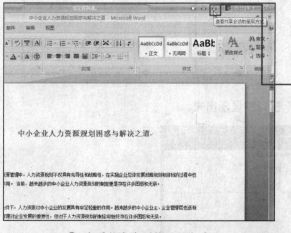

⑤ 查看共享会话的呈现方式　　　　⑥ 显示共享会话

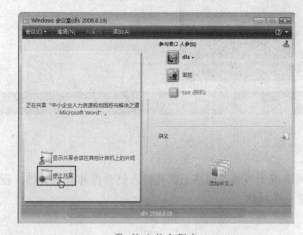

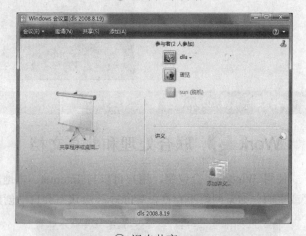

⑦ 停止共享程序　　　　　　　　⑧ 退出共享

Lesson 11 发送及时消息

Windows Vista · 从入门到精通

在 Windows 会议室中，用户可以和参与者进行文本聊天，也就是发送在线便笺。

STEP 01 在"Windows 会议室"窗口中，右击"参与者"区域中需要发送文本信息的人员，在弹出的快捷菜单中执行"发送便笺"命令。

STEP 02 弹出"发送便笺"对话框，在文本框中输入文本信息，单击"发送"按钮。

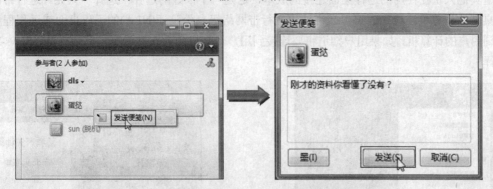

STEP 03 当对方收到信息并回复后，会弹出"已接收一个便笺"对话框，在其中显示对方发送的信息。

Study 05 使用远程协助

- Work 1. 了解远程协助功能
- Work 2. 允许远程协助
- Work 3. 接受邀请并帮助其他人

有时解决问题的最佳方式是让人演示解决方案。Windows 远程协助可让用户信任的人连接到用户的计算机来帮助解决问题，即使这个人并不在附近也能实现。为确保只有用户邀请的人才能使用 Windows 远程协助连接到用户的计算机，所有的会话都要进行加密和密码保护。

Work 1 了解远程协助功能

首先，用户可以使用电子邮件或即时消息请求其他人的帮助，也可以重复使用以前发送过的邀请。在该人接受邀请后，Windows 远程协助会通过 Internet 或连接两台计算机的网络在计算机之间创建加密连接，向对方提供密码，以便与其建立连接。

用户也可以向其他人提供协助。在其他人接受提供的帮助后，Windows 远程协助会在两台计算机之间创建加密连接。

Work 2 允许远程协助

用户选择的某人可以从远程计算机访问到自己的计算机，但是首先需要允许远程连接。选择"允许运行任意版本远程桌面的计算机连接"，可以允许使用任意版本的远程桌面或远程程序的人连接到用户的计算机，如果用户不知道其他人正在使用的远程桌面连接的版本，这是一个很好的选择；选择"只允许运行带网络级身份验证的远程桌面的计算机连接"，可以允许使用运行带网络级身份验证(NLA)的远程桌面或远程程序版本计算机的人连接到用户的计算机，如果用户知道将要连接到用户计算机的人在其计算机上运行 Windows Vista，这是最安全的选择。

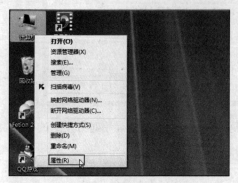

① 执行"属性"命令

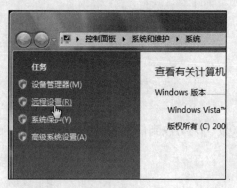

② 进入"系统"界面

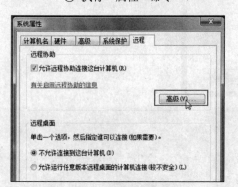

③ 设置远程协助

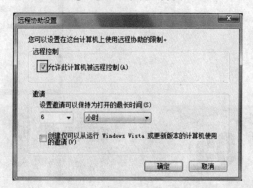

④ 设置远程控制

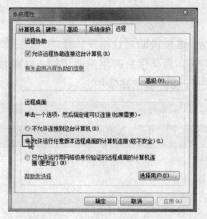

⑤ 设置远程桌面

⑥ 确认远程设置

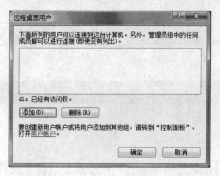

⑦ 添加桌面用户

选择用户

⑧ 选择用户

Lesson
12 邀请其他人帮助

Windows Vista · 从入门到精通

　　如果计算机出现问题，有时用户可能需要其他人的帮助。可以使用 Windows 远程协助邀请某个人连接到用户的计算机帮助解决问题，即使对方人并不在附近也可实现（请确保对方是可信任的人，因为对方将可以访问用户的文件和个人信息）。

　　在设置邀请文件时，用户需要在保存的路径中，将 Invitation 文件发送给对方，并告知对方文件密码，这样对方才能进入用户的计算机。

STEP 01 执行"开始>Windows 远程协助"命令。

STEP 02 弹出"Windows 远程协助"对话框，在"您想请求帮助或提供帮助吗?"界面中选择"邀请信任的人帮助您"选项。

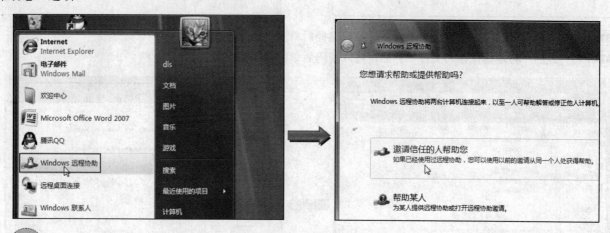

Tip 在"开始"菜单中搜索"Windows 远程协助"程序

　　如果用户没有在"开始"菜单中找到"Windows 远程协助"命令，可以按照下面的方法进行操作：

　　在"开始"菜单中的"搜索"文本框中输入"Windows 远程协助"，此时会在"开始"菜单列表框中显示搜索出的结果，选择该选项，即可启动"Windows 远程协助"。

STEP 03 进入"您想如何邀请某人帮您?"界面，选择"将这个邀请保存为文件"选项。

STEP 04 进入"将邀请保存为文件"界面,在"输入路径和文件名"右侧单击"浏览"按钮。

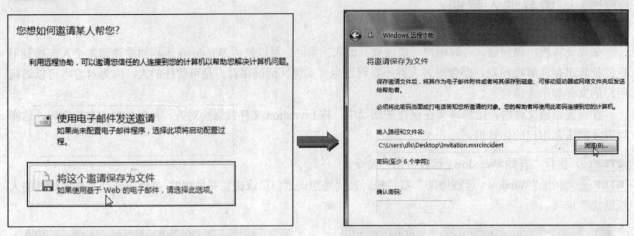

STEP 05 弹出"另存为"对话框,选择文件保存路径后单击"保存"按钮。

STEP 06 返回"将邀请保存为文件"界面,输入密码后单击"完成"按钮。

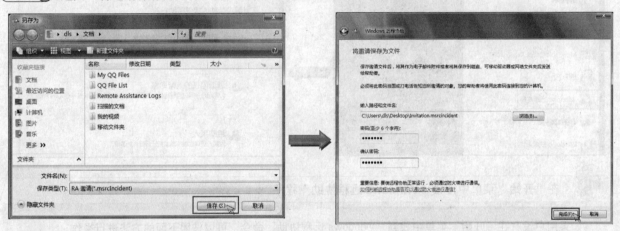

Tip 给对方发送邀请文件和密码

　　此时用户需要将保存的邀请文件发送给对方,并且告知对方之前设置的邀请文件密码,这样对方才能连接远程协助。

STEP 07 此时会在桌面上弹出"Windows 远程协助"对话框,并显示等待传入连接。

STEP 08 当对方打开了用户发送的邀请文件并输入密码后,会弹出"Windows 远程协助"对话框,询问用户"是否希望允许对方连接到您的计算机?",单击"是"按钮。

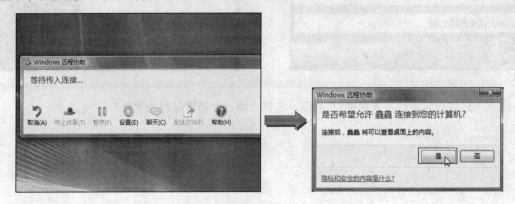

STEP 09 当远程协助连接成功后，Vista 系统中的 Aero 效果会临时取消，桌面背景也会显示为"黑色"，同时对方会看到自己的桌面效果。在"Windows 远程协助"对话框中单击"聊天"按钮，可以临时与对方进行文本信息的交流。

STEP 10 在"Windows 远程协助"对话框中展开文本框，用户可以与对方进行文字交流。

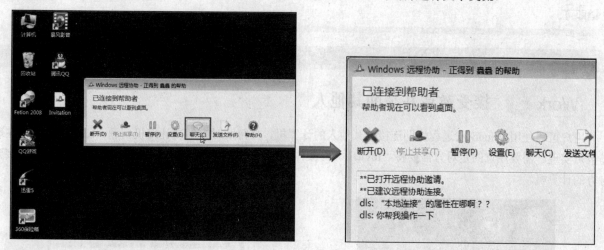

STEP 11 如果对方申请共享对桌面的控制，会在弹出的"Windows 远程协助"对话框中显示出来，单击"是"按钮。

STEP 12 此时对方就可以操作用户的计算机，帮助用户完成相应的操作。

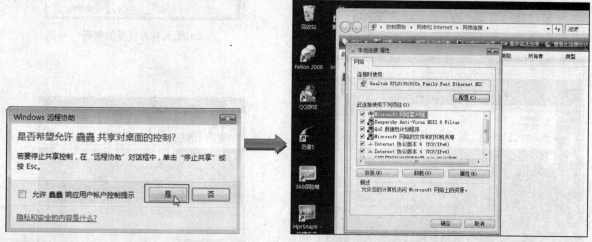

STEP 13 如果不需要进行远程协助了，可以在"Windows 远程协助"对话框中单击"断开"按钮。

STEP 14 在弹出的"Windows 远程协助"对话框中询问"您确定要断开吗?"，单击"是"按钮。

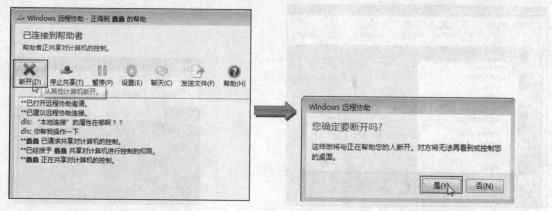

Study 05　使用远程协助

Work ③ 接受邀请并帮助其他人

　　用户可以使用 Windows 远程协助连接到其他人的计算机，并帮助对方解决计算机问题。即使用户并不在现场也可实现。需要注意的是对方需要将"Invitation"文件发送给用户，用户才能使用 Windows 远程协助连接到对方的计算机。

① 双击接收到的"Invitation"文件

② 输入对方设置的密码

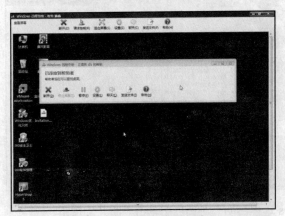

③ 查看对方桌面

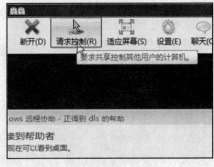

④ 申请控制对方的桌面

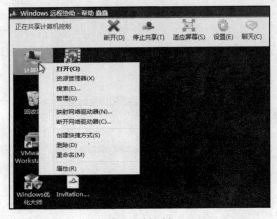

⑤ 开始控制

⑥ 断开远程协助操作

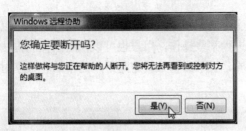

⑦ 确认断开

Tip 在"Windows 远程协助"对话框中连接其他人的计算机

除了前面的方法连接其他人的计算机外，用户还可以在打开的"Windows 远程协助"对话框中选择"帮助某人"选项。进入"选择连接其他人的计算机方式？"界面，在"输入邀请文件位置"文本框右侧，单击"浏览"按钮。在弹出的"打开"对话框中选择"Invitation"邀请文件所在路径。完毕后单击"完成"按钮，即可连接对方的计算机。

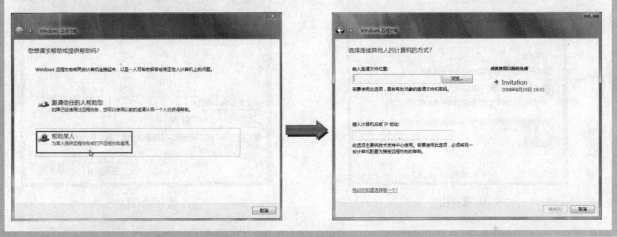

Study 06 使用远程桌面

- Work 1. 远程协助与远程桌面的区别
- Work 2. 连接远程桌面
- Work 3. 设置远程桌面连接

使用远程桌面连接，可以从一台运行 Windows 的计算机访问另一台运行 Windows 的计算机，条件是两台计算机连接到相同网络或连接到 Internet。例如，可以在家中的计算机使用所有工作的计算机的程序、文件及网络资源，就像坐在工作场所的计算机前一样。

Study 06 使用远程桌面

Work ① 远程协助与远程桌面的区别

尽管远程协助与远程桌面的名称相似，并且都涉及与远程计算机的连接，但是远程桌面和远程协助的用途不同。

使用远程桌面从一台计算机远程访问另一台计算机。例如，可以使用远程桌面从家里远程访问工作计算机，可以访问所有的程序、文件和网络资源，就好像坐在自己的工作计算机前面一样。

　　使用远程协助提供协助或接受协助。例如，让朋友或技术支持人员可以访问用户的计算机，以帮助用户解决计算机问题或为用户演示如何进行某些操作，用户也可以使用同样的方法帮助其他人。在这两种情况下，用户和他人都能看到同一个计算机屏幕显示。如果决定与用户的帮助者共享对用户计算机的控制，则二者均可以控制屏幕上的鼠标指针。

Study 06　使用远程桌面

Work ❷　连接远程桌面

　　若要连接到远程计算机，该计算机必须为开启状态，必须具有网络连接，远程桌面必须可用，必须能够通过网络访问该远程计算机，还必须具有连接权限。若要获取连接权限，其必须位于用户列表中。

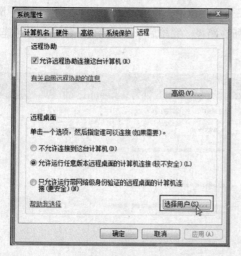

① 选择用户

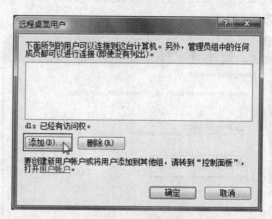

② 添加用户

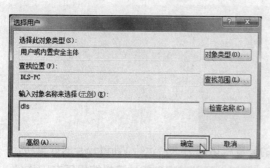

③ 输入对象名称

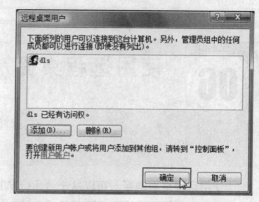

④ 确认添加的桌面用户

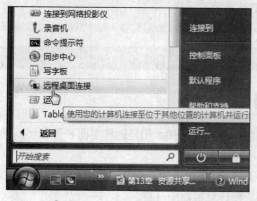

⑤ 执行"远程桌面连接"命令

⑥ 输入对方 IP 地址或者计算机名称

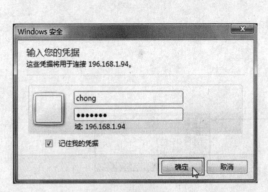

⑦ 输入凭据

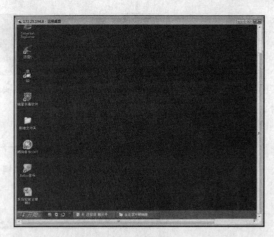

⑧ 连接成功

Study 06　使用远程桌面

Work ③　设置远程桌面连接

用户可以对常规、显示、本地资源、程序、经验以及高级等相关信息进行设置。例如常规中包括登录设置、连接设置；显示中包括远程桌面大小、颜色；本地资源包括远程计算机声音、键盘等；程序中包括启动程序；经验中包括性能；高级中包括服务器身份验证等。

● "常规"选项卡

在"登录设置"区域中，用户需要输入远程计算机的名称或者 IP 地址。在"连接设置"区域中，用户可以将当前连接设置保存到 RDP 文件或打开一个已保存的连接。

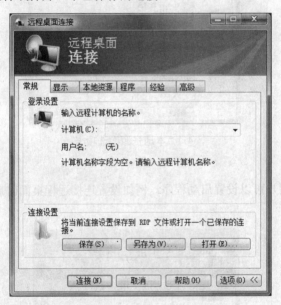

① "常规"选项卡

● "显示"选项卡

在"远程桌面大小"区域中，用户可以拖动滑块，调整远程桌面的大小。在"颜色"区域中，用户可以选择 256 色、增强色(15 位)、增强色(16 位)、真彩色(24 位)、最高质量(32 位)。

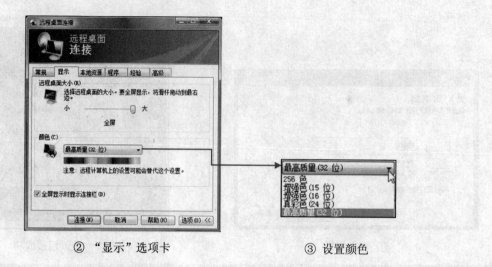

② "显示"选项卡   ③ 设置颜色

- **"本地资源"选项卡**

在"本地资源"选项卡中，用户可以设置远程计算机声音，其中包括带到这台计算机、不要播放和留在远程计算机 3 个选项；应用 Windows 键组合可以设置只用全屏模式、本地计算机上、远程计算机上；同时用户还可以设置本地设备和资源，选择要在远程会话中使用的设备和资源。

④ "本地资源"选项卡

- **"程序"选项卡**

在"程序"选项卡中，用户可以设置启动程序。例如设置连接远程桌面时启动的程序。用户可以根据程序路径和文件名启动。

⑤ "程序"选项卡

● "经验"选项卡

在"经验"选项卡中，用户可选择连接速度来优化性能，以及设置允许的优化性能方式。

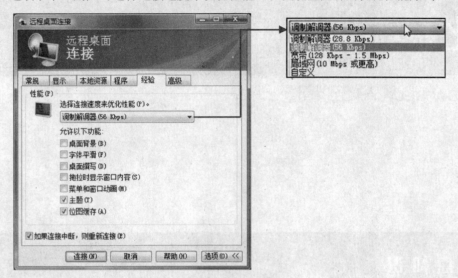

⑥ "经验"选项卡

● "高级"选项卡

在"高级"选项卡中，可以设置服务器身份验证，以及进行网关服务器设置。

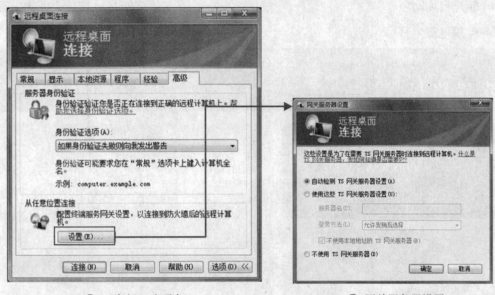

⑦ "高级"选项卡　　　　　　　　⑧ 网关服务器设置

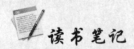 读书笔记

Chapter 14

优化系统性能

Windows Vista从入门到精通

视频教程路径

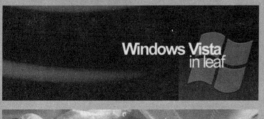

Chapter 14\Study 04　管理电源

● Lesson 02　使用电源管理功能.swf

Chapter 14\Study 05　使用Windows任务管理器

● Lesson 03　"应用程序"选项卡.swf

● Lesson 04　"进程"选项卡.swf

Chapter 14\Study 06　使用资源监视器

● Lesson 05　查看计算机性能日志.swf

Chapter 14　优化系统性能

　　系统用久了，磁盘中难免会产生冗余影响系统速度。为了让系统运行得更流畅，用户通常要手动设置或用工具对系统进行优化。在 Windows Vista 操作系统中，用户可以使用系统自带的工具对系统进行优化操作，还可以使用专门的优化软件优化操作。

系统性能的优化

Study

- Work 1.　自定义 Windows 开机加载程序
- Work 2.　清理磁盘
- Work 3.　磁盘查错
- Work 4.　磁盘碎片整理
- Work 5.　调整驱动器分页文件大小

　　本节将介绍使用 Vista 系统中的磁盘维护工具优化计算机，让用户的计算机系统资源得到合理的应用。

Study 01　系统性能的优化

Work ❶　自定义 Windows 开机加载程序

　　有些程序是随着系统启动时自动运行的，除了系统默认的自动运行程序外，用户还可以自己添加启动程序，下面介绍两种常用方法。

　　方法一：拖动程序到"开始"菜单"启动"区域中。

　　在 Windows Vista 操作系统中，执行"开始>所有程序"命令，在其选项组中，选中需要添加的程序图标，按住鼠标左键不放，将其拖动至"启动"区域中，释放鼠标即可。

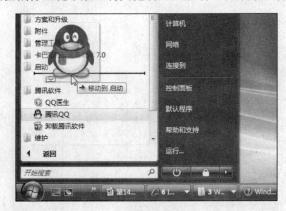

① 移动到启动

② 拒绝移动

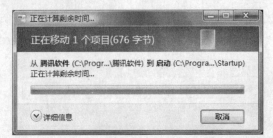

③ 正在移动

方法二：使用"组策略对象编辑器"中的"登录"功能。

在 Vista 系统中，组策略的功能是非常强大的，它是计算机设置的管理工具。用户可以依次进入"系统>登录"界面，在右侧窗口中，双击"在用户登录时运行这些程序"选项，弹出"在用户登录时运行这些程序属性"对话框，添加需要的启动项目。

④ 在"运行"对话框中输入命令

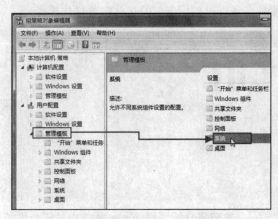

⑤ 选择"系统"选项

⑥ 选择"登录"选项

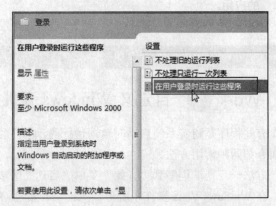

⑦ 双击"在用户登录时运行这些程序属性"选项

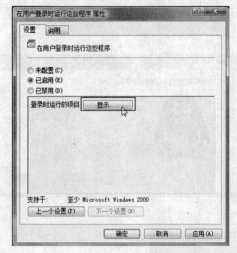

⑧ 单击"显示"按钮

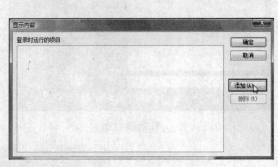

⑨ 单击"添加"按钮

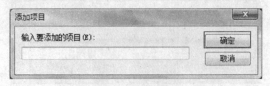

⑩ 输入要添加的项目

Work ❷　清理磁盘

为了释放磁盘上的空间，磁盘清理会查找并删除计算机上确定不再需要的临时文件。而且在清理过程中，用户只需要指定要清理的文件类型。如果计算机上有多个驱动器或分区，则会提示用户选择希望进行磁盘清理的驱动器。选择后磁盘清理就会自动开始工作，并且不会干扰用户的正常工作。

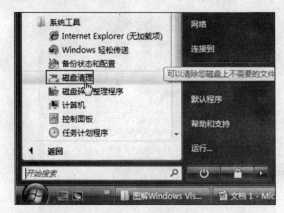

① 启动"磁盘清理"程序

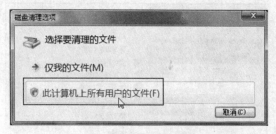

② 选择要清理的文件

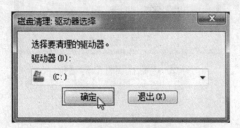

③ 选择要清理的驱动器

④ 计算释放的空间

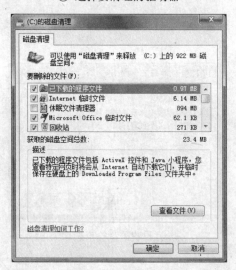

⑤ 获取的磁盘空间总数

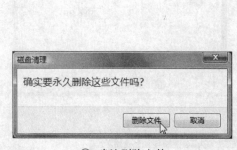

⑥ 确认删除文件

⑦ 正在进行磁盘清理

Work ❸　磁盘查错

在 Vista 系统中，用户可以检查磁盘错误，并且可以修复系统错误或者恢复坏扇区。只需要打开需要的磁盘属性对话框，切换至"工具"选项卡，单击"开始检查"按钮。在"检查磁盘"对话框中勾选"自动修复文件系统错误"或者"扫描并试图恢复坏扇区"复选框，单击"开始"按钮即可。

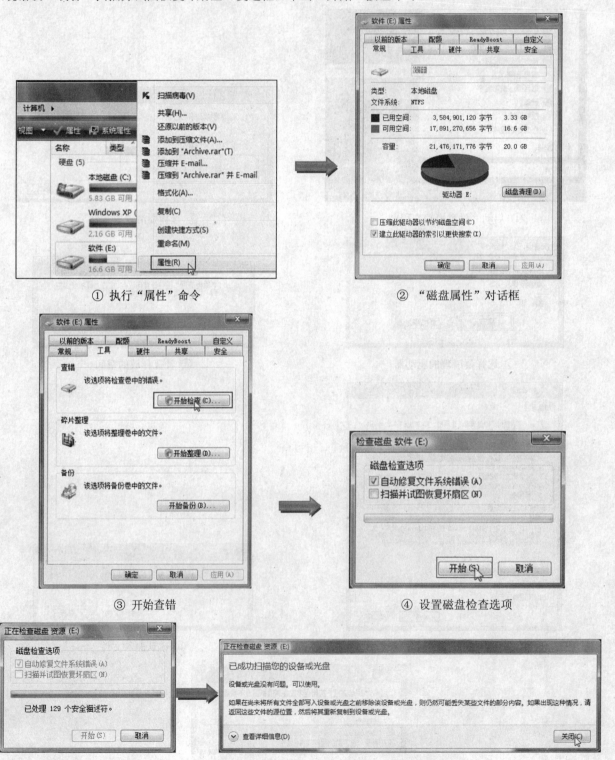

① 执行"属性"命令　　　　　　　② "磁盘属性"对话框

③ 开始查错　　　　　　　　　　④ 设置磁盘检查选项

⑤ 正在检查　　　　　　　　　　⑥ 完成磁盘查错操作

Work ④　磁盘碎片整理

磁盘碎片整理程序是一个很有用的系统工具，它可以重新排列碎片文件，以便磁盘能够更有效地工作。在Vista 中，磁盘碎片整理程序会按计划运行，但用户可以修改计划或手动启动它。下面就简单介绍磁盘碎片整理工具。

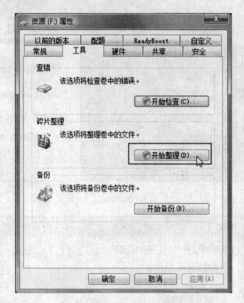

① 单击"开始整理"按钮

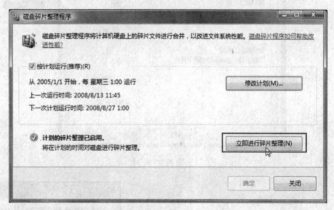

② 单击"修改计划"按钮

③ 修改计划

④ 进行碎片整理

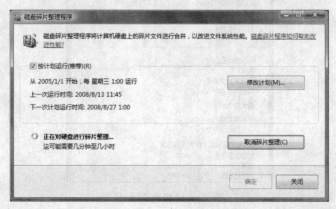

⑤ 开始进行碎片整理

Work ⑤　调整驱动器分页文件大小

在使用计算机时，如果经常弹出虚拟内存过小的提示对话框，那么用户就可以更改分页文件大小。分页文件是硬盘上的一块区域，Vista 系统作为 RAM 使用。

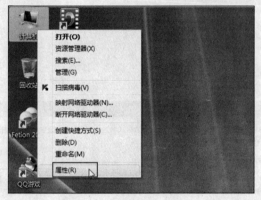

① 执行"属性"命令

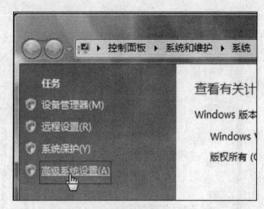

② 单击"高级系统设置"文字链接

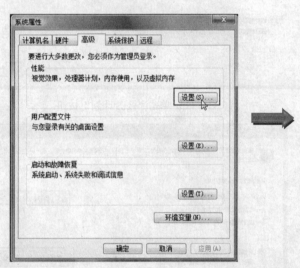

③ 设置性能选项

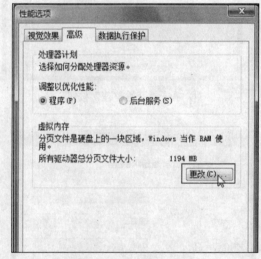

④ 更改虚拟内存

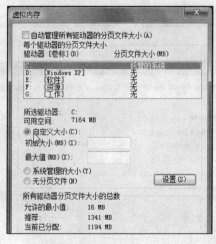

⑤ 设置虚拟内存大小

提升系统性能

- Work 1. 调整系统视觉性能
- Work 2. 内存管理机制
- Work 3. ReadyBoost 提升系统性能
- Work 4. ReadyDrive 提升硬盘性能
- Work 5. 低优先级的磁盘访问

Windows Vista 中有一些新的安全和功能特性，诸如 Aero 玻璃特效、Flip 3D 等超酷的视觉体验，但是所有这一切，需要计算机的性能必须符合要求。如果用户觉得 Vista 的性能较差，可以使用以下操作，让 Windows Vista 运行得更快。

Study 02　提升系统性能

Work ❶　调整系统视觉性能

用户使用的显示器及其设置、Windows 的配置方式和计算机的使用方式都会影响计算机的显示质量。用户可以通过更改菜单和窗口的显示方式来优化显示性能。

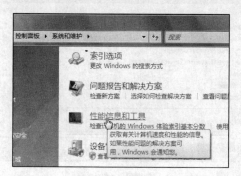

① 单击"性能信息和工具"文字链接

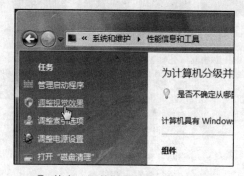

② 单击"调整视觉效果"文字链接

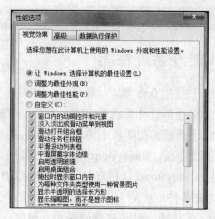

③ 设置视觉效果

Study 02　提升系统性能

Work ❷　内存管理机制

内存管理是计算机系统以一种优化性能的方式，在需要内存的不同进程（如操作系统或应用程序调用）之间将有限的内存进行分配的过程。执行这种任务的通用技术称为虚拟内存技术。这项技术利用保留的磁盘空间存储不在物理内存中的对象，来模拟比实际可用的内存大得多的地址空间。

① 查看计算机性能

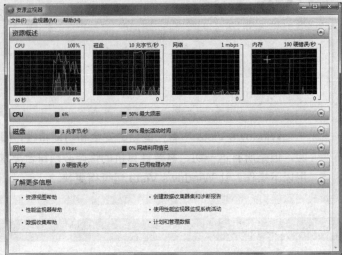

② 查看内存资源图表

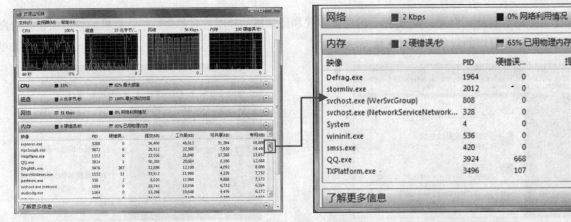

③ 查看内存信息　　　　　　　　　　　　　　　　④ 查看更多的信息

Study 02　提升系统性能

Work ❸　ReadyBoost 提升系统性能

ReadyBoost 是 Windows Vista 操作系统的众多创新功能之一，首创操作系统对内存资源调配的多元化与延展性。以往对系统内存的扩充与升级，必须拆开计算机外壳，甚至需要有较为专业的硬件概念，诸如主板内存插槽以及搭配性等问题，对于想自己动手升级的初学者来说也是不小的挑战。ReadyBoost 技术的导入，可以使扩充操作系统的内存资源变成相当容易的事情。ReadyBoost 功能可以使用 USB 2.0 闪存加速 Vista 的性能，把 USB 存储器的空间当作系统内存使用。ReadyBoost 让用户只需要插入 USB 闪存、稍微配置即可提升系统性能。

当然，使用 ReadyBoost 功能的先决条件，就是 USB 闪存必须满足一定的性能和容量要求：至少 2.5MB/s 传输、4KB 的随机读取速度，1.75MB/s 的传输、512KB 的随机写入速度；64MB～8GB 的空闲空间；总容量至少在 256MB 以上。这只是微软官方给出的基本参数。要想完美体验 ReadyBoost 性能，还需要更高性能的闪存作为支持。

Lesson 01　优化 ReadyBoost 再加速

Windows Vista・从入门到精通

利用 ReadyBoost 加快开/关机速度的理想作法是：拿出一块 U 盘专门用于 ReadyBoost，不必再插入、拔出，一直插在计算机上，也就是说，在 Windows Vista 开机、关机时也应一直启用 ReadyBoost，这样，可以明显地提高关机速度。同时，在 Windows Vista 再次开机时，系统也会省略不少初始化步骤，提高开机速度。

STEP 01 将移动存储设备与计算机连接，例如 U 盘。进入"计算机"界面，右击"可移动磁盘(H:)"选项，在弹出的快捷菜单中执行"属性"命令。

STEP 02 弹出"可移动磁盘(H:)属性"对话框，切换至"硬件"选项卡。在"所有磁盘驱动器"列表框中选中磁盘驱动器，例如 Aomg USB Flash Disk USB Device 磁盘驱动器，然后，单击"属性"按钮。

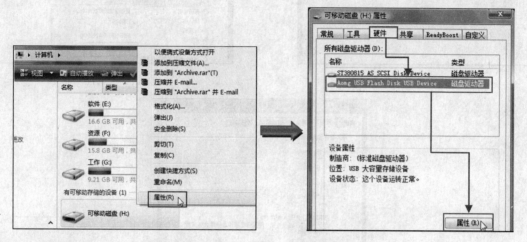

STEP 03 弹出"Aomg USB Flash Disk USB Device 属性"对话框，切换至"策略"选项卡，选中"为快速删除而优化"单选按钮，单击"确定"按钮即可。

这样做还免除了出现"安全删除硬件"的图标。

Study 02　提升系统性能

 Work **4** ReadyDrive 提升硬盘性能

ReadyDrive 事实上就是微软对 Hybrid 硬盘（带有内部闪存部件的硬盘）的称呼。这种硬盘除了闪存显而易见的随机访问速度优势外，最大的优势还是在于其中保存的数据"立等可取"。因为对于闪存而言，既不需要启动磁头，也不用等待磁头转动到合适的位置。

使用 Windows ReadyDrive，配备了混合型硬盘驱动器的计算机可以从非易失性缓存访问数据，从而延长硬盘从开始减速到停止的时间。作为 Windows Vista 最重要的特性之一，ReadyDrive 利用超过 128MB 的高速闪存缓存辅助数据读写工作。

ReadyDrive 技术能使配备混合硬盘 HHD（Hybrid Hard Disk）的个人计算机快速启动，并可用更少的时间从睡眠中唤醒，从而节省电耗，并改善硬盘可靠性。混合硬盘是一种配备了不丢失闪存的新型 U 盘。

① 单击"设备管理器"按钮

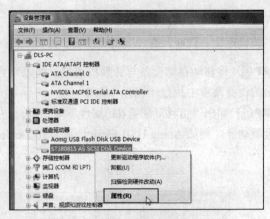

② 执行"属性"命令

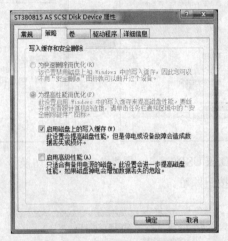

③ 写入缓存和安全删除

Study 02　提升系统性能

Work ⑤　低优先级的磁盘访问

优先级是系统自动调整的，一般无需用户自己调整。不过遇到特殊情况，调整一下对计算机的使用还是有好处的。比如想一边看电影一边打文字或干别的什么活，那么就调整电影播放器的进程，设置为"低于标准"，系统提示"更改特定进程的优先级可能导致系统不稳定"，单击"更改优先级"按钮继续。这样前台程序就会比后台程序优先，系统会让前台程序优先执行，前台程序空闲的时候再让后台程序满负荷工作。这样就可以充分占用前台程序剩下的系统资源，达到对系统资源的高效利用。

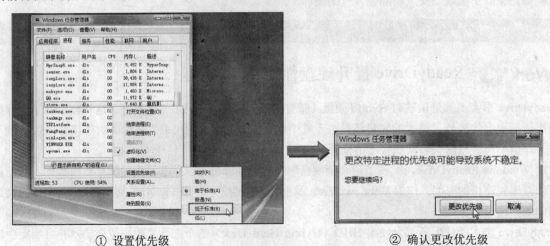

① 设置优先级　　　　　　　　　　　　　　② 确认更改优先级

管理自启动项

Work 1. 启动系统服务

Work 2. 管理自启动应用程序

本节介绍如何设置启动系统服务，以及管理自启动应用程序，以便将不需要的启动程序屏蔽掉等。

Study 03 管理自启动项

Work 1 启动系统服务

服务是一种在系统后台运行无需用户干预的应用程序类型，类似于 UNIX 的后台应用程序。服务可提供核心操作系统功能，如 Web 服务、事件日志、文件服务、打印、加密和错误报告。如果由于启用或禁用某项服务而在启动计算机时遇到问题，用户可以在安全模式下启动计算机。在安全模式下，启动操作系统需要的核心服务无论服务设置如何更改，均以默认方案启动。计算机进入安全模式后，可以更改服务配置或还原默认的配置。

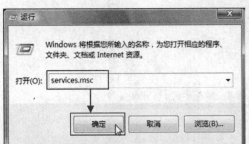

① 从"运行"对话框启动"服务"窗口

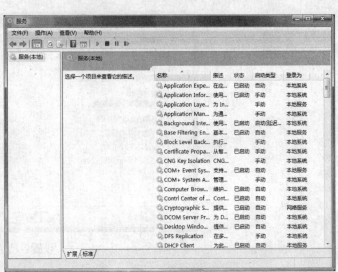

② "服务"窗口

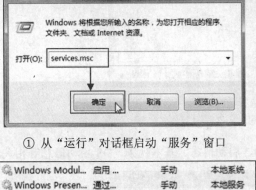

③ 启动项目

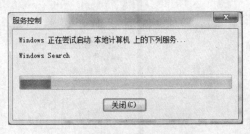

④ 正在启动服务

Work ② 管理自启动应用程序

"系统配置"是高级工具。用户可以设置选择启动方式、启动选项、禁用启动项目等。用户可以在"运行"对话框中输入命令"msconfig"，打开"系统配置"对话框。

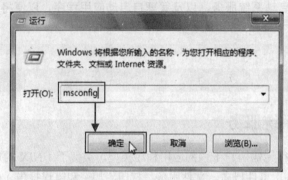

① 从"运行"对话框启动"系统配置"对话框

● 启动选择

在"常规"选项卡中，可以进行启动选择，例如正常启动、诊断启动以及有选择的启动。

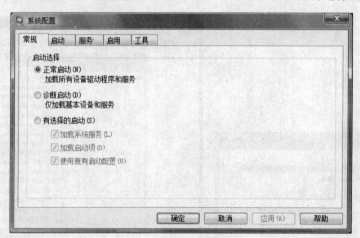

② 设置启动选择

● 启动选项

在"启动"选项卡中，可以设置安全启动、无 GUI 启动、启动日志、基本视频、OS 启动信息等相关选项。

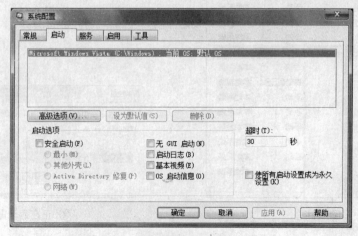

③ 设置启动选项

● 启用项目

在"启用"选项卡中，用户可以管理自动启动项的程序。勾选列表框中的启用项目复选框，或选择全部启用或者全部禁用选项，让其在 Vista 系统启动时，自动运行该程序。

④ 设置启用项目

Study 04 管理电源

- Work 1. 电源管理的增强功能
- Work 2. 选择合适的电源计划

通过使用"控制面板"中的"电源选项"，用户可以管理所有的电源计划设置。通过更改高级电源设置，可以进一步优化计算机的电能消耗和系统性能。无论更改多少设置，始终可以将其还原为其初始值。

Study 04 管理电源

Work 1 电源管理的增强功能

在 Windows Vista 中，用户可以比以前更好地控制计算机使用和管理电源的方式。用户可以使用电池指示器监视电源消耗、使用"电源"按钮关闭计算机功能。

● 使用电池指示器监视电源消耗

用户可以使用电池指示器使其他的电源计划生效。尽管电池指示器较常用于移动 PC，但是如果计算机接入了不间断电源（UPS）或其他短期电池设备，电池指示器也可能出现在台式计算机上。

电池指示器位于 Vista 系统任务栏的通知区域中。电池指示器在使用移动 PC 时可以方便地监视电源消耗的情况。当悬停在电池图标上时，可以查看剩余电池电量的百分比和正在使用的电源计划。

① 电池指示器

● 使用"电源"按钮关闭计算机

在 Windows Vista 中，关闭计算机很容易：只需在"开始"菜单上单击"电源"按钮。

② "电源"管理

Work 2　选择合适的电源计划

Windows Vista 中的电源设置是以电源计划为基础。电源计划是管理计算机如何使用电源的硬件和系统设置的集合。电源计划可以帮助节省能量、使系统性能最大化，或者使二者达到平衡。3 种默认的电源计划，分别是"已平衡"、"节能程序"和"高性能"，可以满足大多数人的需要。可以对任何计划的设置进行更改。如果这些计划不满足需要，还可以方便地以其中一个计划为基础来创建自己的计划。

电源计划

① 已平衡	此计划通过使计算机的处理器速度适合用户的活动来平衡能量消耗和系统性能
② 节能程序	此计划通过降低系统性能来节省移动 PC 上的电能。它的主要目的是使电池寿命最大化
③ 高性能	此计划通过使处理器的速度适合用户的工作或活动并使系统性能最大化，为移动 PC 提供最高级别的性能

Lesson 02　使用电源管理功能

用户可以通过电源管理功能对计算机用电情况进行设置，以达到节约能源的目的。

STEP 01 进入"控制面板"界面，单击"硬件和声音"文字链接。

STEP 02 进入"硬件和声音"界面，单击"电源选项"文字链接。

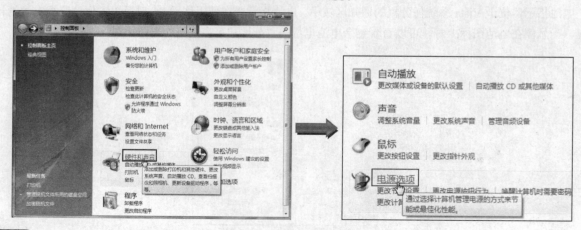

STEP 03 进入"电源选项"界面，在左侧任务窗格中单击"创建电源规划"文字链接。

STEP 04 进入"创建电源计划"界面，用户在此可以创建自己的计划。例如选中"节能程序"单选按钮，在"计划名称"文本框中输入新的名称，例如输入"自定义计划"，然后单击"下一个"按钮。

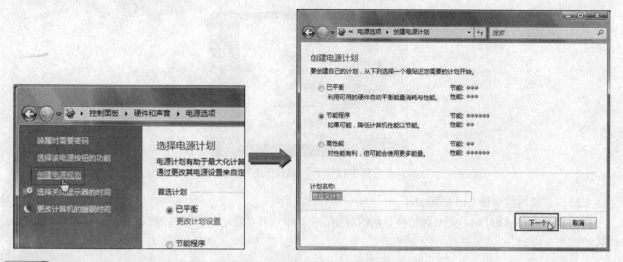

STEP 05 进入"编辑计划设置"界面，设置"关闭显示器"的时间和"使计算机进入睡眠状态"的时间，完毕后单击"创建"按钮。

STEP 06 返回"电源选项"界面，在其中显示"自定义计划"的结果。

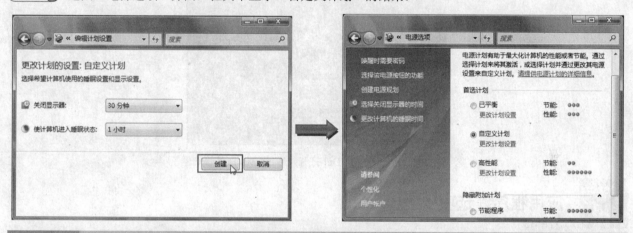

使用 Windows 任务管理器

Work 1. 启动任务管理器

　　Windows 任务管理器显示计算机上当前正在运行的程序、进程和服务。可以使用 Windows 任务管理器监视计算机的性能或者关闭没有响应的程序。若用户处于联网状态，还可以使用 Windows 任务管理器查看网络状态以及网络是如何工作的。

Study 05　使用 Windows 任务管理器

Work ❶ 启动任务管理器

启动 Windows 任务管理器通常有两种方式：从任务栏中打开和使用组合键 Ctrl+Alt+Del。

方法一：从任务栏中打开。

右击任务栏任意空白处，在弹出的快捷菜单中执行"任务管理器"命令，即可打开"Windows 任务管理器"窗口。

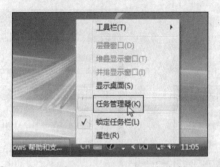

① 从任务栏中打开"Windows 任务管理器"

方法二：使用组合键 Ctrl+Alt+Del。

按组合键 Ctrl+Alt+Del，桌面会切换至新的界面，在其中选择"启动任务管理器"选项，即可打开"Windows 任务管理器"窗口。

② 使用组合键 Ctrl+Alt+Del 打开"Windows 任务管理器"

Lesson 03 "应用程序"选项卡

在"应用程序"选项卡中，显示当前窗口中正在运行的所有程序。用户可以在此进行结束任务或者切换任务等多种操作。

任意选择前面介绍的其中一种方法打开"Windows 任务管理器"窗口，切换至"应用程序"选项卡。在其列表框中选择正在运行的程序，例如"电源选项"。再单击"切换至"按钮，即可将该程序切换到当前桌面上。

Lesson 04 "进程"选项卡

Windows Vista·从入门到精通

　　在"进程"选项卡中，用户可以查看计算机中所有的进程，而且还可以根据 CPU 使用率或者内存占用率大小来排列。

STEP 01 任意选择前面介绍的其中一种方法打开"Windows 任务管理器"窗口，切换至"进程"选项卡，单击"显示所有用户的进程"按钮。

STEP 02 此时会在"进程"选项卡中显示所有用户正在使用的进程。执行"查看>选择列"命令。

STEP 03 打开"选择进程页列"对话框，在其列表框中选择任务管理器"进程"选项卡上将显示的列。例如勾选"CPU 使用"和"CPU 时间"复选框，然后单击"确定"按钮。

STEP 04 经过以上操作后，在"进程"选项卡中显示进程的 CPU 使用和 CPU 时间信息。

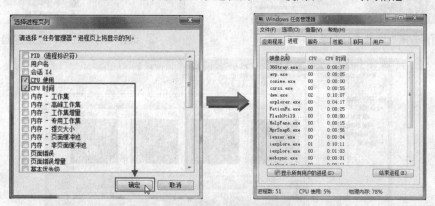

STEP 05 在"进程"选项卡中，用户可以在其列表框中选择需要结束的进程选项，再单击"结束进程"按钮。

STEP 06 在弹出的对话框中，询问用户"是否要结束此进程?"，确认后单击"结束进程"按钮。

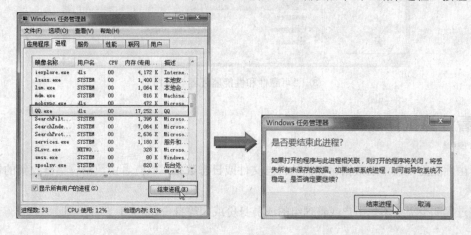

Study
06 使用资源监视器

Work 1. 启用资源监视器

如果用户不知道机器开了多久了，也不知道机器是不是因为 CPU（或内存）使用率过高而使计算机变得很慢，也搞不清楚硬盘是否真的有问题，可以先简单查看系统的运行状况。

Study 06　使用资源监视器

Work 1　启用资源监视器

可以使用 Microsoft Windows 可靠性和性能监视器，实时检查运行程序影响计算机性能的方式，并通过收集日志数据供以后分析使用。

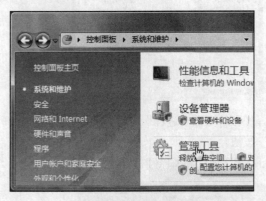
① 选择"管理工具"选项

② 选择"可靠性和性能监视器"选项

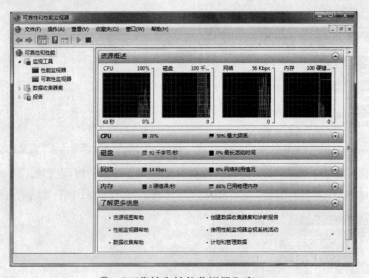
③ "可靠性和性能监视器"窗口

Lesson
05 查看计算机性能日志

Windows Vista · 从入门到精通

可以查看由性能监视器中的数据库提供的日志文件或日志数据，以查看由数据收集器收集的性能数据的直观说明。

完成这些过程至少需要本地用户或管理组的成员身份或同等身份。

STEP 01 按照前面的方法打开"可靠性和性能监视器"窗口，在"资源概述"区域中，将鼠标指向 CPU 图表中，当指针呈十字状时单击鼠标左键。

STEP 02 此时下方的"CPU"区域会立即展开，在此显示 CPU 的使用状态、PID、描述、线程数、平均 CPU 等信息。

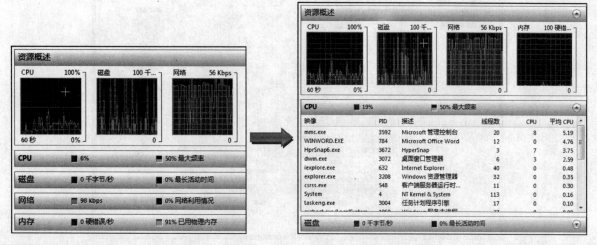

STEP 03 用户也可以直接选择下方的区域名称，例如"磁盘"选项，即可展开"磁盘"区域的详细信息。

STEP 04 按照前面介绍的方式，任意选择自己常用的方式之一展开"网络"区域，在其中显示映像、PID、地址等信息。

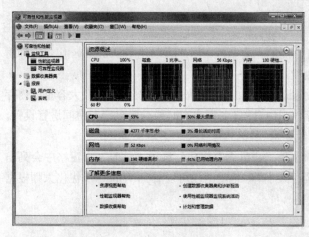
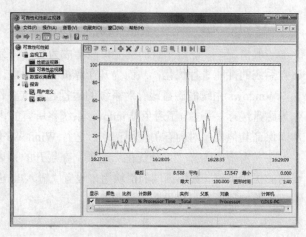

STEP 05 在"可靠性和性能监视器"窗口左侧任务窗格中的"可靠性和性能"区域中展开"监视工具"列表，选择"性能监视器"选项。

STEP 06 此时在"可靠性和性能监视器"窗口右侧显示性能监视器的效果。在左侧任务窗格中的"可靠性和性能"区域中展开"监视工具"列表，选择"可靠性监视器"选项。

STEP 07 经过以上操作后，在右侧"可靠性监视器"列表框中显示对应的效果。

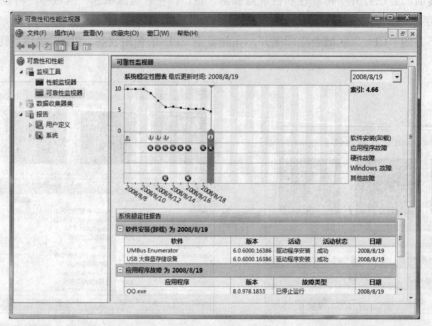

　　Windows 优化大师进行了全方位的优化及兼容性改进，并通过了严格的认证测试，成为国内首家获得 Vista 认证的系统类软件。Windows 优化大师是获得了英特尔测试认证的全球软件合作伙伴之一，得到了英特尔在技术开发与资源平台上的支持，并针对英特尔多核处理器进行了全面的性能优化及兼容性改进。

Study 07 　使用 Windows 优化大师优化系统

Work  优化磁盘缓存

　　一般情况下，磁盘系统的性能可能会成为影响计算机性能的主要瓶颈。用户可以使用 Windows 优化大师对磁盘系统的性能进行优化，从而提升计算机系统的整体性能。

　　Windows 系统的磁盘缓存对系统的运行起着重要作用。通常 Windows 系统会自动设置使用最大容量的内存作为磁盘缓存。不过为了避免 Windows 系统将所有的内存作为磁盘缓存，用户有必要对磁盘缓存空间进行设置，从而保证其他程序对内存的使用请求。运行 Windows 优化大师，打开程序主窗口。

　　在左窗格中选择"系统优化"选项，在展开的列表中选择"磁盘缓存优化"选项，这时在右窗格中会列出详细的优化项目，其中顶端的滑块用来设置"输入/输出缓存大小"，拖动滑块可以看到 Windows 优化大师根据计算机的物理内存容量推荐的设置参数。

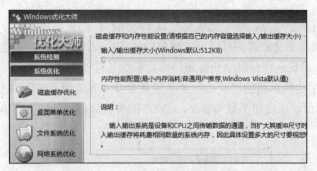

① 磁盘缓存优化

勾选"计算机设置为较多的 CPU 时间来运行"复选框,并单击右侧的下拉按钮,选择"程序"选项,单击"优化"按钮完成优化。根据提示重新启动计算机使设置生效。

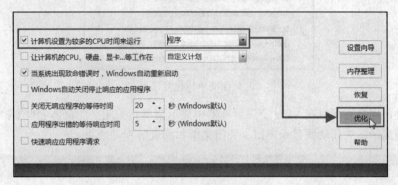

② 磁盘缓存优化复选框

Study 07　使用 Windows 优化大师优化系统

Work ② 优化桌面菜单

在"桌面菜单优化"界面中,开始菜单速度的优化可以加快"开始"菜单的运行速度;菜单运行速度的优化可以加快所有菜单的运行速度,建议将该项调整到最快速度;桌面图标缓存的优化可以提高桌面上图标的显示速度,该选项是设置系统存放图标缓存的文件最大占用磁盘空间的大小。

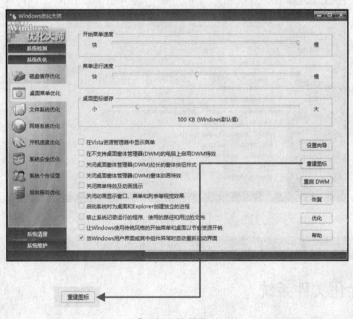

① 桌面菜单优化

Windows 系统为了加快显示速度，将会把所有安装了应用程序的图标放在缓存文件里面。但是当应用程序已经删除后，Windows 系统并不会删除图标缓存文件中的该应用程序的图标。重建图标缓存功能可以帮助用户减少图标缓存文件的大小。建议在图标显示变慢和图标显示混乱时使用该功能。

勾选"让 Windows 使用传统风格的"开始"菜单和桌面以节省资源开销"复选框后，将禁用 Vista 各自独有风格的"开始"菜单和桌面。而使用类似 Windows 2000 的传统风格"开始"菜单和桌面。建议习惯传统风格的用户选择此项。

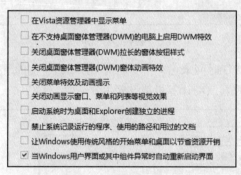

② 桌面菜单优化复选框

除了以上设置外，用户还可以在 Vista 资源管理器中显示菜单、关闭桌面窗体管理器拉长的窗体按钮样式、关闭菜单特效及动画提示、关闭动画显示窗口、关闭菜单和列表等视觉效果。

Work ❸　优化网络系统

切换至"网络系统优化"界面，可以进行上网方式选择。Windows 优化大师能根据用户的上网方式自动设置最大传输单元大小、传输单元内的最大数据段大小、传输单元缓冲区大小。修改完成后，单击"优化"按钮，进行保存设置。

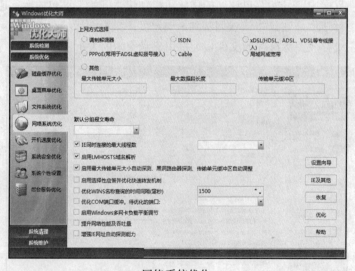

网络系统优化

Work ❹　优化文件系统

Windows 查找文件时要访问文件分配表（FAT），它可以通过存储已访问的文件路径和名字来加快下一次访问的速度。

Windows 优化大师能够自动检测用户的 CPU，并推荐最适合当前系统的缓存大小。用户只需移动"二级数据高级缓存"中的滑块到推荐位置即可。

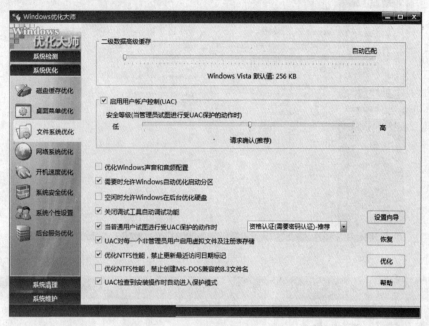

文件系统优化

当 Windows Vista 访问一个位于 NTFS 卷上的目录时，会更新其检测到的每一个目录的最近访问日期标记。这样如果存在大量的目录将会影响系统的性能。勾选"优化 NTFS 性能，禁止更新最近访问日期标记"复选框将禁止操作系统更新目录的最近访问日期标记，以达到提高系统速度的目的。注意：如果用户的文件系统不是 NTFS 时，勾选此复选框不会提高文件系统性能。

在 NTFS 分区上创建 MS_DOS 兼容的 8.3 格式文件名将会影响 NTFS 文件系统的速度，建议使用 NTFS 文件系统的 Windows Vista 用户勾选"优化 NTFS 性能，禁止创建 MS-DOS 兼容的 8.3 文件名"复选框。注意：勾选此复选框后，部分 16 位程序在安装时可能出现无法创建诸如"c:\progra~1\applic~1"目录名的问题，这时用户可以通过重新启用此功能来解决。同时启用该项目后 Symantec 的部分企业版软件可能出现无法安装的情况，例如，Symantec Anti-Virus，此时关闭此选项即可。

Study 07   使用 Windows 优化大师优化系统

Work 5 优化开机速度

Windows 优化大师对于开机速度的优化主要通过减少引导信息的停留时间和取消不必要的开机自运行程序来提高计算机的启动速度。用户在确定要取消的开机自启动程序后，勾选该复选框，然后单击"优化"按钮，即可清除该自启动程序。

Windows 优化大师在清除自启动项目时，对于清除的项目进行了备份，用户可以单击"恢复"按钮随时进行恢复。

在开机速度优化时，用户还可以增加新的开机自启动程序。方法是：首先单击"新增"按钮，进入新增自启动程序子窗体。然后在"名称"文本框中输入需要新增项目的名称，例如，Windows 内存整理。在命令行右上方单击打开文件的按钮图标选择开机自动运行的程序。最后单击"确定"按钮即可。多操作系统用户在开机速度优化中还可以调整 Windows 默认启动顺序。

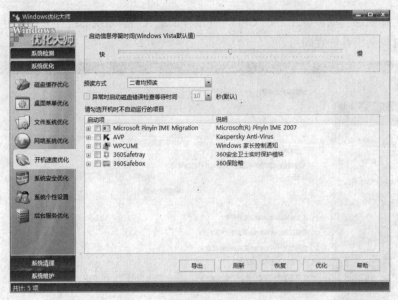

开机速度优化

Work **6** 优化系统安全

为了弥补 Windows 系统安全性的不足，Windows 优化大师为用户提供了一些增强系统安全的措施。

切换至选择"系统安全优化"界面，在右侧的窗口中即可进行相关设置。在公司中使用计算机，可勾选"禁止自动登录"复选框，这样可防止别人动用计算机，从而起到保护计算机中有用文件的作用；如果想在进入 Windows 时打开一个窗口来警告别人不要擅自动用自己的计算机，可在"系统启动时显示的警告窗口标题"和"系统启动时显示的警告窗口内容"右侧的文本框中输入相关内容。

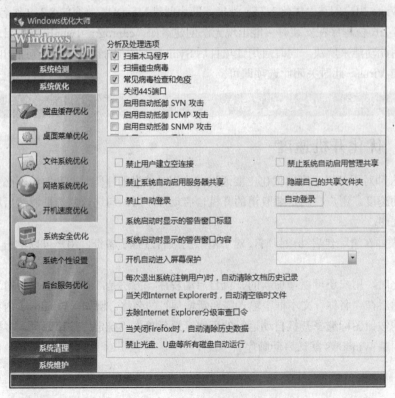

① 系统安全优化

单击"附加工具"按钮，弹出"系统安全附加工具"对话框。用户可以看到系统的端口使用情况。如果想断开某个程序，单击"断开"按钮，将会结束该程序的进程。单击"刷新"按钮会刷新端口分析列表。单击"保存"按钮会导出一个系统端口分析的文件，方便用户随时查看。

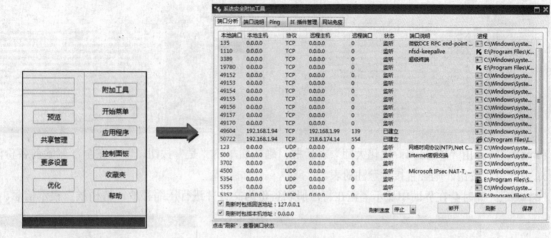

② 系统个性设置　　　　　　　　　　③ 系统安全附加工具

Lesson 06　通过清理注册表优化系统
Windows Vista · 从入门到精通

臃肿的注册表文件不仅浪费磁盘空间，而且会影响系统的启动速度及系统运行中对注册表的访问效率，因此有必要适当优化注册表。

STEP 01 执行"开始>所有程序>Wopti Utilities>Windows 优化大师"命令。

STEP 02 打开"Windows 优化大师"窗口，在左侧任务窗格中选择"系统清理"选项，在其展开面板中选择"注册信息清理"选项，在右侧列表框中勾选需要扫描的项目，再单击"扫描"按钮。

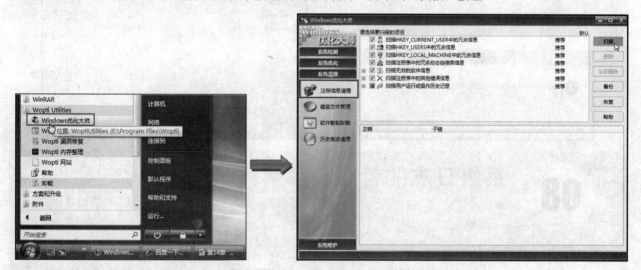

STEP 03 此时会在右侧下方的列表框中显示扫描结果，并在窗口底部显示扫描进度。

STEP 04 当扫描结束后，可以在窗口右侧单击"全部删除"按钮。

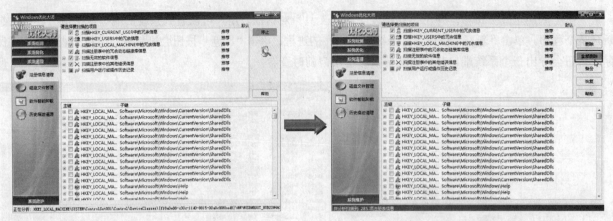

STEP 05 弹出"Windows 优化大师"对话框,确认后单击"是"按钮,即可在全部删除前备份注册表;如果单击"否"按钮,则会直接删除注册表。

STEP 06 此时会在界面中显示"正在将注册表备份为文件并进行压缩存放,请稍候"提示信息。

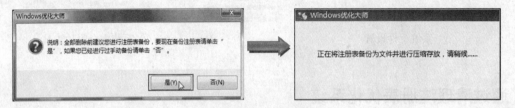

STEP 07 备份完毕后,弹出"Windows 优化大师"对话框,提示用户 Windows 优化大师将要删除所有扫描到的注册表信息,确认后单击"确定"按钮。

STEP 08 返回"注册信息清理"界面,优化大师已经清空了右侧下方的列表框中扫描出的注册表信息。

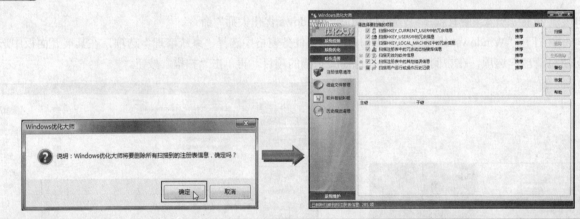

Study

08　系统日志的管理

● Work 1.　查看系统日志
● Work 2.　筛选系统日志

　　由 Windows 系统组件触发并被记录在系统日志中的事件,例如在启动期间加载的驱动器或其他系统组件故障,必须以管理员身份登录才能执行这些步骤。如果不是以管理员身份登录,则用户仅能更改适用于用户账户的设置,且某些事件日志可能无法访问。

　　事件日志是记录计算机上重要事件的特殊文件。例如,用户登录到该计算机时或者程序遇到错误时。一旦发生这些类型的事件,Windows 都会将事件记录到事件日志中,可以使用事件查看器查看。当对 Windows 和其他程序的问题进行疑难解答时,高级用户可以在事件日志中查找有用的详细信息。

Work ❶　查看系统日志

一种对计算机系统上已发生的各种事情的记录。例如，事件日志可能会记录用户何时登录计算机，或者特定文件何时被打开。

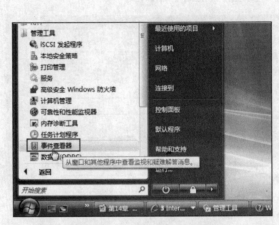

① 选择"事件查看器"选项

② "事件查看器"窗口

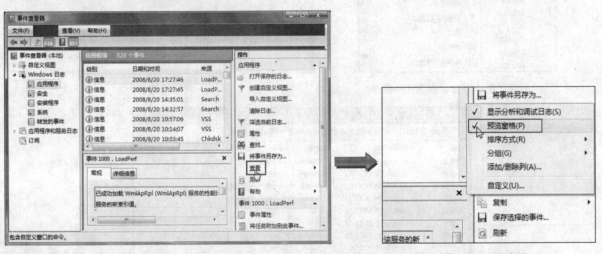

③ 单击"查看"文字链接

④ 设置预览窗格

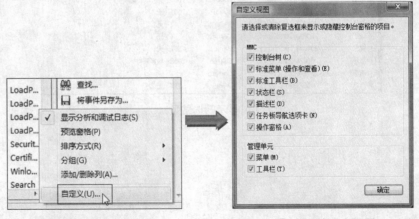

⑤ 执行"自定义"命令

⑥ 设置自定义视图

Work 2 筛选系统日志

根据事件的严重程度对事件进行了分类："错误"、"警告"或"信息"。错误是很重要的问题，如数据丢失。警告是不一定很重要，但是将来有可能导致问题的事件。信息事件描述程序、驱动程序或服务的成功操作。

当创建了自定义视图后，用户还可以对筛选器进行编辑，以查看其他的事件日志。

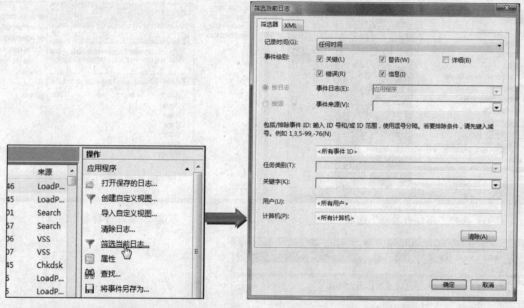

① 单击"筛选当前日志"文字链接   ② 设置筛选器

③ 显示筛选结果

Chapter 15

管理注册表

Windows Vista从入门到精通

Windows Vista
in leaf

注册表被称为 Windows 操作系统的核心。它实质上是一个庞大的数据库，存放了关于计算机硬件的全部配置信息、系统和应用软件的初始化信息、应用软件和文档文件的关联关系、硬件设备的说明以及各种状态信息和数据，包括 Windows 操作时不断引起的信息。

Study

初识注册表及组策略

- Work 1. 注册表简述
- Work 2. 组策略简述
- Work 3. 注册表编辑器
- Work 4. 组策略编辑器

随着 Windows 操作系统的不断更新，Windows 的注册表也在升级。Windows 注册表是一个巨大的树状分层的内部数据库。它容纳了应用程序和计算机系统的全部配置信息，系统和应用程序的初始化信息，应用程序和文档文件的关联关系，硬件设备的说明、状态和属性以及各种状态信息和数据。注册表中存放着各种参数，直接控制着 Windows 的启动、硬件驱动程序的装载以及一些 Windows 应用程序的运行。所以注册表在整个 Windows 系统中起着核心作用。

Study 01 初识注册表及组策略

Work 1 注册表简述

注册表是为 Windows NT 和 Windows 95 中所有 32 位硬件和驱动以及 32 位应用程序设计的数据文件。在没有注册表的情况下，操作系统不会获得必须的信息来运行和控制附属的设备和应用程序及正确响应用户的输入。

在系统中注册表是一个记录 32 位应用程序驱动的设置和位置的数据库。当操作系统需要访问硬件设备时，它使用驱动程序，甚至是一个 BIOS 支持的设备。无 BIOS 支持的设备必须安装驱动，这个驱动是独立于操作系统的，但是操作系统需要知道从哪里找到它们的文件名、版本号、其他设置和信息，没有注册表对设备的记录，它们就不能被使用。

当一个用户准备运行一个应用程序时，注册表提供应用程序信息给操作系统，这样应用程序就可以被找到，其他设置也都可以被使用。

注册表保存了关于默认数据和辅助文件的位置信息、菜单、按钮、窗口状态和其他可选项。它同样也保存了安装信息（比如说日期）、安装软件的用户、软件版本号和日期、序列号等。根据安装软件的不同，它包括的信息也不同。

一般来说，注册表控制所有 32 位应用程序和驱动，控制的方法是基于用户和计算机的，而不依赖于应用程序或驱动。每个注册表的参数项控制了一个用户的功能或者计算机功能，用户功能可能包括了桌面外观和用户目录。所以，计算机功能和安装的硬件和软件有关，对所有用户来说都是公用的。

有些程序功能对用户有影响，有些是作用于计算机而不是为个人设置的。同样，驱动可能是用户指定的。但在很多时候，它们在计算机中是通用的。

Study 01 初识注册表及组策略

Work 2 组策略简述

说到组策略，就不得不提注册表。注册表是 Windows 系统中保存系统、应用软件配置的数据库，随着 Windows

功能越来越丰富，注册表里的配置项目也越来越多。很多配置都是可以自定义设置的，但这些配置发布在注册表的各个角落，如果是手工配置，可想是多么困难和烦琐。而组策略则将系统重要的配置功能汇集成各种配置模块，供管理人员直接使用，从而达到方便管理计算机的目的。

简单地说，组策略就是修改注册表中的配置。当然，组策略使用自己更完善的管理组织方法，可以对各种对象中的设置进行管理和配置，远比手工修改注册表方便、灵活，功能也更加强大。

Study 01　初识注册表及组策略

Work ③　注册表编辑器

Windows 提供了一个注册表编辑器（Regedit.exe）的工具，可以用来查看和维护注册表。注册表编辑器与资源管理器的界面相似，左边窗格中，由"计算机"开始，以下是 6 个分支，每个分支名都以 HKEY 开头，称为主键（KEY）。展开后可以看到主键还包含次级主键（SubKEY）。当单击某一主键或次主键时，右边窗格中显示的是所选主键内包含的一个或多个键值（Value）。键值由键值名称（Value Name）和数据（Value Data）组成。主键中可以包含多级的次级主键，注册表中的信息就是按照多级的层次结构组织的。每个分支中保存计算机软件或硬件之中某一方面的信息与数据。

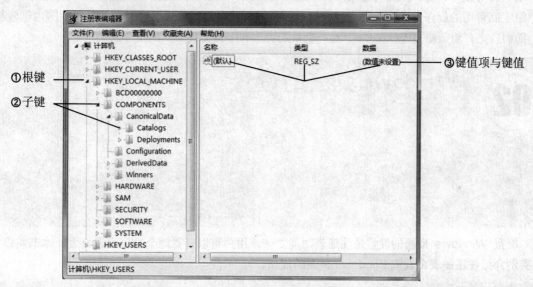

注册表编辑器

① 根键

根键是注册表中最底层的键，类似于磁盘上的根目录。在 Windows 注册表逻辑结构中，有以下 6 个根键：HKEY_CLASSES_ROOT 、 HKEY-CURRENT-USER 、 HKEY-LOCAL-MACHINE 、 HKEY-USERS 、 HKEY-CURRENT-CONFIG、HKEY-DYN-DATA。它们分别有如下作用。

- HKEY_CLASSES_ROOT 根键包含了所有用来为 OLE 以及动态数据交换支持兼容而用到的数据，同时也包含所有注册文件类型的名字及其属性，以及快速查看所需要的信息，属性页面的处理，复制的处理以及其他 ActiveX 的部分，所有应用程序的安装程序登记记录文件类型的扩展名以及文件相关联信息。

- HKEY-CURRENT-USER 根键中保存的信息与 HKEY-USERS\.DEFAULT 中子键信息是相同的。任何对 HKEY-CURRENT-USER 根键中信息的修改都会导致对 HKEY-USERS\.DEFAULT 中子键信息的修改。反之也是如此。

- HKEY-LOCAL-MACHINE 根键包含了当前计算机的配置数据。它包含了同计算机有关的信息，包括所安装的硬件以及软件的设置。这个信息是为所有用户登录系统服务的。它也是整个注册表中最庞大也是最重要的根键。

- HKEY-USERS 根键包括默认用户的信息（Default 子键）所有以前登录用户的信息。
- HKEY-CURRENT-CONFIG 根键是从 HKEY-LOCAL-MACHINE\Config\000x 中动态映射过来的当前的硬件配置信息。
- HKEY-DYN-DATA 根键中保存每次系统启动时创建的系统配置和当前性能信息。

② 子键

子键位于根键下，又可以嵌套于其他子键中。它类似于磁盘上看到的目录，在 6 个根键中，有若干个子键。而每个子键中又嵌套成千上万个子键。

③ 键值项与键值

在每个根键和子键下，可以有若干个键值项和键值。这类似于磁盘上根目录和子目录里的文件和文件内容。

Study 01 初识注册表及组策略

Work 4 组策略编辑器

所谓组策略，顾名思义，就是基于组的策略。它以 Windows 中的一个 MMC 管理单元的形式存在。可以帮助系统管理员针对整个计算机或是特定用户来设置多种配置，包括桌面配置和安全配置。譬如，可以为特定用户或用户组定制可用的程序、桌面上的内容，以及"开始"菜单等。也可以在整个计算机范围内创建特殊的桌面配置。简而言之，组策略是 Windows 中的一套系统更改和配置管理工具的集合。

Study 02 Windows 桌面的设置

- Work 1. 显示桌面系统图标
- Work 2. 退出系统不保存桌面设置
- Work 3. 屏蔽清理桌面向导功能
- Work 4. 防止用户访问系统属性
- Work 5. 禁用活动桌面

配置 Windows 桌面的设置是注册表功能之一，用户可以轻易地个性化设置桌面。本节将以 5 个实例介绍在注册表中设置 Windows 桌面的操作。

Study 02 Windows 桌面的设置

Work 1 显示桌面系统图标

Windows Vista 系统在默认情况下，桌面仅仅显示"回收站"的图标。很多用户习惯使用的"文档"、"网上邻居"、"计算机"等图标必须通过菜单访问，这就显得比较麻烦。通过修改注册表就可以将这些图标显示出来。

运行注册表编辑器，打开已有的或新建操作子键：

HKEY_CURRENT_USER\Software\ Microsoft\Windows\CurrentVersion\Policies

如果没有对应的子键，用户可以右击 Policies 子键项，在弹出的快捷菜单中执行"新建>项"命令，然后在新建的项中建立一个 DWORD（32-位）值，并赋值为"0"。

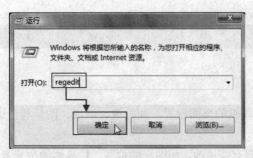

① 打开"注册表编辑器"窗口

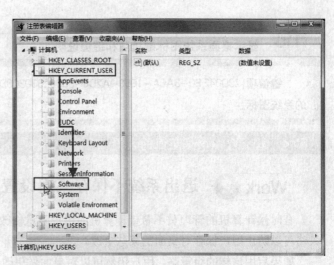

② 选择 HKEY_CURRENT_USER\Software

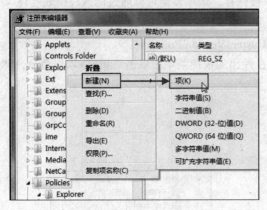

③ 新建项

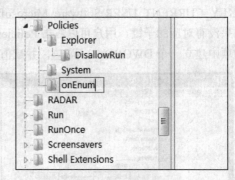

④ 输入子键名称

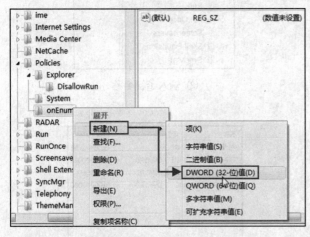

⑤ 新建 DWORD（32-位）值

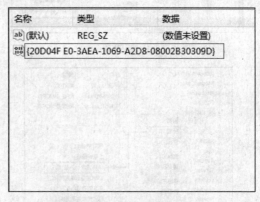

⑥ 输入名称

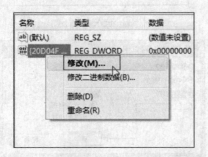

⑦ 执行"修改"命令

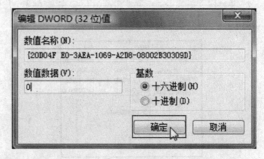

⑧ 设置键值

Tip 显示桌面系统图标键值项和键值说明

键值项{20D04F E0–3AEA–1069–A2D8–08002B30309D}。键值为 1 隐藏桌面的系统图标；键值为 0 显示桌面的系统图标。

Study 02 Windows 桌面的设置

Work ❷ 退出系统不保存桌面设置

有时候计算机的管理员不希望计算机的用户随意修改计算机的桌面设置，如外观、墙纸、图标等。通过组策略可以防止用户保存对桌面的某些更改。

如果启用这样的组策略，用户仍然可以对桌面做更改。但有些更改，如图标的位置、任务栏的位置及大小，在用户注销后都无法保存。不过任务栏上的快捷方式总可以被保存。该项设定可以通过修改注册表实现。

运行注册表编辑器，打开已有的或新建操作子键：

HKEY_CURRENT_USER\Software\ Microsoft\Windows\CurrentVersion\Policies

如果没有对应的子键，用户可以右击 Policies 子键项，在弹出的快捷菜单中单击"新建>项"命令，然后在新建的项中建立一个 DWORD(32-位)值，并赋值为"1"。

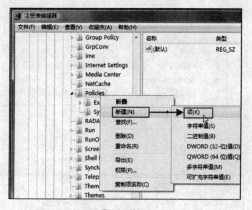

① 新建项

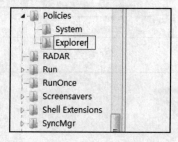

② 输入子键名称

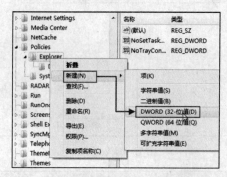

③ 新建 DWORD（32-位）值

④ 输入名称

⑤ 执行"修改"命令

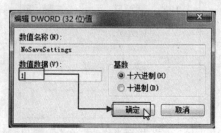

⑥ 设置键值

Tip 退出系统不保存桌面设置键值项和键值说明

键值项 NoSaveSettings。键值为 1 不保存桌面设置；键值为 0 保存桌面设置。

Work ❸　屏蔽清理桌面向导功能

Windows Vista 系统的"清理桌面向导"会每隔 60 天自动在用户的计算机上运行，以清除用户不经常使用或者从不使用的桌面图标。有的用户可能会很讨厌这项功能。利用注册表可以实现屏蔽"清理桌面向导"功能。

运行注册表编辑器，打开已有的或新建操作子键：

HKEY_CURRENT_USER\Software\ Microsoft\Windows\CurrentVersion\Policies\Explorer

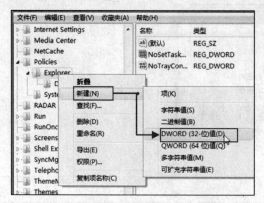

① 新建 DWORD（32-位）值

② 执行"修改"命令

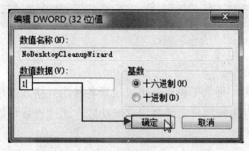

③ 设置键值

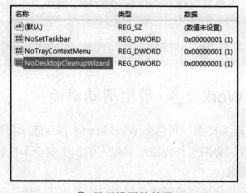

④ 显示设置的效果

 Tip 屏蔽清理桌面向导功能的键值项和键值说明

键值项 NoDesktopCleanupWizard。键值为 1 屏蔽；键值为 0 不屏蔽。

Work ❹　防止用户访问系统属性

通常用户可以从"计算机"图标访问系统属性，这样用户便可以修改系统的各种设定，如"性能"、"视觉效果"、"外观"、"远程"等。管理员可能并不希望用户做这些事情，此时可以将该访问屏蔽。

运行注册表编辑器，打开已有的或新建操作子键：

HKEY_CURRENT_USER\Software\ Microsoft\Windows\CurrentVersion\Policies\Explorer

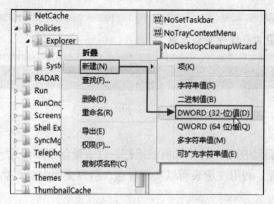

① 新建 DWORD（32-位）值

② 执行"修改"命令

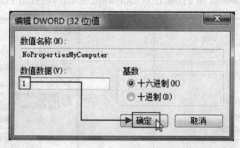

③ 设置键值

Tip 禁止用户访问系统属性的键值项和键值说明

键值项 NoPropertiesMyComputer。键值为 1 屏蔽；键值为 0 不屏蔽。

Study 02　Windows 桌面的设置

Work ❺　禁用活动桌面

"活动桌面"是包含 Windows 98 以后版本自带的高级功能。最大的特点是可以设置各种图片格式的墙纸，甚至可以将网页作为墙纸显示。但出于安全和性能的考虑，有时候用户需要禁用这一功能，通过设置可以达到这一要求。

运行注册表编辑器，打开已有的或新建操作子键：

HKEY_CURRENT_USER\Software\ Microsoft\Windows\CurrentVersion\Policies\Explorer

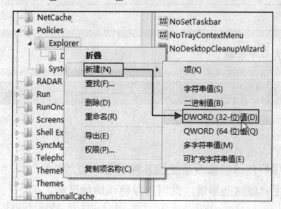

① 新建 DWORD（32-位）值

② 执行"修改"命令

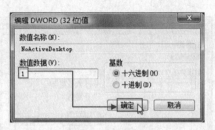

③ 设置键值

Tip 禁用活动桌面的键值项和键值说明

键值项 NoActiveDesktop。键值为 1 禁用；键值为 0 不禁用。

Study
03 "开始"菜单和任务栏的个性化设置

- Work 1. 清理"开始"菜单
- Work 2. 保护任务栏和"开始"菜单不被修改
- Work 3. 屏蔽"注销"和"关机"命令
- Work 4. 屏蔽"文档"菜单项
- Work 5. 关闭任务栏缩略图
- Work 6. 显示"运行"菜单项
- Work 7. 禁止修改音量
- Work 8. 设置系统中鼠标的双击速度

  在计算机操作中，"开始"菜单使用的频率可以说是最高，使用范围也是最广的，所以有理由为自己定制一个用起来更顺手的"开始"菜单。本节主要介绍注册表在"开始"菜单设置的应用。

Study 03　"开始"菜单和任务栏的个性化设置

Work 1　清理"开始"菜单

  如果觉得 Windows 的"开始"菜单太臃肿，可以将不需要的菜单项从"开始"菜单中删除。通常情况下，用户只能删除那些应用程序所产生的菜单项，而操作系统自身的菜单是不能删除的。当然可以借助注册表实现删除系统自身菜单项的功能。

  运行注册表编辑器，打开已有的或新建操作子键：

HKEY_CURRENT_USER\Software\ Microsoft\Windows\CurrentVersion\Policies\Explorer

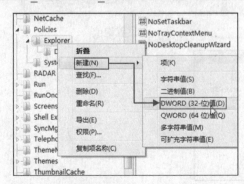

① 新建 DWORD（32-位）值

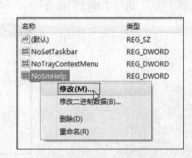

② 执行"修改"命令

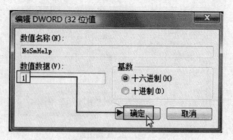

③ 设置键值

Study 03 "开始"菜单和任务栏的个性化设置

Work ② 保护任务栏和"开始"菜单不被修改

很多公用计算机上，"开始"菜单和任务栏总是被改得面目全非。如果管理员要实施严格的管理，不让他人更改任务栏和"开始"菜单的设置，则可以按照下面的步骤进行设置。

运行注册表编辑器，打开已有的或新建操作子键：

HKEY_CURRENT_USER\Software\ Microsoft\Windows\CurrentVersion\Policies\Explorer

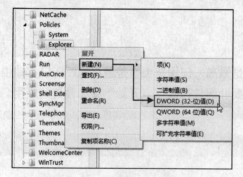

① 新建 DWORD（32-位）值

② 输入键值项名称

③ 执行"修改"命令

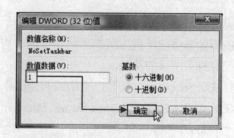

④ 设置键值

⑤ 显示设置效果

键值项 NoSetTaskbar。键值为 1 拒绝更改任务栏；键值为 0 可以更改任务栏。

键值项 NoTrayContextMenu。键值为 1 拒绝更改"开始"菜单；键值为 0 可以更改"开始"菜单。

Study 03　"开始"菜单和任务栏的个性化设置

Work ③　屏蔽"注销"和"关机"命令

当计算机启动以后，如果管理员不希望用户再进行"关机"和"注销"操作，使用注册表同样可以实现。
运行注册表编辑器，打开已有的或新建操作子键：

HKEY_CURRENT_USER\Software\ Microsoft\Windows\CurrentVersion\Policies\Explorer

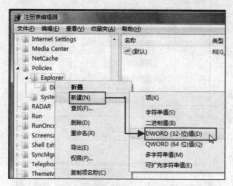

① 新建 DWORD（32-位）值

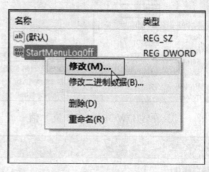

② 执行"修改"命令

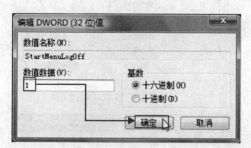

③ 设置键值

④ 执行"修改"命令

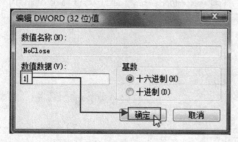

⑤ 设置键值

⑥ 显示设置效果

键值项 StartMenuLogoff。键值为 1 禁止使用"注销"功能；键值为 0 可以使用"注销"功能。

键值项 NoCloes。键值为 1 禁止使用"关机"功能；键值为 0 可以使用"关机"功能。

Work ④ 屏蔽"文档"菜单项

Windows 有个高级智能功能，即可以记录曾经访问过的文件。虽然这个功能可以方便用户再次打开该文件，但出于安全和性能的考虑，例如不想让人知道自己浏览过哪些网页和打开过哪些文件，此时就需要屏蔽此功能。

运行注册表编辑器，打开已有的或新建操作子键：

HKEY_CURRENT_USER\Software\ Microsoft\Windows\CurrentVersion\Policies\Explorer

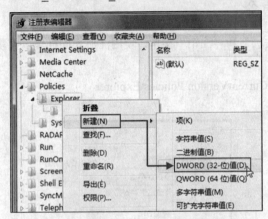

① 新建 DWORD（32-位）值

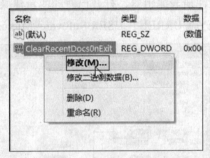

② 执行"修改"命令

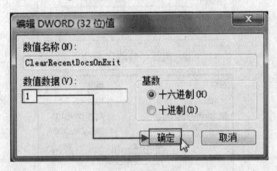

③ 设置键值

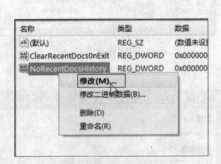

④ 执行"修改"命令

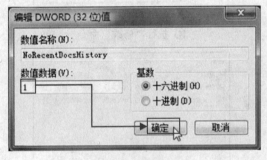

⑤ 设置键值

⑥ 显示设置效果

Tip　屏蔽"文档"菜单项的键值项和键值说明

键值项 ClearRecentDocsOnExit。键值为 1 屏蔽浏览过的网页；键值为 0 不屏蔽浏览过的网页。

键值项 NoRecentDocsHistory。键值为 1 屏蔽打开过的文件；键值为 0 不屏蔽打开过的文件。

Work 5 关闭任务栏缩略图

在 Windows Vista 提供的 Aero 界面中，有一个非常有特色的功能叫做"任务栏缩略图"。虽然任务栏缩略图可以给很多用户带来方便，但是在一台任务繁忙的计算机上，任务栏上可能堆叠有大量的任务按钮。此时任务栏缩略图的功能会比较严重地消耗系统资源，使计算机的性能下降，这就需要使用注册表来关闭该功能。

运行注册表编辑器，打开已有的或新建操作子键：

HKEY_CURRENT_USER\Software\ Microsoft\Windows\CurrentVersion\Policies\Explorer

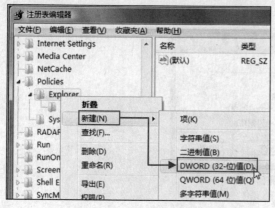

① 新建 DWORD（32-位）值

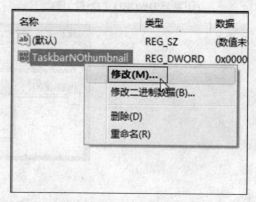

② 执行"修改"命令

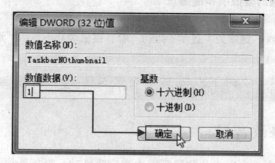

③ 设置键值

Tip 关闭任务栏缩略图的键值项和键值说明

键值项 TaskbarNOthumbnail。键值为 1 关闭任务栏缩略图；键值为 0 不关闭任务栏缩略图。

Work 6 显示"运行"菜单项

在 Vista 系统"开始"菜单中可显示运行框。

运行注册表编辑器，打开已有的或新建操作子键：

HKEY_CURRENT_USER\Software\ Microsoft\Windows\CurrentVersion\Policies\Explorer

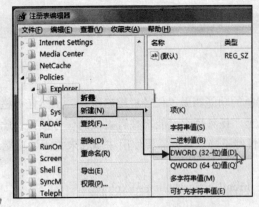

① 新建 DWORD（32-位）值

② 执行"修改"命令

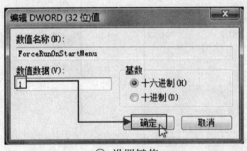

③ 设置键值

Tip 显示"运行"菜单项的键值项和键值说明

键值项 ForceRunOnStartMenu。键值为 1 显示"运行"框；键值为 0 不显示"运行"框。

Study 03 "开始"菜单和任务栏的个性化设置

Work 7 禁止修改音量

当一台计算机被摆放在展会、大厅或公共场所用作演示项目时，管理员往往已经预先将计算机的音量设定好。此时不希望用户随意调整，以免影响演示效果。在其他的一些应用场景中，也可能需要禁止用户对音量属性的访问。

运行注册表编辑器，打开已有的或新建操作子键：

HKEY_CURRENT_USER\Software\ Microsoft\Windows\CurrentVersion\Policies\Explorer

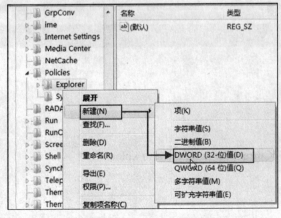

① 新建 DWORD（32-位）值

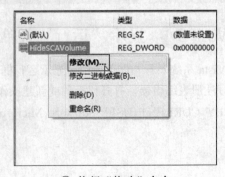

② 执行"修改"命令

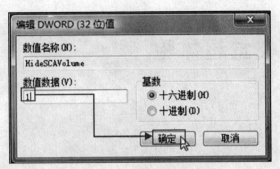

③ 设置键值

Tip 禁止修改音量的键值项和键值说明

键值项 HideSCAVolume。键值为 1 禁止修改音量；键值为 0 不禁止修改音量。

Study 03　"开始"菜单和任务栏的个性化设置

Work ⑧　设置系统中鼠标的双击速度

在 Windows 系统中，鼠标是使用最多的输入设备，而它的双击操作又是使用频率比较高的操作之一。但有时对于计算机初学者这是一个比较困难的操作，因为双击的速度比较慢，系统常常把它理解为是两次单击。因此需要把鼠标的双击速度调慢些。

运行注册表编辑器，打开已有的或新建操作子键：

HKEY_CURRENT_USER\Control Panel\Mouse

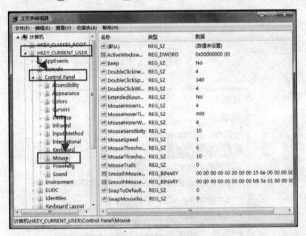

① 选择 HKEY_CURRENT_USER\Control Panel\Mouse

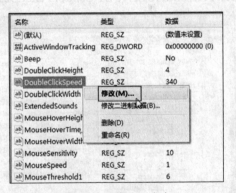

② 执行"修改"命令

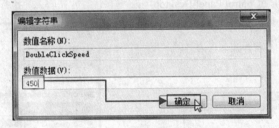

③ 设置键值

Tip　鼠标双击速度的键值项和键值说明

键值项 DoubleClickSpeed。键值可设为 450，此项为鼠标的双击速度，最快为 100，最慢为 900。单位是 ms。

Study **04** 打造视觉超体验

- Work 1. 让欢迎窗口更清晰
- Work 2. 以 12 小时制显示时间
- Work 3. 取消快捷方式图标上的箭头
- Work 4. 禁止光标闪烁
- Work 5. 改变"回收站"图标
- Work 6. 更改按钮字体颜色
- Work 7. 更改窗口滚动条的大小

> 本节主要介绍注册表在系统外观设置中的应用，可以改造的系统外观包括文件图标、文件夹颜色、系统提示信息以及各种显示效果等。

Study 04 打造视觉超体验

Work **1** 让欢迎窗口更清晰

Vista 系统的显示效果得到了极大提高，这主要是基于它使用了名为 ClearType 的清晰化技术。该技术特别让使用笔记本电脑及液晶显示器的用户在使用 Windows 时感受到与以往系统不同的效果。但由于该清晰效果只有当 Windows 启动完毕后才能调用，因此在系统启动过程中的欢迎窗口仍然无法实现这一效果。为了使欢迎窗口更加清晰，用户可以使用注册表编辑器进行修改。

运行注册表编辑器，打开已有的或新建操作子键：

HKEY_USERS\.DEFAULT\Control Panel\Desktop

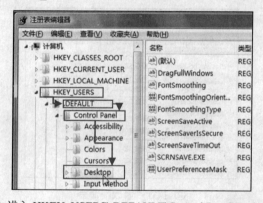

① 进入 HKEY_USERS\.DEFAULT\Control Panel\Desktop

② 执行"修改"命令

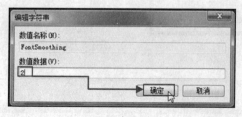

③ 设置键值

④ 执行"修改"命令

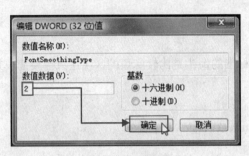

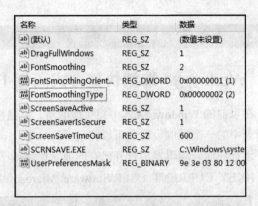

⑤ 设置键值 ⑥ 显示设置效果

 Tip 窗口清晰的键值项和键值说明

键值项 FontSmoothingType。键值为 2 实现清晰显示效果。

Study 04 打造视觉超体验

Work 2 以 12 小时制显示时间

平常使用的都是 12 小时制，但任务栏里的时间却是以 24 小时制显示的。这样看起来是不是很不习惯？其实可以把它改成人们习惯的形式。

运行注册表编辑器，打开已有的或新建操作子键：

HKEY_USERS\S-1-5-18\Control Panel\International

① 进入 HKEY_USERS\S-1-5-18\Control Panel\International ② 执行"修改"命令

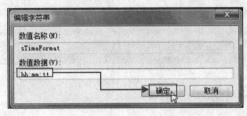

③ 设置键值

 Tip 以 12 小时制显示时间的键值项和键值说明

键值项 sTimeFormat。键值为 hh:mm:tt，修改该键值项的值，即可把 24 小时制转换成 12 小时制。

Work ③　取消快捷方式图标上的箭头

在以前的 Windows 版本中想实现取消、隐藏快捷方式图标上的箭头是比较麻烦的，现在只需要简单地修改注册表中的一个控制设置就可以实现了。

运行注册表编辑器，打开已有的或新建操作子键：

HKEY_CURRENT_USER\Software\ Microsoft\Windows\CurrentVersion\Explorer

① 选择子键

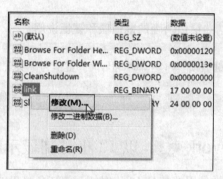

② 执行"修改"命令

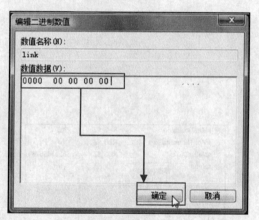

③ 设置键值

④ 显示设置的效果

> **Tip**　取消快捷方式图标上箭头的键值项和键值说明
>
> 键值项 link。键值为 00 00 00 00，取消快捷方式图标上的箭头。

Work ④　禁止光标闪烁

用户在使用计算机时，已经习惯了鼠标光标的闪烁效果。如果用户不喜欢光标闪烁，可以使用本技巧来禁止光标闪烁，重新启动后即可看到效果。

运行注册表编辑器，打开已有的或新建操作子键：

HKEY_USERS\S-1-5-19\Control Panel\Desktop

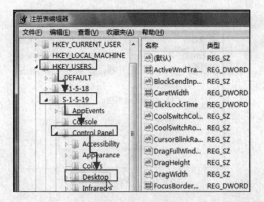

① 进入 HKEY_USERS\S-1-5-19\Control Panel\Desktop

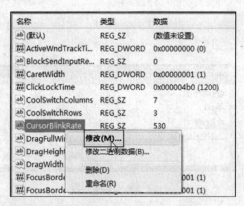

② 执行"修改"命令

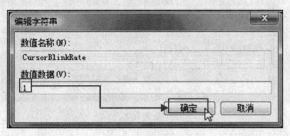

③ 设置键值

Tip 禁止光标闪烁的键值项和键值说明

键值项 CursorBlinkRate。键值为 1，禁止光标闪烁。

Study 04　打造视觉超体验

Work ⑤　改变"回收站"图标

桌面上那呆板的回收站图标是不是已经看腻了呢？通过下面的方法可以改变回收站的图标。回收站有两个图标：一个代表装满状态；一个代表空状态。用户可以将其修改成自己喜欢的图标。

运行注册表编辑器，打开已有的或新建操作子键：

HKEY_CLASSES_ROOT\CLSID\{645FF040-5081-101B-9F08-00AA002F954E}\DefaultIcon

① 选择子键

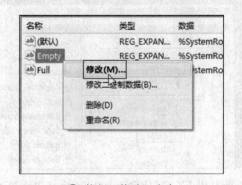

② 执行"修改"命令

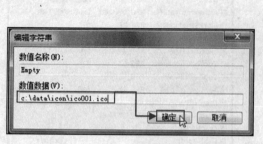

③ 输入图标位置

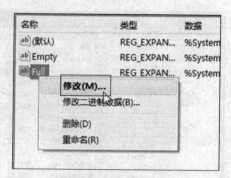

④ 执行 "修改" 命令

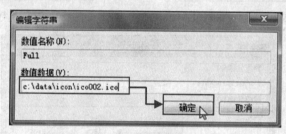

⑤ 输入图标位置

Tip 改变 "回收站" 图标的键值项和键值说明

键值项 Empty。键值为 c：\data\icon\ico001.ico，修改回收站为空时显示的图标。

键值项 Full。键值为 c：\data\icon\ico002.ico，修改回收站满时显示的图标。

Study 04 打造视觉超体验

Work ⑥ 更改按钮字体颜色

尽管 Windows 在外观中可以定义多种窗口显示方案，但要定义某一个部位的颜色，如将黑色的按钮字体更改为其他颜色，它就无能为力了。通过修改注册表能够很容易实现这个功能。

运行注册表编辑器，打开已有的或新建操作子键：

HKEY_CURRENT_USER\Countrol Panel\Colors

① 进入 HKEY_CURRENT_USER\Control Panel\Colors

② 执行 "修改" 命令

③ 输入键值

Tip 更改按钮字体颜色的键值项和键值说明

键值项 ButtonText。键值为 255 0 0，采用 RGB 值定义颜色。

Study 04　打造视觉超体验

Work 7 更改窗口滚动条的大小

用户在使用窗口时，可能觉得窗口滚动条只能那么大，其实滚动条的大小可以在注册表中更改。

运行注册表编辑器，打开已有的或新建操作子键：

HKEY_CURRENT_USER\Countrol Panel\Desktop\WindowMetrics

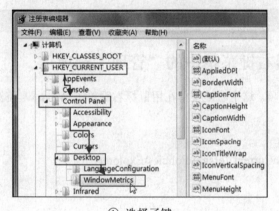

① 选择子键

② 执行"修改"命令

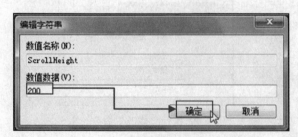

③ 设置键值（1）

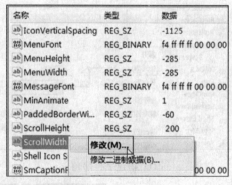

④ 执行"修改"命令

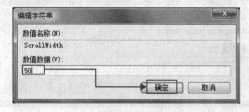

⑤ 设置键值（2）

Tip 更改窗口滚动条大小的键值项和键值说明

> 键值项 ScrollHeight。键值为 200，指滑块的高度。
>
> 键值项 Scrollwidth。键值为 50，指滑块的宽度。

Study
05 自定义资源管理器

- Work 1. 隐藏 Windows 资源管理器右键菜单中的"管理"选项
- Work 2. 从 Windows 资源管理器中删除 "映射网络驱动器"
- Work 3. 改变加密文件的颜色
- Work 4. 自动刷新窗口内容
- Work 5. 通过注册表让文件彻底隐藏

> 资源管理器是操作系统进行文件管理的重要框架，经常通过它实现文件的查找定位、复制、粘贴操作。通过注册表可以改善资源管理器的功能。

Study 05 自定义资源管理器

Work 1 隐藏 Windows 资源管理器右键菜单中的"管理"选项

从 Windows 资源管理器右键菜单中可删除"管理"选项。这个右键菜单在用鼠标右键单击 Windows 资源管理器或"计算机"图标时出现。

运行注册表编辑器，打开已有的或新建操作子键：

HKEY_CURRENT_USER\Software\Microsoft\Windows\CurrentVersion\Policies\Explorer

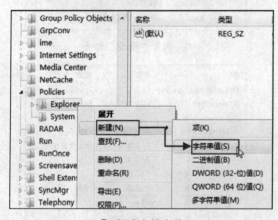

① 新建字符串值

② 执行"修改"命令

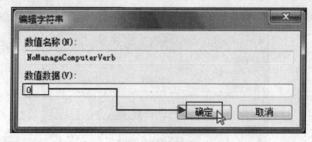

③ 设置键值

Tip 启用与隐藏的键值项和键值说明

键值项 NoManageComputerVerb。键值为 1，启用此功能；键值为 0，禁止此功能。

Study 05　自定义资源管理器

Work ② 从 Windows 资源管理器中删除"映射网络驱动器"

此设置可防止用户用 Windows 资源管理器或网络来映射。如果用户启用这个设置，系统会从工具栏、Windows 资源管理器和网络的"工具"菜单及其右键菜单中删除"映射网络驱动器"命令。

这个设置不禁止用户在"运行"对话框中输入共享文件夹名连接到其他计算机。

运行注册表编辑器，打开已有的或新建操作子键：

HKEY_CURRENT_USER\Software\Microsoft\Windows\CurrentVersion\Policies\Explorer

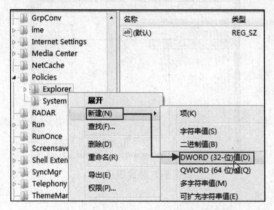
① 新建 DWORD（32-位）值

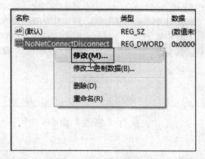
② 执行"修改"命令

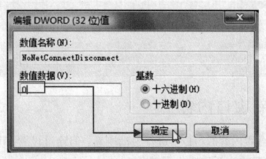
③ 设置键值

Tip 启用与隐藏映射网络驱动器的键值项和键值说明

键值项 NoNetConnectDisconnect。键值为 1，启用此功能；键值为 0，禁止此功能。

Study 05　自定义资源管理器

Work ③ 改变加密文件的颜色

通常一个文件或文件夹被加密时，在资源管理器中会以不同的颜色显示。下面使用注册表设置以何种颜色显示，颜色设置采用"RR FF BB 00"格式，即 RGB 颜色代码，默认值为"00 80 40 00"（表示绿色）。用户可以根据需要自定义其颜色，例如红色"FF 00 00 00"。

运行注册表编辑器，打开已有的或新建操作子键：

HKEY_CURRENT_USER\Software\Microsoft\Windows\CurrentVersion\ Explorer

① 选择子键

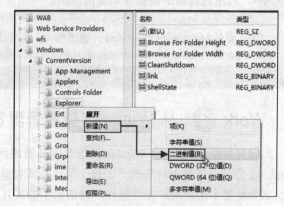

② 新建二进制值

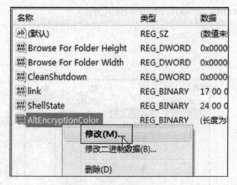

③ 执行"修改"命令

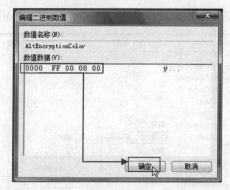

④ 设置键值

Tip 更改加密文件颜色的键值项和键值说明

键值项 AltEncryptionColor。键值为 RR GG BB 00，启用；键值为 00 80 40 00，默认。

Study 05　自定义资源管理器

Work ④ 自动刷新窗口内容

通常情况下，用资源管理器查看内容时，必须进行手动刷新。但通过设置，可以让资源管理器进行自动刷新。运行注册表编辑器，打开已有的或新建操作子键：

HKEY_LOCAL_MACHINE\Software\ Microsoft\Windows

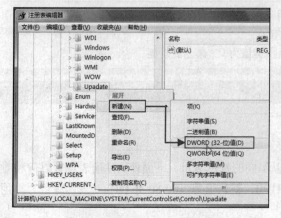

① 新建 DWORD（32-位）值

② 执行"修改"命令

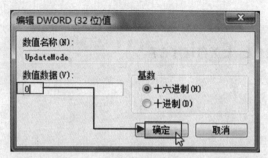

③ 设置键值

自动刷新窗口内容的键值项和键值说明

键值项 UpdateMode。键值为 1，手动刷新；键值为 0，自动刷新。

Study 05　自定义资源管理器

Work ⑤　通过注册表让文件彻底隐藏

在计算机上总有一些属于自己的秘密文件，对于这些文件，当然不希望别人随便看到。就算是将该文件的属性设置为"隐藏"，表面上这个文件是不见了，但是通过执行"查看>文件夹选项"命令，隐藏的文件就全部显示出来了。那么怎样才能彻底地隐藏文件呢？可以通过下面的方法来保护秘密文件。

运行注册表编辑器，打开已有的或新建操作子键：

HKEY_LOCAL_MACHINE\Software \Microsoft\Windows

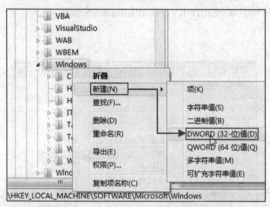

① 新建 DWORD（32-位）值

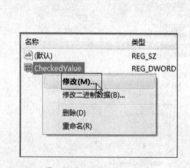

② 执行"修改"命令

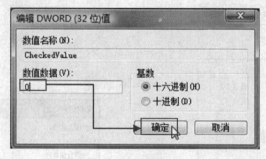

③ 设置键值

彻底隐藏文件的键值项和键值说明

键值项 CheckedValue。键值为 1，不隐藏；键值为 0，隐藏。

Study 06   Internet Explorer

- Work 1.　禁用用户更改安全区域设置
- Work 2.　配置 IE 工具栏
- Work 3.　设置"Internet 选项"对话框中"程序"选项卡下的功能
- Work 4.　禁用自定义浏览器工具栏按钮
- Work 5.　锁定 IE 工具栏
- Work 6.　修改 IE 浏览器的工具栏背景图案

　　对 IE 浏览器及 IE 选项设置是注册表最常用的应用之一。本节主要介绍注册表在"Internet 选项"中的应用。

Study 06　　Internet Explorer

Work 1　禁用用户更改安全区域设置

　　如果启用该技巧，将禁用"Internet 选项"对话框中"安全"选项卡上的"自定义级别"按钮和"默认级别"按钮。如果启用该功能或不对其进行配置，则用户可以自定义安全区域的设置。该技巧可防止用户更改由管理员创建的安全区域设置。

　　运行注册表编辑器，打开已有的或新建操作子键：

HKEY_LOCAL_MACHINE\Software\Policies\Microsoft\Windows\CurrentVersion\Internet Settings

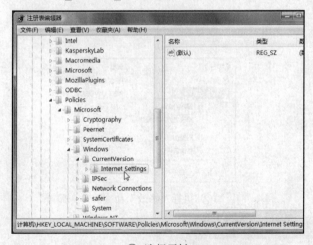

① 选择子键

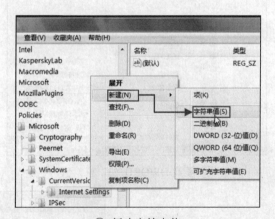

② 新建字符串值

③ 执行"修改"命令

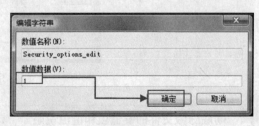

④ 设置键值

Tip 禁用更改安全区域的键值项和键值说明

> 键值项 Security_options_edit。键值为 1，禁用；键值为 0，启用。

Study 06   Internet Explorer

Work ❷ 配置 IE 工具栏

通过修改注册表可以指定哪些按钮显示在 IE 的标准工具栏中。可以通过修改注册表指定显示哪些按钮，或显示使用默认设置的标准工具栏。

运行注册表编辑器，打开已有的或新建操作子键：

HKEY_CURRENT_USER\Software\Microsoft\Windows\CurrentVersion\Policies\Explorer

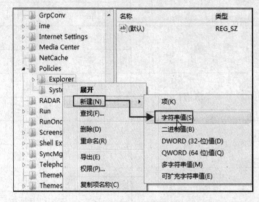

① 新建字符串值

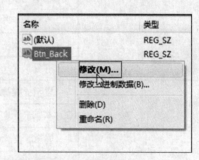

② 执行"修改"命令

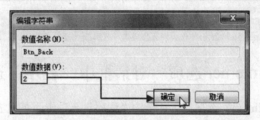

③ 设置键值

 Tip 配置 IE 工具栏的键值项和键值说明

> 　　在这个注册表子键中，还包含了 IE 工具栏中很多按钮的配置。用户可以根据需要对其进行设置，设置方法都是相同的。其具体的键值项和键值说明如表 15-1 所示。

表 15-1   IE 工具栏的键值项和键值说明

键值项（数据类型）	键值（说明）	键值项（数据类型）	键值（说明）
SpecifyDefaultButtons（字符串值）	1（禁用）	Btn_Fullscreen（字符串值）	1（显示"全屏"按钮）
	0（启用）		2（不显示"全屏"按钮）
Btn_Back（字符串值）	1（显示"后退"按钮）	Btn_Tools（字符串值）	1（显示"工具"按钮）
	2（不显示"后退"按钮）		2（不显示"工具"按钮）

（续表）

键值项（数据类型）	键值（说明）	键值项（数据类型）	键值（说明）
Btn_Forward（字符串值）	1（显示"前进"按钮）	Btn_MailNews（字符串值）	1（显示"邮件"按钮）
	2（不显示"前进"按钮）		2（不显示"邮件"按钮）
Btn_Stop（字符串值）	1（显示"停止"按钮）	Btn_Size（字符串值）	1（显示"字体"按钮）
	2（不显示"停止"按钮）		2（不显示"字体"按钮）
Btn_Refresh（字符串值）	1（显示"刷新"按钮）	Btn_Print（字符串值）	1（显示"打印"按钮）
	2（不显示"刷新"按钮）		2（不显示"打印"按钮）
Btn_Home（字符串值）	1（显示"主页"按钮）	Btn_Edit（字符串值）	1（显示"编辑"按钮）
	2（不显示"主页"按钮）		2（不显示"编辑"按钮）
Btn_Search（字符串值）	1（显示"搜索"按钮）	Btn_Discussions（字符串值）	1（显示"讨论"按钮）
	2（不显示"搜索"按钮）		2（不显示"讨论"按钮）
Btn_Favorites（字符串值）	1（显示"收藏"按钮）	Btn_Cut（字符串值）	1（显示"剪切"按钮）
	2（不显示"收藏"按钮）		2（不显示"剪切"按钮）
Btn_History（字符串值）	1（显示"历史"按钮）	Btn_Copy（字符串值）	1（显示"复制"按钮）
	2（不显示"历史"按钮）		2（不显示"复制"按钮）
Btn_Media（字符串值）	1（显示"媒体"按钮）	Btn_Paste（字符串值）	1（显示"粘贴"按钮）
	2（不显示"媒体"按钮）		2（不显示"粘贴"按钮）
Btn_Folders（字符串值）	1（显示"文件夹"按钮）	Btn_Encoding（字符串值）	1（显示"编码"按钮）
	2（不显示"文件夹"按钮）		2（不显示"编码"按钮）

Study 06　Internet Explorer

Work ③　设置"Internet 选项"对话框中"程序"选项卡下的功能

通过此设置，用户可设置"Internet 选项"对话框中"程序"选项卡下的功能，包括联系人列表、电子邮件、新闻组及 Internet 等。

运行注册表编辑器，打开已有的或新建操作子键：

HKEY_CURRENT_USER\Software\Policies\Microsoft\Internet Explorer\Control Panel

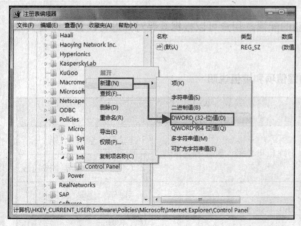

① 新建 DWORD（32-位）值

② 执行"修改"命令

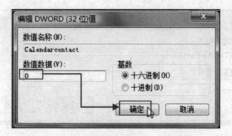

③ 设置键值

Tip "程序"选项卡中的功能键值项和键值说明

在这个注册表子键中，还包含了"Internet 选项"对话框中"程序"选项卡的其他功能，用户可以根据需要对其进行设置，设置方法都是相同的，其具体的键值项和键值说明如表 15-2 所示。

表 15-2 "程序"选项卡中的功能键值项和键值说明

键值项（数据类型）	键值（说明）
Calendarcontact（DWORD 值）	1（禁用日历和联系人列表）
	0（允许使用日历和联系人列表）
Messaging（DWORD 值）	1（禁止使用电子邮件、新闻组及 Internet）
	0（允许使用电子邮件、新闻组及 Internet）
ResetWebSettings（DWORD 值）	1（禁用检查 Internet Explorer 是否为默认的浏览器复选框）
	0（允许使用检查 Internet Explorer 是否为默认的浏览器复选框）
Check_if_default（DWORD 值）	1（禁止使用"重置 Web"按钮）
	0（允许使用"重置 Web"按钮）

Study 06　Internet Explorer

Work ④ 禁用自定义浏览器工具栏按钮

用户可以决定是否通过"自定义"功能，决定哪些按钮出现在 IE 和 Windows 资源管理器标准工具栏上。
运行注册表编辑器，打开已有的或新建操作子键：

HKEY_CURRENT_USER\Software\Microsoft\Windows\CurrentVersion\policies\Explorer

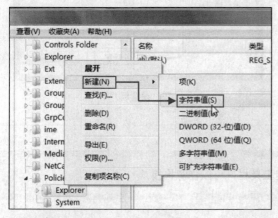

① 新建字符串值

② 执行"修改"命令

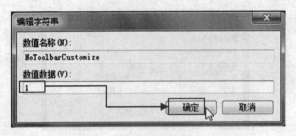

③ 设置键值

Tip 自定义浏览器工具栏按钮的键值项和键值说明

在这个注册表子键中，还包含了自定义浏览器工具栏按钮的其他功能，用户可以根据需要对其进行设置，设置方法都是相同的，其具体的键值项和键值说明如表 15-3 所示。

表 15-3　浏览器工具栏按钮的键值项和键值说明

键值项（数据类型）	键值（说明）
NoToolbarCustomize（字符串值）	1（删除"查看"菜单中"工具栏"子菜单中的"自定义"命令）
	0（不删除"查看"菜单中"工具栏"子菜单中的"自定义"命令）
NoBandCustomize（字符串值）	1（使工具栏列表变为灰色不可以使用）
	0（使工具栏可以使用）

Study 06　Internet Explorer

Work ⑤　锁定 IE 工具栏

在默认设置下，IE 的工具栏可以被用户拖到屏幕的任意位置，甚至可以把 IE 的地址栏拖到"开始"菜单中。不过有时候会因为随意拖动造成 IE 菜单和工具栏布局的混乱。所以有时候也需要把此功能禁用。

下面介绍的技巧就可以锁定 IE 工具栏。

运行注册表编辑器，打开已有的或新建操作子键：

HKEY_CURRENT_USER\Software\Microsoft\Internet Explorer\Toolbar

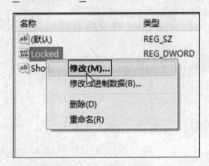

① 执行"修改"命令

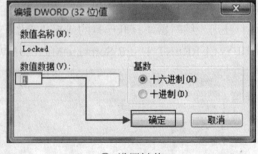

② 设置键值

Tip 锁定 IE 工具栏的键值项和键值说明

键值项 Locked。键值为 1 锁定工具栏；键值为 0 不锁定工具栏，可以任意拖拽。

Work ⑥　修改 IE 浏览器的工具栏背景图案

一般情况下，IE 浏览器的工具栏是没有背景图案的，通过注册表可以给 IE 浏览器的工具栏加上背景图案。
运行注册表编辑器，打开已有的或新建操作子键：

HKEY_CURRENT_USER\Software\Microsoft\Internet Explorer\toolBar

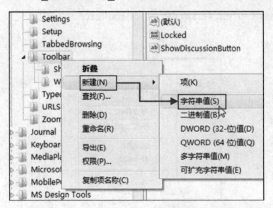

① 新建字符串值

② 执行"修改"命令

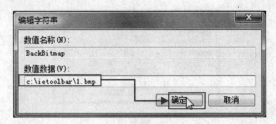

③ 设置键值

Tip　修改 IE 工具栏的键值项和键值说明

　　键值项为 BackBitmap。键值为 c：\ietoolbar\1.bmp，即用来替代工具栏背景图案文件的全称，包括路径及文件名。

Study 07　配置系统安全

- Work 1.　从"计算机"右键菜单中删除"属性"选项
- Work 2.　锁定"回收站"
- Work 3.　禁止用户运行某些程序
- Work 4.　禁止访问 DOS 命令窗口和批处理文件
- Work 5.　禁用控制面板
- Work 6.　设置当系统从睡眠或挂起状态恢复时是否需要输入密码

　　通过对系统隐藏在注册表键值项中的"开关"（0，1）设置，用户可以轻易地锁定或释放系统的某一功能、属性，实现对系统功能的限制和管理，或者通过删除保存在注册表中的操作记录来保护个人隐私。

Work ① 从"计算机"右键菜单中删除"属性"选项

当用户启用此设置时，右击"计算机"图标，将看不到"属性"命令。同样，当选择"计算机"时，按快捷键 Alt+Enter 时将不会有反应。

运行注册表编辑器，打开已有的或新建操作子键：

HKEY_LOCAL_MACHINE\Software\ Microsoft\Windows\CurrentVersion\Policies\Explorer

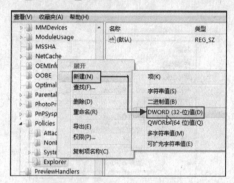

① 新建 DWORD（32-位）值

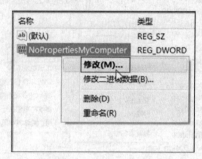

② 执行"修改"命令

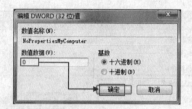

③ 设置键值

Tip 屏蔽"属性"选项的键值项和键值说明

键值项 NoPropertiesMyComputer。键值为 1，屏蔽属性；键值为 0，显示属性。

Work ② 锁定"回收站"

此操作可以将"回收站"锁定，禁止其他用户使用"回收站"。

运行注册表编辑器，打开已有的或新建操作子键：

HKEY_CLASSES_ROOT\CLSID\{645FF040-5081-101B-9F08-00AA002F954E}\InProcServer32

① 选择子键

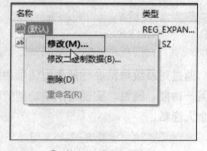

② 执行"修改"命令

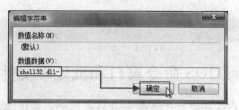

③ 设置键值

Tip 锁定"回收站"的键值项和键值说明

键值项默认。键值为 shell32.dll，不锁定"回收站"；键值为 shell32.dll-，锁定"回收站"。

Study 07 配置系统安全

Work ③ 禁止用户运行某些程序

如果不想让其他用户使用用户自己的某个程序或文件，可以在注册表中进行相应的设置，来实现该功能。
运行注册表编辑器，打开已有的或新建操作子键：

HKEY_CURRENT_USER\Software\Microsoft\Windows\CurrentVersion\Policies\Explorer

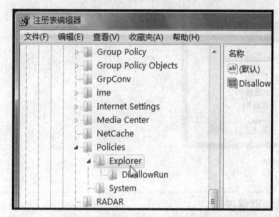

① 选择子键

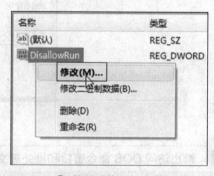

② 执行"修改"命令

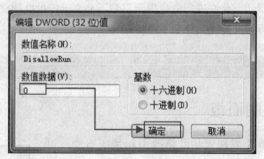

③ 设置键值

Tip 禁止用户运行某些程序的键值项和键值说明

键值项 DisallowRun。键值为 0，允许运行程序；键值为 1，不允许运行程序。

Work ④ 禁止访问 DOS 命令窗口和批处理文件

通过下面的设置可以防止用户运行交互式命令 cmd.exe。这个设置还决定批处理文件是否可以在计算机上运行。如果启用这个设置，用户试图打开 DOS 命令窗口，系统会显示一个消息，解释已阻止这种操作。

运行注册表编辑器，打开已有的或新建操作子键：

HKEY_CURRENT_USER\Software\Policies\Microsoft\Windows\System

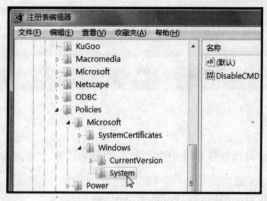

① 选择子键

② 执行"修改"命令

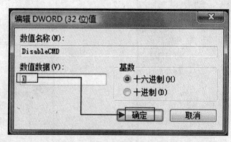

③ 设置键值

> **Tip**　禁止访问 DOS 命令窗口和批处理文件的键值项和键值说明
>
> 　　键值项 DisableCMD。键值为 0，允许进行命令提示符和不允许运行批处理文件；键值为 1，禁止命令提示符的运行；键值为 2，命令提示符和批处理文件都不能被运行。

Work ⑤ 禁用控制面板

为保护系统安全，防止误操作或别人胡乱修改引起系统崩溃，可以使用下面的设置禁止使用"控制面板"，这样就可以有效地保护系统的安全。

运行注册表编辑器，打开已有的或新建操作子键：

HKEY_CURRENT_USER\Software\Microsoft\Windows\CurrentVersion\Policies\Explorer

① 选择子键

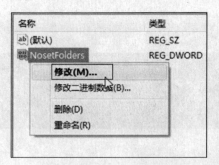

② 执行"修改"命令

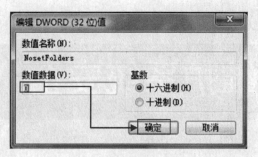

③ 设置键值

Tip 禁用控制面板的键值项和键值说明

键值项 NosetFolders。键值为 0，允许使用控制面板；键值为 1，禁用控制面板。

Study 07 配置系统安全

Work 6 设置当系统从睡眠或挂起状态恢复时是否需要输入密码

当用户的计算机从睡眠或挂起状态恢复时，可以设置在恢复到正常状态下是否需要输入密码，这一功能非常有用。比如说在公共场合用户想出去一会儿但又不想关机，这时就可以将计算机转入睡眠状态，并设置在返回正常状态下时需要输入密码。

运行注册表编辑器，打开已有的或新建操作子键：

HKEY_LOCAL_MACHINE\Software\Policies\Microsoft\Windows\System\Power

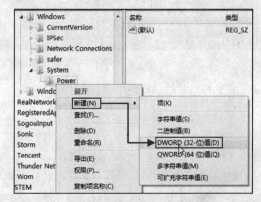

① 新建 DWORD（32-位）值

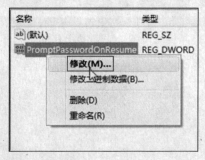

② 执行"修改"命令

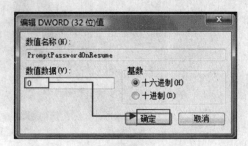

③ 设置键值

Tip 设置系统从睡眠恢复时是否输入密码的键值项和键值说明

键值项 PromptPasswordOnResume。键值为 1，不需要输入密码；键值为 0，需要输入密码。

Chapter 16

维护系统安全

Windows Vista从入门到精通

Chapter 16 维护系统安全

在计算机的使用过程中，为了延长计算机的使用寿命及维护系统安全，需要用户不断地对系统进行安全维护。本章对系统及文件的备份与还原、Windows 安全中心、Windows Vista 防火墙以及 Windows 更新等内容进行介绍，以协助用户能够更好地维护 Vista 系统的安全。

Study 01 备份与还原文件

● Work 1. 备份文件
● Work 2. 还原文件

文件备份是存储在与源文件不同位置的文件副本。对于一些重要的文件，用户可以将该文件进行备份。一旦原文件在打开时出现差错，可以将文件进行还原，以防止重要数据的丢失。下面介绍文件的备份与还原操作。

Work ❶ 备份文件

Vista 系统自带有备份文件的工具，使用该系统工具进行文件的备份时，可以将某一种或几种格式所有文件进行备份。下面介绍文件的备份操作。

备份文件有助于避免文件永久性丢失或者意外删除。例如遭受蠕虫或病毒攻击、发生软件或硬件故障、无意或恶意更改等。如果发生上述任何情况后，使用用户已经备份的文件，就可以轻松还原那些文件。

可以备份图片、音乐、视频、电子邮件、文档、电视节目、压缩文件以及一些其他文件。而在备份的文件类型中不包括以下格式的文件：已使用加密文件系统 (EFS) 加密的文件、系统文件、程序文件、存储在使用 FAT 文件系统格式化的硬盘上文件、未存储在硬盘上的基于 Web 的电子邮件、回收站中的文件、临时文件、用户配置文件设置。

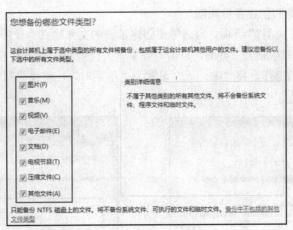

① 文件备份的类型

● 打开"备份状态和配置"对话框

执行"开始>所有程序>附件>系统工具>备份状态和配置"命令，弹出"备份状态和配置"对话框后，界面自动进入"备份文件"界面。选择"设置自动文件备份"选项。

● 选择备份文件保存位置及备份所包括的磁盘

进入"保存备份的位置"界面后，程序默认选中"在磁盘 CD 或 DVD"单选按钮，单击该下拉列表框右侧的下拉按钮，弹出下拉列表后，选择"本地磁盘（G：）"选项，然后单击"下一步"按钮。进入"在备份中您要包括哪些磁盘？"界面，取消勾选"磁盘"列表框中，"本地磁盘（E:）"和"本地磁盘（F:）"复选框。然后单击"下一步"按钮。

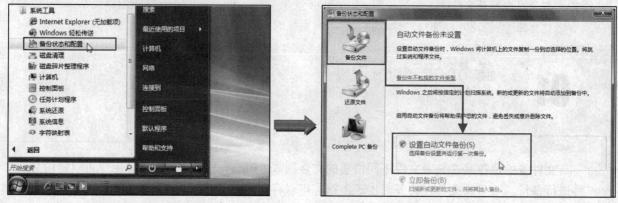

② 打开"备份状态和配置"对话框

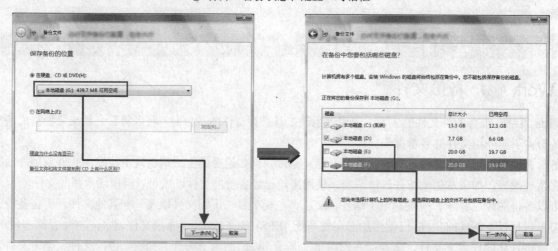

③ 选择备份文件保存位置及备份所包括的磁盘

● 选择备份的文件类型和创建备份周期

进入"您想备份哪些文件类型？"界面，勾选需要创建备份的文件格式"音乐"复选框，然后单击"下一步"按钮。进入"您想多久创建一次备份？"界面，单击"频率"下拉列表框右侧的下拉按钮，弹出下拉列表后，选择"每周"选项。按照同样的操作，将"哪一天"设置为"星期一"，将"时间"设置为"10:00"，然后单击"保存设置并退出"按钮。

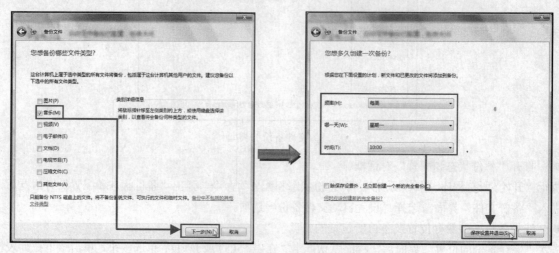

④ 选择备份的文件类型和创建备份周期

- 备份文件

程序开始进行创建卷影副本及备份文件的操作。在"备份文件"对话框内显示出创建卷影副本及备份文件的进度。文件备份完成后，打开放置备份文件的磁盘，就可以看到所创建的备份文件。

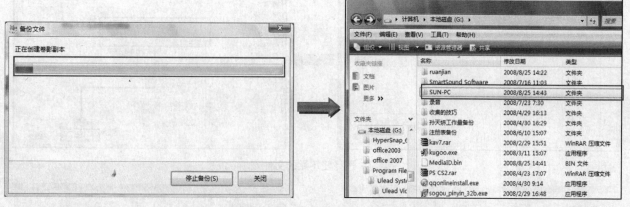

⑤ 备份文件夹

Work ② 还原文件

备份文件后，一旦源文件受到损坏，就可以用备份的文件还原。下面介绍还原文件的操作。

- 打开"备份状态和配置"对话框

执行"开始>所有程序>附件>系统工具>备份状态和配置"命令，弹出"备份状态和配置"对话框后，单击"还原文件"图标，界面中显示出还原文件的相关内容后，选择"还原文件"选项。

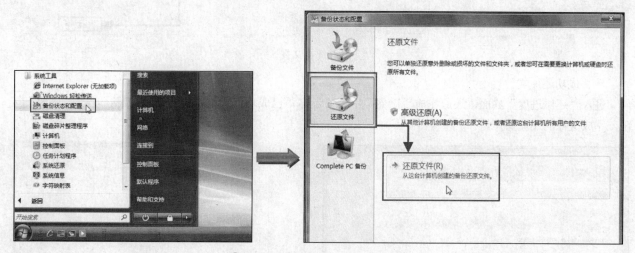

① 打开"备份状态和配置"对话框

- 选择要还原的文件

进入"选择要还原的文件和文件夹"界面后，单击"添加文件"按钮，弹出"添加要还原的文件"对话框，选择要还原的文件后，单击"添加"按钮。

- 开始还原文件

进入"选择要还原的文件和文件夹"界面后，可以看到列表框内已添加了要还原的文件，单击"下一步"按钮。进入"您想将还原的文件保存到什么位置？"界面，选中"在原始位置"单选按钮，然后单击"开始还原"按钮。

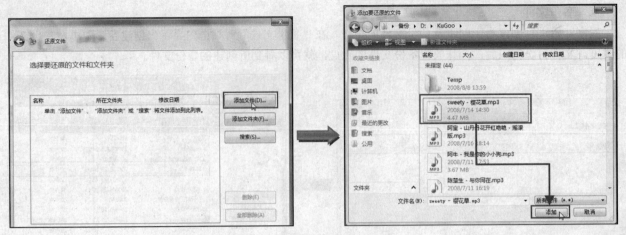

② 选择要还原的文件

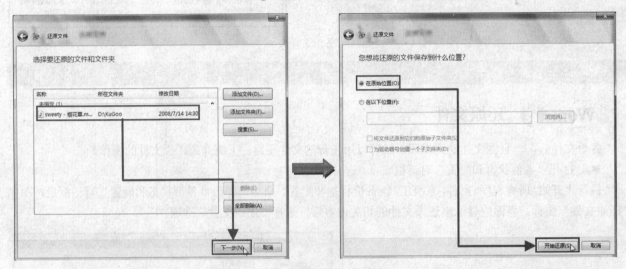

③ 开始还原文件

● 成功还原文件

进入"还原进度"界面，还原完成后，界面中会显示出"已成功还原文件"的提示信息，单击"完成"按钮，完成文件的还原操作。

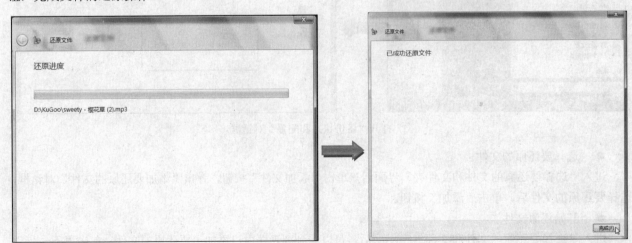

④ 成功还原文件

Study

02 备份与还原系统

Work 1. 创建还原点

Work 2. 还原系统

系统的备份与还原的作用与文件的备份还原的作用类似，都是为了确保计算机中的数据安全。在进行系统的备份与还原时，除了备份与还原文件时的方法外，还可以通过控制面板来完成。下面介绍在控制面板中备份与还系统的操作。

Study 02　备份与还原系统

Work **1**　创建还原点

在创建系统的还原点时，可以按以下步骤完成操作。

● 进入"控制面板"界面

执行"开始>控制面板"命令，进入"控制面板"界面后，单击"经典视图"文字链接，切换到经典视图，双击"备份和还原中心"图标。

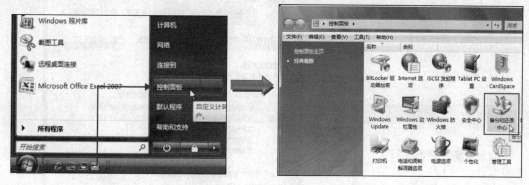

① 进入"控制面板"界面

● 执行"创建还原点"命令

进入"备份和还原中心"界面后，单击"创建还原点或更改设置"文字链接。弹出"用户账户控制"对话框后，单击"继续"按钮。弹出"系统属性"对话框，切换到"系统保护"选项卡，单击"创建"按钮。

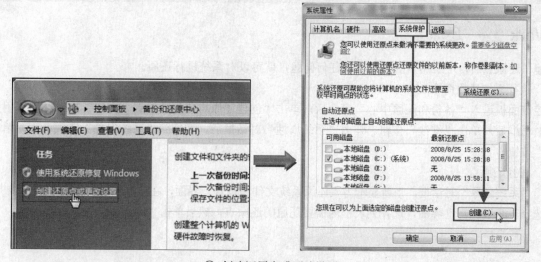

② 创建还原点或更改设置

● 创建还原点

弹出"系统保护"对话框,显示出"创建还原点"的内容,在文本框内输入还原点的描述,然后单击"创建"按钮。系统开始进行还原点的创建,弹出"系统保护"提示框,显示出还原点创建的进度。

③ 创建还原点

● 成功创建还原点

还原点创建完成后,"系统保护"提示框内出现"已成功创建还原点"的提示内容,单击"确定"按钮。返回"系统属性"对话框内,单击"确定"按钮,就完成了还原点的创建操作。

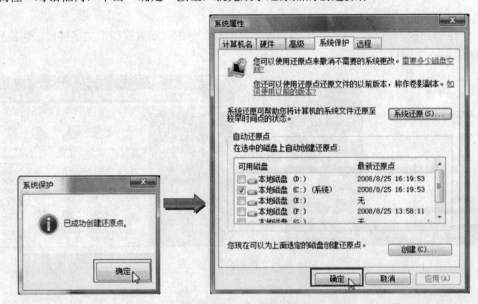

④ 确定成功创建还原点

Study 02　备份与还原系统

Work ❷　还原系统

创建了还原点后,一旦用户的系统出现任何问题,就可以对系统进行还原。

● 执行系统还原命令

从控制面板进入"备份和还原中心"界面后,单击"创建还原点或更改设置"文字链接。弹出"用户账户控制"对话框后,单击"继续"按钮。弹出"系统属性"对话框后,切换到"系统保护"选项卡下,单击"系统还原"按钮。

● 选择还原点

弹出"系统还原"对话框,当前显示为"还原系统文件和设置"界面,在该界面中,单击"下一步"按钮,进入"选择一个还原点"界面,选择列表框内需要还原的还原点,然后单击"下一步"按钮。

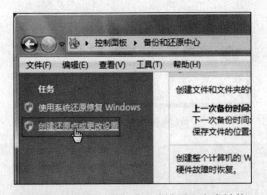

① 单击"创建还原点或更改设置"文字链接

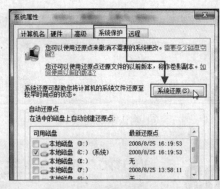

② 单击"系统还原"按钮

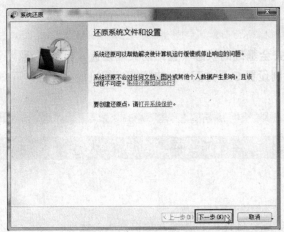

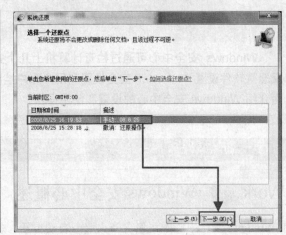

③ 为系统选择还原点

● 确认要还原的磁盘及还原点

进入"确认要还原的磁盘"界面后，确认列表框内要进行还原的系统盘处于勾选状态，单击"确定"按钮，进入"确认您的还原点"界面后，确定还原点的时间、描述等信息后，单击"完成"按钮。

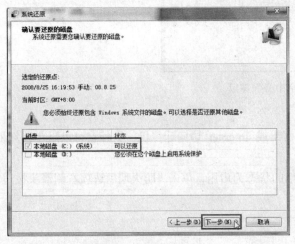

④ 确认要还原的磁盘

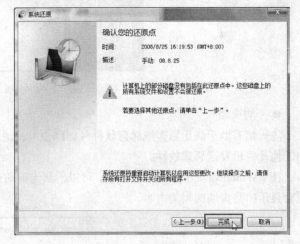

⑤ 确认还原点

● 还原系统

弹出"系统还原"提示对话框，显示"启动后，系统还原可能不能被中断且无法撤销直至它完成以后，您确定要继续吗？"，单击"是"按钮，系统开始进行系统的还原操作，在还原的过程中需要重启计算机，系统还原完成后，"系统还原"提示对话框内显示出"系统还原已成功信息"等信息，单击"确定"按钮，完成此次操作。

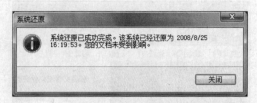

⑥ 确认系统还原　　　　　　　　　　　⑦ 系统还原成功完成

Windows 安全中心

- Work 1. Windows 安全中心概述
- Work 2. 使用 Windows 安全中心报警和修复自动更新

Windows 安全中心可通过检查计算机上几个安全基础的状态（包括防火墙设置、自动更新、反恶意软件设置、Internet 安全设置和用户账户控制设置 5 个方面），来增强计算机的安全性。下面介绍 Windows 安全中心的设置和使用操作。

Study 03　Windows 安全中心

Work 1　Windows 安全中心概述

在 Windows 安全中心中，包含防火墙、自动更新、恶意软件保护和其他安全设置 4 个选项。

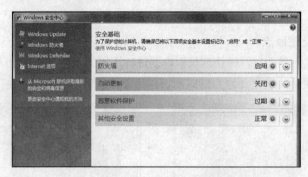

① "Windows 安全中心"窗口

- 防火墙

防火墙有助于防止黑客或恶意软件（如蠕虫），通过网络或 Internet 访问计算机；另外它可以阻止计算机向其他计算机发送恶意软件。

在"Windows 安全中心"窗口中，可以看到当前防火墙的状态为启用，单击"防火墙"选项右侧箭头按钮，就会显示出防火墙的相关内容。

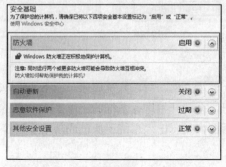

② 防火墙状态

当用户需要关闭防火墙时，进入"Windows 安全中心"窗口后，单击窗口左侧的"Windows 防火墙"文字链接，进入"Windows 防火墙"界面后，单击"更改设置"文字链接，进入"用户账户控制"界面后，单击"继续"按钮，弹出"Windows 防火墙设置"对话框后，单击"关闭"按钮，然后单击"确定"按钮，就可以将防火墙关闭。

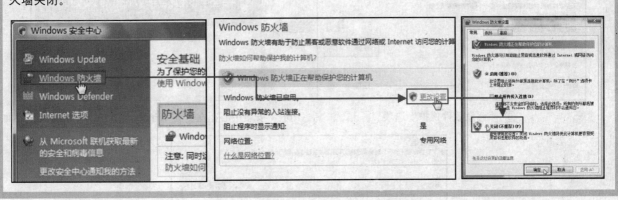

- 自动更新

更新是可以防止出现安全问题、增强计算机安全性或提高计算机性能的软件。启用 Windows 自动更新后，Windows 便可以在有更新可用时为计算机安装安全更新和补丁程序等。

在"Windows 安全中心"窗口中，单击"自动更新"选项右侧的按钮，就会显示出"自动更新"的相关内容，当前"自动更新"的状态为"关闭"，单击"更改设置"按钮后，出现"选择自动更新选项"界面，就可以对"自动更新"的状态进行设置。

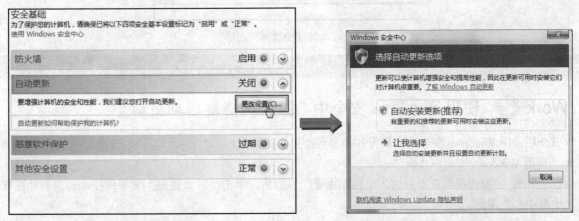

③ "自动更新"选项　　　　　　　　④ "选择自动更新选项"界面

- 恶意软件保护

恶意软件是专门用来故意损坏计算机的软件。例如，病毒、蠕虫以及特洛伊木马都属于恶意软件。为了保护计算机免受恶意软件的攻击，建议用户及时更新恶意软件的版本。

在"Windows 安全中心"窗口中，单击"恶意软件保护"选项右侧的按钮，就会显示出"恶意软件保护"的相关内容，显示当前软件为"过期"，单击"立即更新"按钮后，弹出"用户账户控制"对话框后，单击"继续"按钮，显示"安全中心正在更新 Windows Defender 的定义"界面，搜索完毕后，就可以更新恶意软件保护的版本。

- 其他安全设置

在"其他安全设置"选项中包括"Internet 安全设置"和"用户账户控制"。在"Windows 安全中心"窗口中，单击"其他安全设置"选项右侧的箭头按钮，就会显示出"其他安全设置"的相关内容。

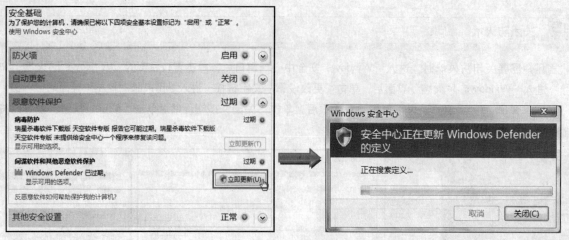

⑤ "恶意软件保护"选项　　　　⑥ "安全中心正在更新 Windows Defender 的定义"界面

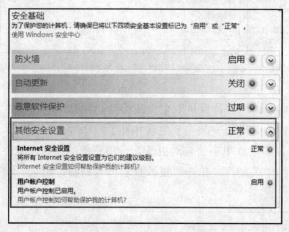

⑦ "其他安全设置"选项

Study 03　Windows 安全中心

Work ❷　使用 Windows 安全中心报警和修复自动更新

本节介绍使用 Windows 安全中心报警和修复自动更新的操作。

● 使用 Windows 安全中心报警

执行"开始>控制面板"命令，进入"控制面板"界面后，单击"经典视图"文字链接，切换到经曲视图，双击"安全中心"图标。

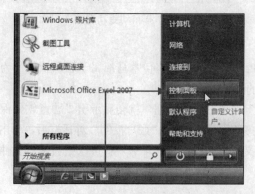

① 打开"控制面板"

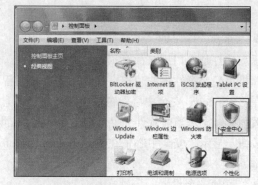

② 双击"安全中心"

进入"Windows 安全中心"窗口后，单击"更改安全中心通知我的方法"文字链接，显示"是否要通知您安全问题？"界面。选择"是，通知我并显示图标"选项，即可完成使用 Windows 安全中心报警的设置。

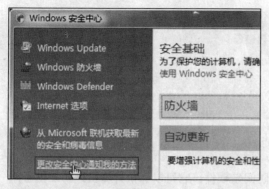

③ 单击"更改安全中心通知我的方法"文字链接

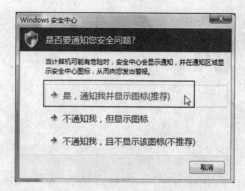

④ 设置安全中心的报警操作

● 修复自动更新

进入"Windows 安全中心"窗口后，单击窗口左侧的"Windows Update"文字链接。进入"Windows Update"界面后，单击窗口左侧的"更改设置"文字链接。

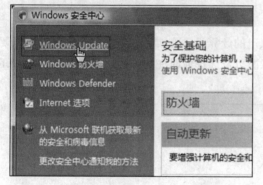

⑤ 单击"Windows Update"文字链接

⑥ 单击"更改设置"文字链接

进入"选择 Windows 安装更新的方法"界面后，选中"自动安装更新"单选按钮，单击"安装新的更新"下方的"每天"下拉列表框右侧的下拉按钮，弹出下拉列表后，用户就可以选择每次安装更新的周期。按照同样的方法可以在该列表框右侧设置每次更新的时间。

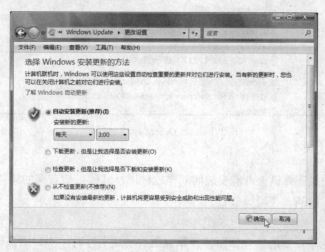

⑦ 设置自动更新方式

> 　　Windows Defender 是 Windows Vista 系统中的防间谍软件。它可以保护计算机，防止由于间谍软件及其他有害软件导致的安全威胁、弹出窗口以及运行速度变慢等问题。下面介绍 Windows Defender 的使用。

Study 04　使用 Windows Defender

 Work 1 Windows Defender 的优点及其实时保护功能

　　Windows Defender 可以帮助计算机查找间谍软件及其他有害程序，并提供用于删除、忽略或禁用这些程序的选项。下面介绍它的一些优点及实时保护功能的使用。

● Windows Defender 的优点

① 实时保护

　　Windows Defender 的实时保护可以帮助用户随时保护自己的计算机，在实时保护区域中，包括选择要运行的安全代理的内容、选择 Windows Defender 应该通知您的情况以及选择何时在通知区域显示 Windows Defender 图标等选项。

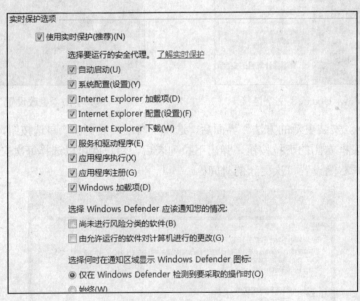

① Windows Defender 实时保护

② 自动扫描

　　通过自动扫描，可以扫描计算机上可能安装的间谍软件以及其他可能有害的软件。在"自动扫描"区域内，可以设置自动扫描的频率、时间、类型等参数。

③ 警报级别

　　当间谍软件或其他可能不需要的软件试图在计算机上安装或运行时，实时间谍软件会发出警报。根据警报高、中、低 3 个等级，Windows Defender 准备了 3 种解决措施：删除、忽略、默认操作（基于定义）。

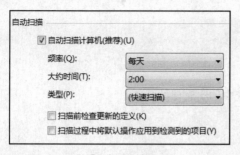

② 自动扫描

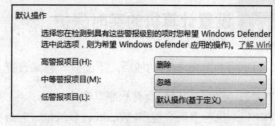

③ 警报级别

● Windows Defender 的实时保护

在 Windows Defender 的实时保护区域内，有很多安全代理选项，每个选项都有其各自的作用。下面介绍安全代理各选项的作用，如表 16-1 所示。

表 16-1　Windows Defender 实时保护安全代理各选项作用

安全代理名称	作　用
自动启动	勾选了该复选框后，Windows Defender 实时保护就可以监视在启动计算机时允许其自动运行的程序的列表。间谍软件和其他可能不需要的软件会设置为在 Windows 启动时自动运行，这样，它便能够在未指示的情况下运行并搜集信息
系统配置（设置）	监视 Windows 中与安全相关的设置。间谍软件和其他可能不需要的软件会更改硬件和软件的安全设置，然后搜集可用于进一步破坏计算机安全性的信息
Internet Explorer 加载项	监视在启动 Internet Explorer 时自动运行的程序。间谍软件和其他可能不需要的软件会伪装成 Web 浏览器加载项并在用户未指示的情况下运行
Internet Explorer 配置（设置）	监视浏览器安全设置是防御 Internet 上恶意内容的第一道防线。间谍软件和其他可能不需要的软件会在用户未指示的情况下尝试更改这些设置
Internet Explorer 下载	监视专门与 Internet Explorer 一起运行的文件和程序。比如 ActiveX 控件和软件安装程序。浏览器可以自行下载、安装或运行这些文件。间谍软件和其他可能不需要的软件会在用户未指示的情况下包含在这些文件中并进行安装
服务和驱动程序	当服务和驱动程序与 Windows 程序进行交互时，监视它们。由于服务和驱动程序执行关键的计算机功能（如允许设备在计算机上运行），因此它们具有访问操作系统中重要软件的权限。间谍软件和其他可能不需要的软件会使用服务和驱动程序获取计算机的访问权限，并像运行正常的操作系统组件那样尝试运行未检测的组件
执行应用程序	在运行时监视程序何时启动及其执行的所有操作。间谍软件和其他可能不需要的软件会在用户未指示的情况下，利用已安装程序的漏洞运行恶意或不需要的软件。例如，间谍软件会在用户启动常用程序时在后台自行运行。Windows Defender 可以监视程序并在检测到可疑活动时发出警报
注册应用程序	监视操作系统中的工具和文件。此处程序可以随时注册运行，而不是仅在启动 Windows 或其他程序时才注册运行。间谍软件和其他可能不需要的软件会将程序注册为在不发出通知的情况下启动并运行。例如，在每天预定的时间运行；这样会允许程序在用户未指示的情况下，搜集有关用户或用户的计算机的信息，或获取对操作系统中重要软件的访问权限
Windows 加载项	监视 Windows 的加载项程序（也称为软件工具）。加载项专门增强安全、浏览、生产和多媒体等方面的体验。但是，加载项也会安装一些可以搜集有关用户联机活动的信息，并通常会将敏感的个人信息泄露出去

Windows Vista · 从入门到精通

Lesson 01 设置计算机的实时保护

了解了实时保护的功能后，下面就一起来设置 Vista 系统中的实时保护功能。

STEP 01 执行"开始>所有程序"命令。

STEP 02 执行"所有程序>Windows Defender"命令。

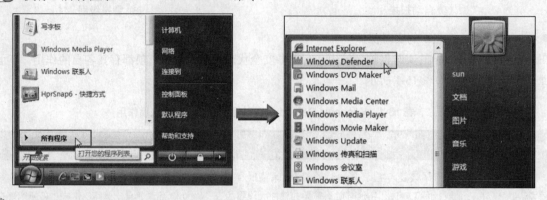

> ### Tip 在控制面板中打开 Windows Defender 窗口
>
> 用户能够通过"开始"菜单打开 Windows Defender，是由于用户刚刚曾经打开过该窗口。如果用户从来没有打开过 Windows Defender 窗口，就需要通过控制面板来打开。进入"控制面板"界面后，切换到"经典视图"状态下，双击"安全中心"图标，打开"Windows 安全中心"窗口后，单击"Windows Defender"文字链接，同样可以打开 Windows Defender 窗口，并进行相应的设置。
>
>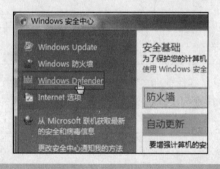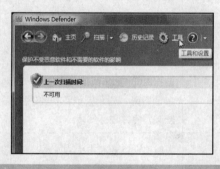

STEP 03 打开 Windows Defender 窗口后，单击窗口上方的"工具"按钮。

STEP 04 进入"工具和设置"界面后，单击"选项"文字链接。

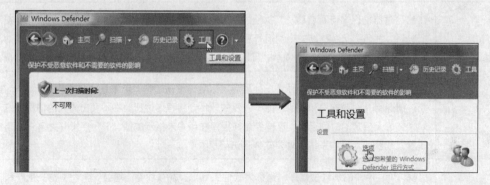

STEP 05 进入"选项"界面后，勾选"自动扫描"区域内的"自动扫描计算机"复选框，然后单击"频率"下拉列表框右侧的下拉按钮，弹出下拉列表后，选择"星期日"选项。

STEP 06 按照类似的操作，将"自动扫描"区域内的"大约时间"设置为"3:00"，将"类型"设置为"完整系统扫描"。

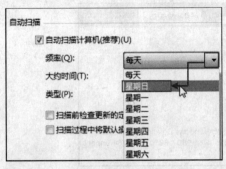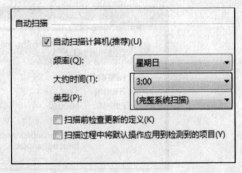

STEP 07 将"默认操作"区域内的"高警报项目"设置为"删除"，将"中等警报项目"和"低警报项目"都设置为"默认操作（基于定义）"选项。

STEP 08 在"管理员选项"区域内，取消勾选"允许任何人使用 Windows Defender"复选框，然后单击"保存"按钮。弹出"用户账户控制"对话框后，单击"继续"按钮，就可以完成计算机实时保护的设置。

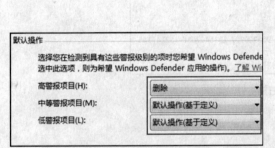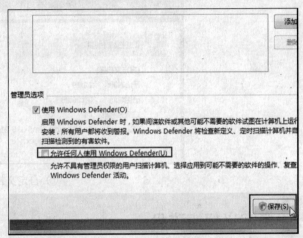

Study 04 使用 Windows Defender

Work ❷ 使用 Windows Defender 手动扫描恶意软件

当 Windows Defender 的自动保护功能没有启动，需要对系统进行扫描时，可以选择手动扫描恶意软件，扫描的类型有 3 种：快速扫描、全面扫描和自定义扫描。

● 快速扫描

快速扫描检查的是计算机上最有可能感染间谍软件的硬盘。执行了快速扫描的命令后，程序开始进行扫描。需要停止时，单击"停止扫描"即可。

① 快速扫描

● 全面扫描

全面扫描检查硬盘上所有文件和当前运行的所有程序。但可能会引起计算机运行缓慢，直到扫描完成。

② 全面扫描

● 自定义扫描

自定义扫描可以选择扫描的方式是快速扫描还是全面扫描，以及所要进行扫描的磁盘和磁盘内的文件夹。

③ 自定义扫描

Lesson 02 自定义扫描磁盘

Windows Vista · 从入门到精通

为了使计算机系统更加安全，下面介绍使用 Windows Defender 进行自定义扫描磁盘的操作。

STEP 01 执行"开始>控制面板"命令。

STEP 02 进入"控制面板"界面后，切换到"经典视图"方式下，双击"安全中心"图标。

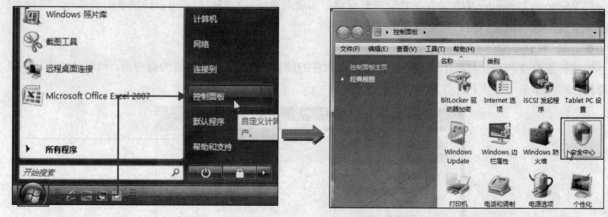

STEP 03 打开"Windows 安全中心"窗口后，单击界面左侧的 Windows Defender 文字链接。

STEP 04 打开 Windows Defender 窗口后，单击"扫描"下拉按钮，弹出下拉菜单后，执行"自定义扫描"命令。

Tip 快速扫描和完全扫描

> 打开 Windows Defender 窗口后，如果用户需要对系统进行快速扫描或完全扫描，可以单击"扫描"下拉按钮，弹出下拉菜单后，选择相应的扫描类型，即可完成操作。

STEP 05 进入"选择扫描选项"界面后，程序已默认选中"扫描选定的驱动器和文件夹"单选按钮，单击"选择"按钮。

STEP 06 弹出 Windows Defender 对话框后，勾选"本地磁盘（C：）"前面的复选框，然后单击该选项前的⊞按钮。

 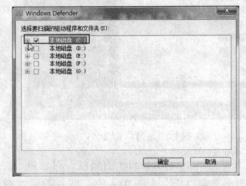

STEP 07 展开"本地磁盘（C：）"列表后，所有选项都处于选中状态，取消勾选不需要扫描的文件夹，留下需要扫描的选项，然后单击"确定"按钮。

STEP 08 返回"选择扫描选项"界面，单击"立即扫描"按钮。

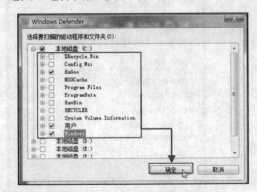 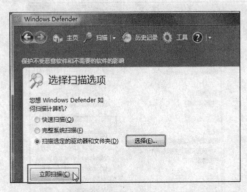

STEP 09 经过以上操作后，程序开始进行扫描。在"正在扫描计算机"界面中，显示了扫描的开始时间、当前已用时间、当前扫描的对象等内容。扫描完成后，界面中会出现"扫描统计信息"，显示出自定义扫描的开始时间、已用时间、扫描对象的总数量信息。

Study 04　使用 Windows Defender

Work ③　Windows Defender 属性设置

在 Windows Defender 的属性对话框中，可以对 Windows Defender 的登录方式、登录身份等内容进行设置。下面介绍"Windows Defender 属性"对话框的打开及的相关说明。

● 输入"运行"程序

执行"开始>所有程序>附件>运行"命令，弹出"运行"对话框后，在"打开"文本框内输入要运行的命令"services.msc"，然后单击"确定"按钮。

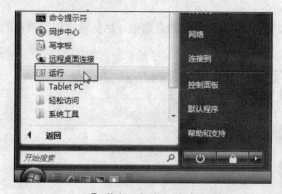

① 执行"运行"命令

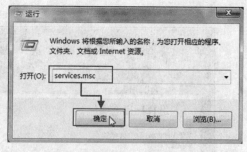

② 输入命令

● 打开"Windows Defender 的属性"对话框

打开"服务"窗口后，选择 Windows Defender 选项后双击该选项，就可以打开"Windows Defender 的属性"对话框。

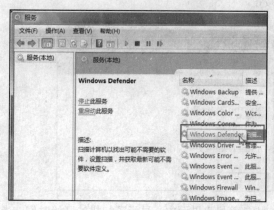

③ 在"服务"窗口中双击 Windows Defender 选项

④ "Windows Defender 的属性"对话框

● 常规选项卡

在"常规"选项卡下，可以看到服务名称、显示名称、说明、可执行文件的路径、启动类型、服务状态等内容。其中"启动类型"下拉列表框中包括自动（延迟的启动）、自动、手动、禁用 4 个选项。

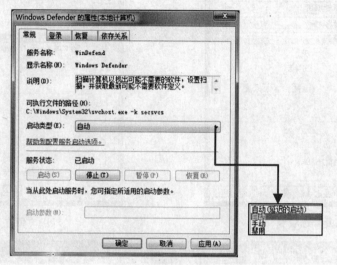

⑤ "常规"选项卡

● "登录"选项卡

在"登录"选项卡下，可以对登录的用户身份进行设置。默认的登录身份为本地系统账户，但是用户可以设置为特定的账户。

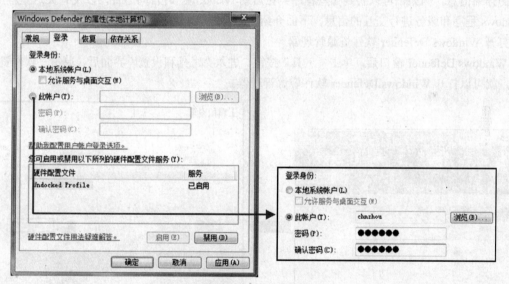

⑥ "登录"选项卡

● "恢复"选项卡

在"恢复"选项卡下，可以对启动 Windows Defender 程序失败时计算机所采取的措施。有不操作、重新启动程序、运行一个程序、重新启动计算机 4 个选项，包括第一次失败、第二次失败、后续失败 3 个类别。还可设置程序重置失败计数天数、重新启动服务的间隔时间以及是否在启用发生错误时便停止操作。

● "依存关系"选项卡

在"依存关系"选项卡下，可以对此服务依赖的系统组件进行查看，不能进行设置操作。

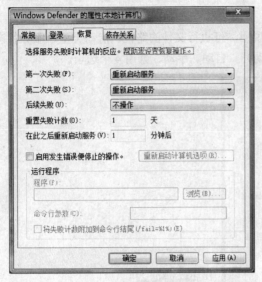

⑦ "恢复"选项卡

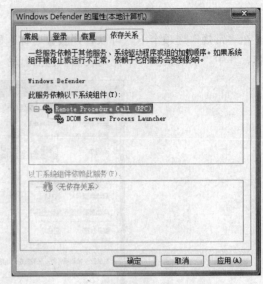

⑧ "依存关系"选项卡

Work ④ Windows Defender 软件资源管理器的使用

在 Windows Defender 中的软件资源管理器内,可以查看有关当前在计算机上运行的会影响隐私或计算机安全的软件的详细信息。例如,可以看到哪些程序会在启动 Windows 时自动运行,以及有关这些程序如何与重要的 Windows 程序和服务进行交互的信息。下面介绍软件资源管理器的打开和使用操作。

● 打开 Windows Defender 软件资源管理器

打开 Windows Defender 窗口后,单击"工具"按钮。进入"工具和设置"界面后,单击"软件资源管理器"文字链接。就可以打开 Windows Defender 软件资源管理器。

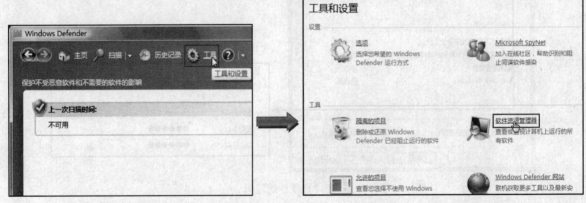

① 单击"工具"按钮　　　　　　　② 进入"工具和设置"界面

● Windows Defender 软件资源管理器界面

在"软件资源管理器"界面中包括"类别"下拉列表框、应用程序列表框、详细资料窗格,下面进行详细介绍。

① "类别"下拉列表框

"类别"下拉列表框对系统中的程序进行了分类,在该下拉列表框内包括启动程序、当前运行的程序、网络连接的程序、Winsock 服务提供程序。

启动程序:启动 Windows 时,无论指示与否,都会自动运行的程序。

当前运行的程序:当前在屏幕上或后台中运行的程序。

网络连接的程序:可以连接到 Internet 或者家庭或办公室网络的程序或进程。

Winsock 服务提供程序：执行 Windows 的低级别网络连接和通信服务的程序以及 Windows 上运行的程序。这些程序通常具有对操作系统的重要区域的访问权限。

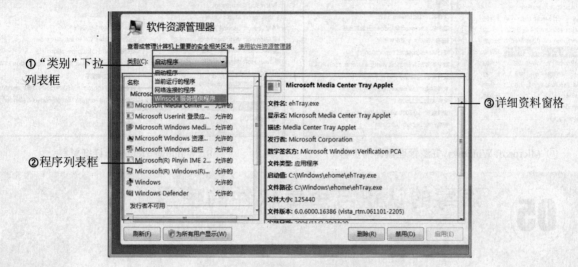

③ "软件资源管理器"界面

② 程序列表框

程序列表框用于显示当前类别下的所有程序。在不同类别下程序列表框中的内容会有相应的变化。

④ 启动程序

⑤ 当前运行程序

⑥ 网络连接程序

⑦ Winsock 服务提供程序

③ 详细资料窗格

详细资料窗格用于显示程序列表框内相应程序的文件名、显示名、路径、大小、安装日期、类型、发行者等详细资料。

⑧ Microsoft Windows 资源管理器详细资料　　　　⑨ Windows Defender 详细资料

病毒的认识与杀毒软件的使用

Study **05**

- Work 1.　计算机病毒
- Work 2.　使用瑞星杀毒软件手动查杀病毒
- Work 3.　为瑞星制定杀毒任务
- Work 4.　瑞星监控功能
- Work 5.　瑞星防御功能
- Work 6.　检测当前计算机的安全级别

随着计算机的不断升级，第三方杀毒软件也在不断地更新。为了确保用户计算机的使用安全，用户也可以选择一些第三方杀毒软件进行病毒的防范。本节就以瑞星杀毒软件为例介绍使用第三方杀毒软件的操作。下面首先介绍计算机病毒的基础知识。

Study 05　病毒的认识与杀毒软件的使用

Work 1　计算机病毒

计算机病毒是指编制在计算机程序中插入的、破坏计算机功能或者破坏数据，影响计算机使用并且能够自我复制的一组计算机指令或者程序代码。计算机病毒具有寄生性、传染性、潜伏性、隐蔽性、可触发性等特点。

目前计算机的病毒有很多种，每种病毒都有其相应的特点，其扩展名中也有所区别。下面来介绍几种常见的病毒。

（1）系统病毒

系统病毒的前缀为 Win32、PE、Win95、W32、W95 等。这些病毒可以感染 Windows 操作系统中的*.exe 和*.dll 文件，并能够通过这些文件进行传播。

（2）蠕虫病毒

蠕虫病毒的前缀为 Worm。这种病毒是通过网络或者系统漏洞进行传播的。很大部分的蠕虫病毒都会向外发送带毒邮件、阻塞网络的特性。比如冲击波（阻塞网络）、小邮差（发带毒邮件）等。

（3）木马病毒、黑客病毒

木马病毒的前缀为 Trojan，黑客病毒的前缀一般为 Hack。木马病毒是通过网络或者系统漏洞进入用户的系统并隐藏，然后向外界泄露用户的信息；而黑客病毒则有一个可视的界面，能对用户的计算机进行远程控制。木马、黑客病毒往往是成对出现的，即木马病毒负责侵入用户的计算机，而黑客病毒则会通过该木马病毒进行控制。现在这两种类型都越来越趋向于整合了。一般的木马病毒有 QQ 消息尾巴木马 Trojan.QQ3344 等，还有大家可能遇见比较多的针对网络游戏的木马病毒，如 Trojan.LMir.PSW.60。这里补充一点，病毒名中有 PSW 或者 PWD 之类的一般都表示这个病毒有盗取密码的功能（这些字母一般都为"密码"的英文 password 的缩写）。一些黑客程序有网络枭雄（Hack.Nether.Client）等。

（4）脚本病毒

脚本病毒是使用脚本语言编写，通过网页进行传播的病毒，如红色代码（.Redlof）。脚本病毒的前缀有 VBS、JS（表明是用何种脚本编写的），如欢乐时光（VBS.Happytime）、十四日（Js.Fortnight.c.s）等。

（5）宏病毒

其实宏病毒也是脚本病毒的一种。由于它的特殊性，因此在这里单独算成一类。宏病毒的前缀是 Macro，第二前缀是 Word、Word 97、Excel、Excel 97 等。凡是只感染 Word 97 及以前版本 Word 文档的病毒采用 Word 97 作为第二前缀，格式是 Macro.Word97；凡是只感染 Word 97 以后版本 Word 文档的病毒采用 Word 作为第二前缀，格式是 Macro.Word；凡是只感染 Excel 97 及以前版本 Excel 文档的病毒采用 Excel 97 作为第二前缀，格式是 Macro.Excel 97；凡是只感染 Excel 97 以后版本 Excel 文档的病毒采用 Excel 作为第二前缀，格式是 Macro.Excel。以此类推。该类病毒的共同特性是能感染 Office 系列文档，然后通过 Office 通用模板进行传播，如著名的美丽莎（Macro.Melissa）。

（6）破坏性程序病毒

破坏性程序病毒的前缀是 Harm。这类病毒的共同特性是本身具有好看的图标来诱惑用户点击，当用户单击这类病毒时，病毒便会直接对用户计算机产生破坏。如格式化 C 盘（Harm.formatC.f）、杀手命令（Harm.Command.Killer）等。

在使用计算机的过程中，一定要做好病毒的预防措施。在进行病毒的预防时，需要注意以下几点。

（1）备好启动盘。

检查计算机的问题，最好应在没有病毒干扰的环境下进行，才能测出真正的原因，或解决病毒的侵入。因此，在安装系统之后，应该及时做一张启动盘，以备不时之需。

（2）重要数据，必须备份。

（3）尽量避免在无防毒软件的机器上使用可移动存储设备。

一般人都以为不要使用别人的磁盘，即可防毒，但是也要注意不要随便在别人的计算机上使用自己的存储设备，否则有可能带一大堆病毒回来。

（4）使用新软件时，先用扫毒程序检查，可减少中毒机会。

（5）准备一份具有杀毒及保护功能的软件，将有助于查杀病毒。

（6）不要在互联网上随意下载软件。

病毒的一大传播途径就是 Internet。病毒潜伏在网络上的各种可下载程序中，如果随意下载、随意打开，对于病毒来说，可真是再好不过的机会。因此最好在下载后执行杀毒软件彻底检查。

（7）不要轻易打开电子邮件的附件。

近年来造成大规模破坏的许多病毒，都是通过电子邮件传播的。不要以为只打开熟人发送的附件就一定保险，有的病毒会自动检查受感染计算机上的通讯录并向其中的所有地址自动发送带毒文件。最妥当的做法是先将附件保存下来，不要打开，再用查毒软件彻底检查。

Study 05　病毒的认识与杀毒软件的使用

Work ❷　使用瑞星杀毒软件手动查杀病毒

瑞星杀毒软件(简称瑞星)是北京瑞星科技股份有限公司研发的一款专门用于计算机病毒查杀的软件。通过瑞星杀毒软件可以手动查杀病毒，也可以设置为程序自动查杀病毒。下面介绍使用瑞星进行手动查杀病毒的操作。

● 选择查杀目标

打开瑞星杀毒软件后，切换到"杀毒"界面，在"对象"区域内的"查杀目标"选项卡内，列出了"我的电脑"中的所有磁盘分区和内存，并且它们都处于选中状态，取消勾选不需要查杀的选项前的复选框，然后单击要查杀磁盘前的⊞按钮，展开该程序的列表后，取消勾选该磁盘下不需要杀毒的文件夹。

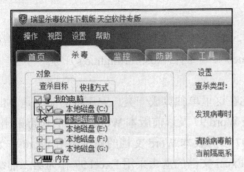

① 选择要杀毒的磁盘

② 选择要杀毒的文件夹

● 设置发现病毒和杀毒结束时的处理方法

在"设置"界面中，可以看到此次查杀的类型等内容，单击"发现病毒时"列表框右侧的下拉按钮，弹出下拉列表后，选择"删除染毒文件"选项。按照同样的方法将"杀毒结束时"设置为"退出"。

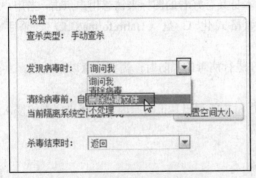

③ 设置发现病毒时处理方法

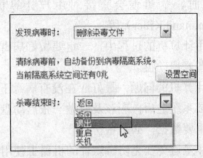

④ 设置杀毒结束时处理方法

● 开始杀毒

进行了以上内容的设置后，单击"开始查杀"按钮，程序就开始进行杀毒操作，在界面的下方显示出了关于查杀病毒的相关信息，包括文件数、病毒数、查杀百分比。

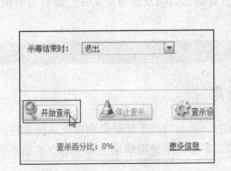

⑤ 开始查杀

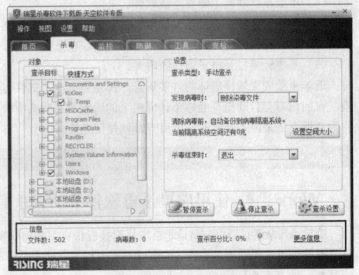

⑥ 查杀病毒相关信息

● 杀毒结束

查杀病毒结束后，会弹出"杀毒结束"对话框，对话框中显示了查杀的文件数、发现病毒数、查杀用时的资料，单击"确定"按钮，完成本次杀毒，瑞星程序会自动退出。

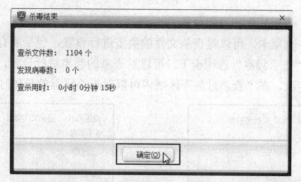

⑦ "杀毒结束"对话框

Work 3　为瑞星制定杀毒任务

除了手动杀毒外，用户还可以将瑞星设置为自动杀毒，另外对于瑞星的升级、系统硬盘备份等功能，都可以设置为自动。下面就来介绍一下为瑞星定制任务的操作。

● 进入杀毒界面

进入系统桌面，双击任务栏中通知区域内的绿色小雨伞图标，该图标为瑞星的启动图标，弹出"瑞星杀毒软件"程序窗口后，选择"杀毒"选项卡。

① 启动瑞星杀毒软件

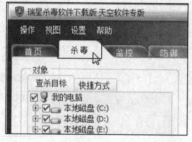

② 切换到"杀毒"选项卡

● 打开"详细设置"对话框

切换到"杀毒"选项卡后，单击界面右下角的"查杀设置"按钮，弹出"详细设置"对话框，选择"定制任务"列表内的"定时查杀"选项，在界面右侧就会显示出"定时查杀"的相关设置信息。切换到"处理方式"选项卡下，可以对"发现病毒时"、"杀毒失败时"、"隔离失败时"以及"杀毒结束后"的处理方法进行设置。

③ 单击"查杀设置"按钮

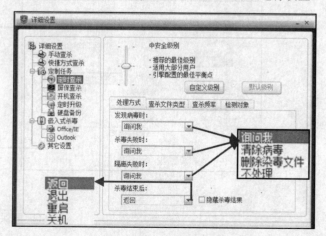

④ 设置定时查杀的处理方式

● 设置查杀文件类型、查杀频率和检测对象

切换到"查杀文件类型"选项卡，可以对查杀文件的类型进行设置，包括所有文件、仅程序文件以及自定义扩展名 3 个选项；切换到"查杀频率"选项卡下，可以对查杀的频率进行设置，频率周期有每周期一次、每周一次、每天一次和每小时一次。在"查杀时刻"区域内可以对查杀病毒的具体时间或周期进行设置。

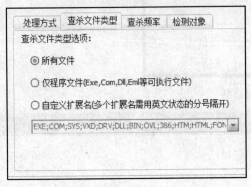
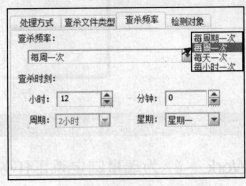

⑤ 设置查杀文件类型　　　　　　　⑥ 设置查杀频率

● 设置检测对象

在"检测对象"选项卡下，可以对瑞星查杀病毒时的对象进行设置，包括引导区、内存、邮箱、全部硬盘、指定目标。

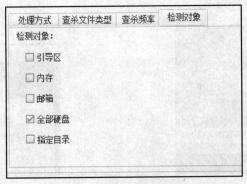

⑦ 设置检测对象

● 设置屏保查杀任务

选择"定制任务"列表中的"屏保查杀"选项后，在窗口右侧显示出"屏保查杀"的相关选项，其内容与"定时查杀"任务中的选项类似，设置方法也类似。

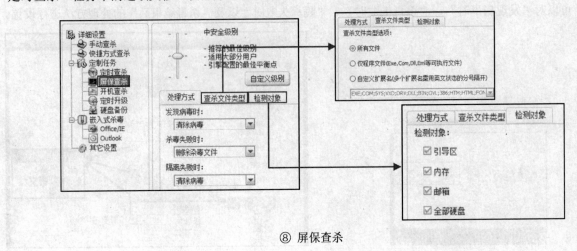

⑧ 屏保查杀

● 开机查杀任务

开机查杀可对查杀的对象进行设置,包括所有硬盘、系统盘、Windows 系统目录以及所有的服务和驱动 4 个对象。

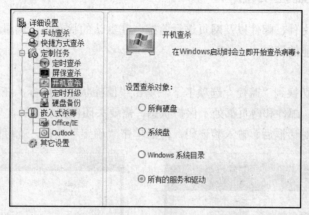

⑨ 开机查杀

● 定时升级

在"定时升级"界面中,可以对升级频率、升级时刻和升级策略进行设置。升级频率包括不升级、每周期一次、每周一次、每天一次、即时升级 5 个选项。升级策略有只升级病毒库和静默升级两个选项。用户也可以设置为两个策略同时进行。

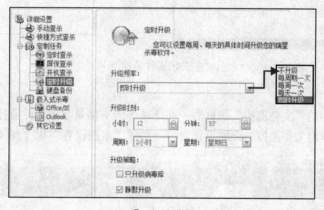

⑩ 定时升级

● 硬盘备份

在"硬盘备份"界面中,可以对硬盘的备份频率、备份时刻进行设置。备份频率包括不备份、每周期一次、每周一次、每天一次、每小时一次 5 个选项。

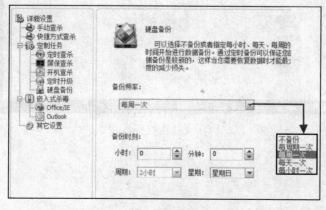

⑪ 硬盘备份

Work ④ 瑞星监控功能

瑞星的监控功能可以对文件、邮件以及网页进行监控。在默认的状态下，瑞星程序的监控功能都是处于开启状态的。下面介绍监控功能的设置。

● 设置监控状态

打开瑞星杀毒软件后，切换到"监控"选项卡下，单击"监控状态"图标，在选项卡右侧显示出"设置"的相关内容，可以看到文件、邮件和网页都处于保护状态，需要关闭保护状态时，单击"选项"右侧的"关闭"按钮，弹出"验码码确认"对话框后，输入验证码，然后单击"确定"按钮，就可以关闭该选项的保护设置。

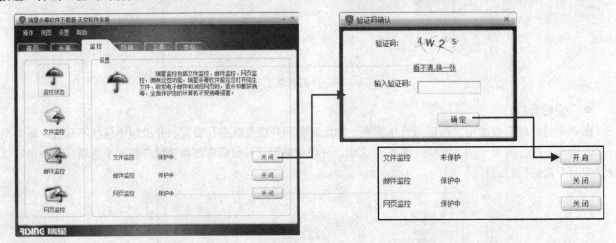

① 关闭文件监控

● 文件监控

单击"监控"选项卡中的"文件监控"图标后，在选项卡的右侧显示出文件监控的作用、级别等内容，单击"详细设置"按钮，将弹出文件监控的详细设置窗口，包括"常规设置"和"高级设置"两大类。

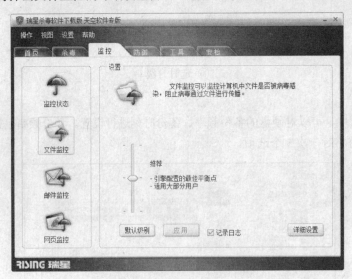

② 文件监控界面

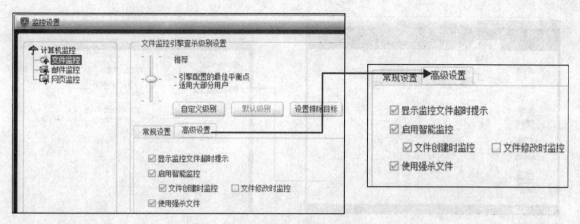

③ 文件监控的详细设置界面

● 邮件监控

单击"监控"选项卡中的"邮件监控"图标后，在选项卡的右侧显示出邮件监控的作用、级别等内容，单击"详细设置"按钮，将弹出邮件监控的详细设置窗口，包括"常规设置"和"高级设置"两大类。

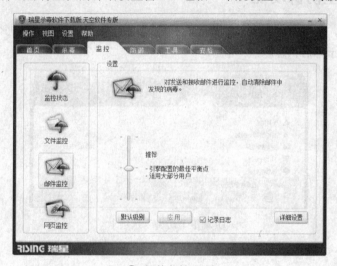

④ 邮件监控界面

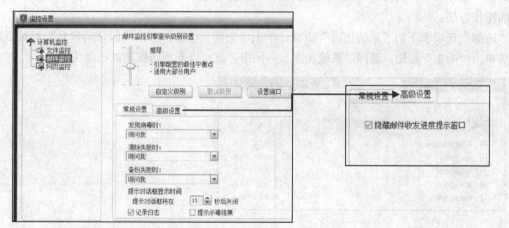

⑤ 邮件监控的详细设置界面

● 网页监控

单击"监控"选项卡中的"网页监控"图标后，在选项卡的右侧显示出网页监控的作用，单击"详细设置"按钮，将弹出"网页监控"的详细设置窗口，在该窗口可以对发现网页病毒时的处理方法以及提示对话框的关闭时间进行设置。

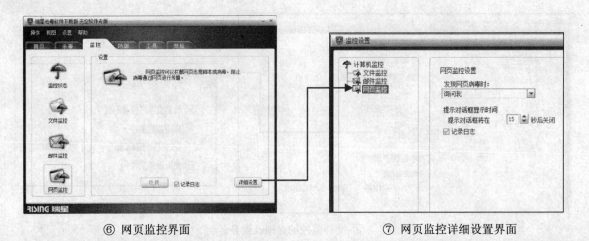

⑥ 网页监控界面　　　　　　　　⑦ 网页监控详细设置界面

Study 05　病毒的认识与杀毒软件的使用

Work 5　瑞星防御功能

打开瑞星杀毒软件后，切换到"防御"选项卡下，就可以看到瑞星对哪些程序进行了防御。在默认状态下，每种类别程序的防御都处于开启状态。

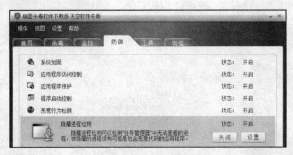

① 瑞星"防御"选项卡

● 关闭程序的防御

在"防御"选项卡下，关闭每种程序的防御保护的操作都是一样的。下面就以"系统加固"为例介绍关闭防御保护的操作方法。

选中"防御"选项卡下的"系统加固"图标，单击"关闭"按钮，弹出"验证码确认"对话框后，输入验证码，然后单击"确定"按钮，返回"系统加固"界面中，就可以看到防御功能已经关闭。

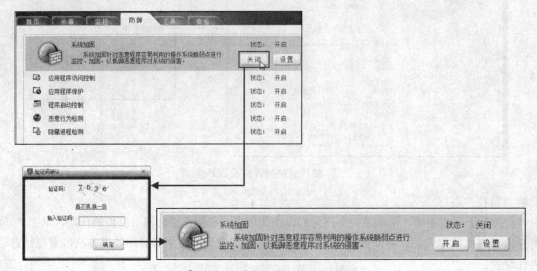

② 关闭"系统加固"的防御功能

需要开启程序的防御功能时，只要在"防御"选项卡中，选中了该程序后，单击"开启"按钮即可。

● 设置防御功能

在"防御"选项卡下，可对每种程序的防御做进一步的设置。下面介绍每种程序的设置，选中了要设置的程序后，单击"设置"按钮。弹出"验证码确认"对话框，输入验证码后，单击"确定"按钮，就可以进入"设置"对话框，进行防御功能的设置。

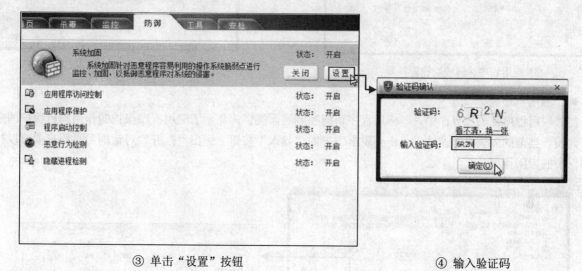

③ 单击"设置"按钮　　　　　　　　　④ 输入验证码

● 系统加固设置

在"系统加固"界面中，显示了系统加固的作用和系统加固的级别。向上或向下拖动"自定义级别"上的滑块，就可以调整系统加固的级别。

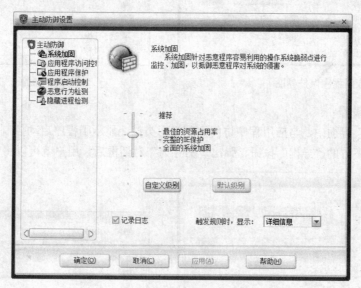

⑤ 系统加固设置界面

● 应用程序访问控制设置

在"应用程序访问控制"界面中，显示了应用程序访问控制的作用和所控制的应用程序的列表。当前的列表框是空的，单击列表框下方的"添加"按钮。弹出"选择规则应用对象"对话框后，用户就可以从中选择要控制的应用程序。

⑥ 应用程序访问控制设置界面　　　　　　　　　⑦ 添加应用对象

● 应用程序保护设置

在"应用程序保护"界面中，与应用程序访问控制界面类似，显示了应用程序保护的作用和所保护的应用程序列表。当前的列表框是空的，单击列表框下方的"导入"按钮。弹出"打开"对话框后，用户就可以打开所要保护的应用程序。

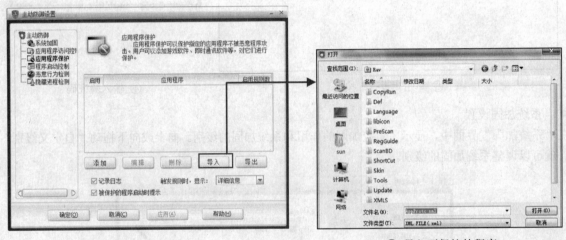

⑧ 应用程序保护界面　　　　　　　　　⑨ 导入要保护的程序

● 程序启动控制设置

在"程序启动控制"界面中，与应用程序访问控制界面类似，显示了程序启动控制的作用和所控制的应用程序列表。单击列表框下方的"导出"按钮，弹出"另存为"对话框后，用户就可以将程序保存在计算机中。

⑩ 程序启动控制界面　　　　　　　　　⑪ 保存启动控制程序

● 恶意行为检测设置

在"恶意行为检测"界面中，显示了恶意行为控制的作用、恶意行为启发式的检测敏感度的级别以及发现程序存在恶意行为时采取的措施。用户可根据自身的需要进行相应的设置。

● 隐藏进程检测设置

在"隐藏进程检测"界面中，显示了隐藏进程检测的作用和检测到的隐藏进程列表。用户也可以进行手工检测。

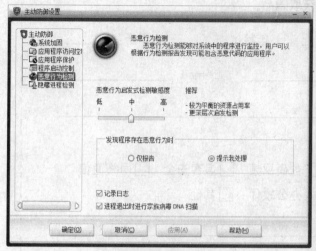 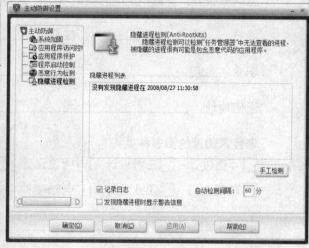

⑫ 恶意行为控制界面　　　　　　　　⑬ 隐藏进程检测界面

Study 05　病毒的认识与杀毒软件的使用

Work ❻　检测当前计算机的安全级别

启动瑞星杀毒软件后，切换到"安检"界面下，程序开始自动进行安全检测，等待几秒后，检测完成，在界面中就会显示出检测到的安全级别。单击"详细报告"文字链接，可以打开检测报告的详细资料，在"专家建议"界面中，用户可以根据提示提高计算机的安全等级。

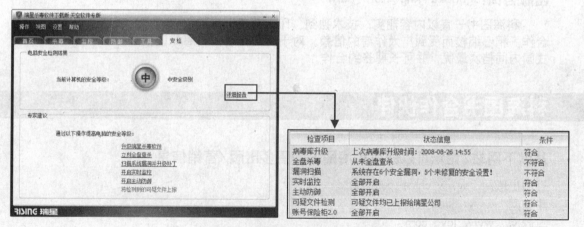

查看计算机的安全级别详细资料

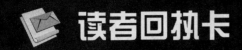

读者回执卡

北京市海淀区上地信息路2号国际科技创业园2号楼14层D
北京科海培中技术有限责任公司/北京科海电子出版社 市场部
邮政编码：100085
电　话：010-82896445　　传　真：010-82896454

　　您好！感谢您购买本书，请您抽出宝贵的时间填写这份回执卡，并将此页剪下寄回我们的读者服务部。我们会在以后的工作中充分考虑您的意见和建议，并将您的信息加入公司的客户档案中，以便向您提供全程的一体化服务。您将成为科海书友会会员，享受优惠购书服务，参加不定期的促销活动，免费获取赠品。

姓名：＿＿＿＿＿＿　性别：＿＿＿＿　年龄：＿＿＿＿　学历：＿＿＿＿

职业：＿＿＿＿＿＿　电话：＿＿＿＿＿＿　E-mail：＿＿＿＿＿＿

通信地址：＿＿＿＿＿＿＿＿＿＿＿＿＿＿＿＿＿＿＿＿＿＿＿＿＿＿

您经常阅读的图书种类：

☐ 平面设计　☐ 三维设计　☐ 网页设计　☐ 数码视频　☐ 黑客安全　☐ 网络通信
☐ 基础入门　☐ 工业设计　☐ 电脑硬件　☐ 办公软件　☐ 其他

您对科海图书的评价是：＿＿＿＿＿＿＿＿＿＿＿＿＿＿＿＿＿＿＿＿
＿＿＿＿＿＿＿＿＿＿＿＿＿＿＿＿＿＿＿＿＿＿＿＿＿＿＿＿＿＿＿＿

您希望科海出版什么样的图书：＿＿＿＿＿＿＿＿＿＿＿＿＿＿＿＿＿＿
＿＿＿＿＿＿＿＿＿＿＿＿＿＿＿＿＿＿＿＿＿＿＿＿＿＿＿＿＿＿＿＿

北京科海诚邀国内技术精英加盟

出版咨询：cgbooks-khp@tom.com

　　科海图书一直以内容翔实、技术独到、印装精美而受到读者的广泛欢迎，以诚信合作、精心编校而受到广大作者的信赖。对于优秀作者，科海保证稿酬标准和付款方式国内同档次最优，并可长期签约合作。

科海图书合作伙伴

从以下网站/论坛可以获得科海图书的更多出版/营销信息

互动出版网　www.china-pub.com
华储网　www.huachu.com.cn
卓越网　www.joyo.com
当当网　www.dangdang.com
ChinaDV　www.chinadv.com
视觉中国　www.chinavisual.com
中科上影数码培训中心　www.sinosfs.com
v6dp　www.v6dp.com